perícia e auditoria de obras públicas

Raul Omar de Oliveira Dantas

oficina de textos

© Copyright 2024 Oficina de Textos

Grafia atualizada conforme o Acordo Ortográfico da Língua Portuguesa de 1990, em vigor no Brasil desde 2009.

Conselho Editorial Aluízio Borém; Arthur Pinto Chaves; Cylon Gonçalves da Silva; Doris C. C. K. Kowaltowski; José Galizia Tundisi; Luis Enrique Sánchez; Paulo Helene; Rosely Ferreira dos Santos; Teresa Gallotti Florenzano

Capa, projeto gráfico Malu Vallim
Diagramação Victor Azevedo
Foto capa Rodoanel Mario Covas (https://commons.wikimedia.org)
Preparação de figuras Victor Azevedo
Preparação de textos Natália Pinheiro Soares
Revisão de textos Natália Pinheiro Soares
Impressão e acabamento Mundial gráfica

Dados Internacionais de Catalogação na Publicação (CIP)
(Câmara Brasileira do Livro, SP, Brasil)

Dantas, Raul Omar de Oliveira
  Auditoria de obras públicas : auditoria de obras públicas baseado na Lei 8.666/93, Lei 14.133/2021 e acórdãos do TCU / Raul Omar de Oliveira Dantas. -- São Paulo : Oficina de Textos, 2024.

  Bibliografia.
  ISBN 978-85-7975-371-8

  1. Administração pública - Brasil 2. Auditoria
  3. Obras públicas 4. Obras públicas - Administração
  5. Obras públicas - Legislação I. Título.

24-195280   CDD-352.7746

Índices para catálogo sistemático:
1. Obras públicas : Administração pública 352.7746
Tábata Alves da Silva - Bibliotecária - CRB-8/9253

Todos os direitos reservados à **Oficina de Textos**
Rua Cubatão, 798
CEP 04013-003 São Paulo Brasil
tel. (11) 3085-7933
www.ofitexto.com.br e-mail: atendimento@ofitexto.com.br

Dedico este livro aos meus amados filhos, Guilherme e Gustavo, fontes de inspiração e motivação em minha vida. Nunca deixem de acreditar em si mesmos e saibam que o amor, a educação e o conhecimento possibilitarão a realização de todos os seus sonhos.

APRESENTAÇÃO

De uma mente inquieta e brilhante, ávida por melhorar a sociedade, não poderíamos esperar um conteúdo dissociado da técnica honesta de quem vivencia de perto a auditoria em obras públicas, aliando profundos conhecimentos acadêmicos à vasta experiência de Raul Omar de Oliveira Dantas, que passou pelos dois lados da Engenharia Civil: a prática na construção de grandes obras na iniciativa privada e a rotina de mais de uma década de trabalho em ente público de fiscalização, o Ministério Público do Estado do Rio Grande do Norte, onde o autor realiza diuturnamente perícias em obras públicas.

A oportunidade de trabalhar e partilhar ideias e experiências com Raul Omar, especialmente no período em que exercemos a coordenação do Centro de Apoio Operacional às Promotorias de Justiça de Defesa do Patrimônio Público e Combate à Sonegação Fiscal (CAOP-PP), abriu horizontes interdisciplinares que nos levaram a um atuar mais eficaz e próximo da realidade, voltado à prevenção, atenuação e reparação de danos ao patrimônio público, mediante análise técnica de dados para identificar matrizes de risco socialmente relevantes.

Dessa forma, embora esperada a excelência do conteúdo que se apresenta nesta obra, o autor consegue sempre surpreender pelo alto nível de conhecimento transmitido de forma clara e objetiva, além da completude de temas de grande valia para aqueles que lidam com serviços públicos de engenharia, sejam entes públicos contratantes, pessoas jurídicas contratadas ou órgãos de fiscalização.

Obra de engenharia civil com interface jurídica, *Perícia e auditoria de obras públicas* traz experiências que precisam ser conhecidas não apenas pelos profissionais que atuam na construção de obras públicas, mas também por nós, operadores do direito, que trabalhamos prolongadamente para que os recursos empregados pelo poder público resultem em obras de melhor qualidade para a sociedade.

Beatriz Azevedo de Oliveira
Promotora de Justiça e Coordenadora do Centro de Apoio Operacional às Promotorias de Justiça de Defesa do Patrimônio Público e Combate à Sonegação Fiscal do Ministério Público do Rio Grande do Norte

Augusto Carlos Rocha de Lima
Promotor de Justiça, ex-Coordenador do Centro de Apoio Operacional às Promotorias de Defesa do Patrimônio Público e Combate à Sonegação Fiscal, Coordenador do Núcleo de Investigações Patrimoniais do Laboratório de Lavagem

PREFÁCIO

Auditoria de obras públicas representa um recurso valioso para instituições, empresas, profissionais liberais técnicos e demais interessados em todas as fases do processo de obras públicas. Desenvolvido com o objetivo principal de fornecer subsídios para a execução, acompanhamento, fiscalização, auditoria e desenvolvimento de obras públicas, o livro foi construído com base em dez anos de experiência prática em auditoria de mais de 230 licitações.

Ao longo das páginas, serão apresentados os projetos necessários para cada tipo de obra, os elementos exigidos para a sua execução e os procedimentos a serem adotados após a finalização do contrato e recebimento da obra. Além disso, os leitores terão acesso a informações precisas e atualizadas sobre os aspectos mais relevantes da documentação técnica necessária para a realização de licitações de obras de engenharia, incluindo as principais irregularidades identificadas durante o processo de auditoria de contratos.

Por fim, os leitores serão guiados por um passo a passo específico com todas as etapas que envolvem uma auditoria de contrato, para que estejam preparados para lidar com diversas situações que possam surgir durante o processo. Com uma abordagem clara e objetiva, este livro é uma fonte essencial de conhecimento para qualquer pessoa envolvida com obras públicas, seja no setor público ou privado.

SUMÁRIO

1 Conectando ideias: integrando elementos no anteprojeto 13
    1.1 Conteúdo técnico mínimo necessário em anteprojeto 13
    1.2 Detalhamento mínimo exigido no anteprojeto 15

2 Fundamentos do projeto básico: conceitos essenciais 23
    2.1 Elementos mínimos recomendáveis para projeto básico
         de obras de engenharia 24
    2.2 Entendimento jurídico sobre projeto básico em obras de engenharia 36

3 Precisão no projeto executivo: fundamentos e metodologia 47
    3.1 Elementos mínimos recomendáveis para projetos executivos de
         obras de engenharia 49
    3.2 Entendimento jurídico sobre projeto executivo em obras de engenharia 57

4 Modelagem e composição dos projetos na engenharia 61
    4.1 Projeto arquitetônico 62
    4.2 Levantamento topográfico 68
    4.3 Projeto de terraplenagem 73
    4.4 Projeto de arruamento e pavimentação 73
    4.5 Projeto estrutural de fundações 74
    4.6 Projeto de estruturas de concreto 74
    4.7 Projeto de estruturas metálicas 75
    4.8 Projeto de estruturas de madeira 76
    4.9 Projeto de instalações hidráulicas 76
    4.10 Projeto de instalações sanitárias – esgoto sanitário 77
    4.11 Projeto de drenagem pluvial 77
    4.12 Projeto de instalações elétricas 77
    4.13 Projeto de prevenção e combate ao incêndio 78

5 Elementos críticos no orçamento de obras públicas 79
    5.1 Custos diretos 79
    5.2 Custos indiretos 79

5.3	Lucro ou bonificação	80
5.4	Planilha de orçamento sintético global	81
5.5	Composição de custos unitários dos serviços	84
5.6	Curva ABC	92
5.7	Etapas do orçamento em obras públicas	96

6 Matrizes de custos referenciais 105

6.1	Tabela Sinapi	105
6.2	Tabela Sicro	105
6.3	Entendimento jurídico sobre as tabelas Sinapi e Sicro	106

7 Bonificação e despesas indiretas (BDI) 111

7.1	Administração central	112
7.2	Riscos	113
7.3	Seguros	113
7.4	Garantias	114
7.5	Despesas financeiras	114
7.6	Lucros	114
7.7	Impostos (tributos)	115
7.8	Contribuição Previdenciária sobre a Receita Bruta (CPRB)	115
7.9	Simulação de cálculo do BDI	116
7.10	Valores referenciais do BDI	117
7.11	Entendimento jurídico sobre BDI	117
7.12	Administração local	126

8 Encargos sociais e convenções coletivas 129

8.1	Encargos sociais	129
8.2	Entendimento jurídico sobre encargos sociais	132
8.3	Acordos coletivos	135

9 Elementos essenciais em licitações de obras públicas 137

9.1	Memorial descritivo	137
9.2	Especificação técnica	137
9.3	Cronograma físico-financeiro	138
9.4	Tratamento de impacto ambiental	141
9.5	Anotação de responsabilidade técnica (ART) de projeto, orçamento, fiscalização e execução	142
9.6	Planilhas de medições	144
9.7	Aditivos contratuais	150
9.8	Matrícula CEI e CNO	151
9.9	Relatório GFIP	152
9.10	Termo de recebimento provisório e definitivo de obras	153

10 Considerações jurídicas na contratação de obras 157
    10.1 Responsabilidade técnica do autor do projeto básico 157
    10.2 Modalidades de licitação para obras e serviços de engenharia 157
    10.3 Modalidades de contratação 158
    10.4 Parcelamento e fracionamento 159
    10.5 Restrição ao caráter competitivo da licitação 160
    10.6 Critérios de aceitabilidade 160
    10.7 Equipamentos e mobiliário 163
    10.8 Mobilização e desmobilização em obras 163
    10.9 Canteiro de obras 165
    10.10 Anexos do edital 168
    10.11 Dispensa ou inexigibilidade de licitação 168

11 Desenvolvimento das licitações 183
    11.1 Publicação do edital 183
    11.2 Análise das propostas 184
    11.3 Inexequibilidade de custos 185
    11.4 Homologação e adjudicação 186
    11.5 Fase contratual 186
    11.6 Início dos serviços 187
    11.7 Alterações contratuais (aditivos) 188
    11.8 Obrigações da empresa contratada 196
    11.9 Sanções 197
    11.10 Rescisões e motivos 198
    11.11 Medições 198
    11.12 Documentação *as built* 199
    11.13 Recebimento da obra 199

12 Orientações técnicas para recebimento e fiscalização de obras 201
    12.1 Recebimento de obras e identificação de patologias 201
    12.2 Simulação de recebimento de obra ou serviço de engenharia 208
    12.3 Relatório fotográfico 209
    12.4 Memórias de cálculo 230

13 Etapa contratual e pós-recebimento final da obra 231
    13.1 Garantia dos serviços 231
    13.2 Garantia qualitativa da obra e vida útil de projeto 233
    13.3 Avaliação da localização do empreendimento 233
    13.4 Norma de Desempenho (NBR 15575) 234
    13.5 Análise do desempenho 235
    13.6 Durabilidade de edifícios 237
    13.7 Requisitos de garantia nos sistemas construtivos 243

13.8 Manutenções nas obras públicas 247
13.9 Vícios ocultos 248
13.10 Requisitos básicos de desempenho de obras 249

14 Irregularidades em obras de engenharia **255**
14.1 Irregularidades nas licitações 255
14.2 Irregularidades nos projetos 256
14.3 Irregularidades inerentes ao contrato 257
14.4 Sobrepreço 258
14.5 Entendimento jurídico a respeito de sobrepreço 262
14.6 Irregularidades na execução orçamentária 265
14.7 Irregularidades nas medições e pagamentos 266
14.8 Irregularidades no recebimento das obras 267

15 Superfaturamento **269**
15.1 Premissas do cálculo do sobrepreço/superfaturamento 269
15.2 Limitações do cálculo do sobrepreço/superfaturamento 270
15.3 Tipos de superfaturamento 272
15.4 Passo a passo da quantificação do superfaturamento 288
15.5 Entendimento jurídico sobre superfaturamento de contratos públicos ... 289

16 Passo a passo da auditoria de obras públicas **297**
16.1 Etapa I: análise preliminar 297
16.2 Etapa II: verificação das principais inconsistências 300
16.3 Etapa III: análise avançada 309

Referências bibliográficas **317**

CONECTANDO IDEIAS: INTEGRANDO ELEMENTOS NO ANTEPROJETO

O anteprojeto de engenharia é um documento técnico elaborado após a fase de estudos de viabilidade, e contém uma série de informações necessárias para o desenvolvimento do projeto básico. Esse documento inclui desenhos, especificações técnicas, escala adequada, orçamento estimativo e um memorial descritivo.

De acordo com a Orientação Técnica (OT) nº 06/2016 do Instituto Brasileiro de Auditoria de Obras Públicas (Ibraop), o anteprojeto também precisa reunir informações sobre o programa de necessidades, nível de serviço desejado, identificação e titularidade de terrenos, condições de solidez, segurança, durabilidade e prazo de entrega da obra, levantamentos preliminares, desenhos preliminares da concepção da obra, parâmetros de adequação ao interesse público, previsão da utilização de produtos e serviços que reduzam o consumo de energia e recursos naturais, entre outros dados relevantes.

Além disso, o anteprojeto deve estar em conformidade com as legislações aplicáveis e com os planos diretores e de saneamento básico de cada município, no caso de obras de saneamento básico.

> Apenas o anteprojeto não é suficiente para licitar, uma vez que alguns estudos complementares só serão executados nas fases seguintes!

1.1 Conteúdo técnico mínimo necessário em anteprojeto

Segundo a OT-IBR nº 06/2016, o anteprojeto deve incluir, no que couber:

- *Programa de necessidades*: parte fundamental do anteprojeto, o programa de necessidades deve descrever os requisitos do projeto em termos de espaços, funções e usos. Isso inclui especificar áreas, quantidades, configurações e necessidades específicas para cada parte do projeto.
- *Nível de serviço desejado*: deve-se definir o nível de serviço desejado para o projeto, com critérios de qualidade, desempenho e padrões a serem atendidos. Isso garante que as expectativas de qualidade e funcionalidade estejam claras desde o início.

- *Identificação e titularidade de terrenos*: é fundamental identificar e documentar os terrenos onde o projeto será implantado, para levantar informações sobre propriedade, dimensões, limitações legais e características físicas relevantes.
- *Condições de solidez, segurança, durabilidade e prazo de entrega da obra*: esses critérios técnicos essenciais devem ser estabelecidos no anteprojeto para garantir a qualidade e a integridade da obra.
- *Levantamentos preliminares*: os levantamentos preliminares podem englobar estudos geológicos, geotécnicos, hidrológicos, topográficos, sociais, ambientais e cadastrais, informações primordiais para a concepção do projeto.
- *Desenhos preliminares da concepção da obra*: os desenhos preliminares devem representar graficamente a concepção do projeto, incluindo a disposição de espaços, estruturas e características físicas essenciais.
- *Parâmetros de adequação ao interesse público e previsão de utilização sustentável*: devem ser definidos parâmetros abrangentes para projetos considerando o interesse público, a economia na utilização, a facilidade de execução, os impactos ambientais e a acessibilidade, integrando a sustentabilidade desde a concepção. Simultaneamente, deve-se planejar a utilização de produtos, equipamentos e serviços que reduzam o consumo de energia e de recursos naturais, promovendo práticas sustentáveis.
- *Projetos anteriores (quando aplicável)*: se existirem projetos anteriores relevantes, eles podem ser usados para demonstrar a solução pretendida, fornecendo informações valiosas para a atual concepção.
- *Diagnóstico ambiental e avaliação de impactos*: o anteprojeto deve incluir um diagnóstico ambiental da área de influência do projeto, avaliação de impactos ambientais e medidas mitigadoras ou compensatórias, se aplicável.
- *Avaliação de impactos de vizinhança*: quando exigida por legislação, deve ser realizada uma avaliação de impactos de vizinhança para identificar e abordar possíveis impactos do projeto nas áreas circundantes.
- *Proteção do patrimônio cultural*: avalia-se o impacto direto ou indireto das obras no patrimônio cultural, histórico, arqueológico e imaterial, e medidas de proteção precisam ser consideradas, se aplicável.
- *Memorial descritivo*: o memorial descritivo deve detalhar os componentes construtivos e os materiais de construção a serem utilizados, estabelecendo padrões mínimos para a contratação.

- *Estudo de tráfego (quando aplicável)*: quando o projeto envolver vias terrestres, é necessário realizar um estudo de tráfego para entender e planejar o fluxo de veículos e pedestres.
- *Compatibilidade com planos diretores e de saneamento (quando aplicável)*: se o projeto estiver sujeito a regulamentações municipais ou regionais, é crucial garantir a compatibilidade com o plano diretor e o plano de saneamento básico da esfera em questão.
- *Soluções técnicas*: se o instrumento convocatório assim o exigir, soluções técnicas, tais como definição de materiais, dimensionamento de estruturas e metodologias executivas, devem ser incorporadas ao anteprojeto.
- *Especificações técnicas (quando aplicável)*: especificações técnicas detalhadas, como dimensões, acabamentos, qualidade e desempenho, são definidas previamente no edital, com a possibilidade de ajustes durante a elaboração do projeto básico.

1.2 Detalhamento mínimo exigido no anteprojeto

A OT-IBR nº 06/2016 apresenta ainda os elementos técnicos que devem constar em um anteprojeto segundo o tipo de obra, conforme mostrado na sequência.

1.2.1 Edificações em geral

Concepção geral
- Memorial descritivo da obra, que fornece uma visão geral do projeto e de suas características fundamentais.

Topografia
- Levantamento planialtimétrico, com informações sobre as elevações e características do terreno.
- Levantamento cadastral das principais interferências, como tubulações e linhas de energia, que podem afetar o projeto.

Geotecnia
- Locação dos furos de sondagens para determinar as características do solo.
- Desenhos de perfis resultantes das sondagens SPT e outras, que fornecem informações sobre a resistência do solo.
- Descrição das características do solo, incluindo estimativas de resistência do solo superficial e recomendações para o tipo de fundação adequado.

Arquitetura
- Desenhos em escala com cotas principais, que abrangem planta geral de implantação, plantas dos pavimentos, plantas das coberturas, cortes (longitudinal e transversal) e elevações (fachadas) do edifício.
- Descritivo da edificação, detalhando sua finalidade e características.
- Materiais de construção que caracterizam os padrões esperados para a edificação.

Terraplenagem
- Planta de terraplenagem que mostra como o terreno será moldado.
- Cortes de terraplenagem para representar as modificações no terreno.
- Descrição da solução prevista para a terraplenagem, incluindo movimentação de terra, se necessário.

Fundações
- Plantas de lançamento preliminar dos elementos da fundação, como sapatas, blocos, estacas etc.
- Descrição da solução prevista para a fundação, especificando como as estruturas serão apoiadas no solo.

Estrutura
- Plantas de lançamento preliminar dos elementos estruturais dos pavimentos, como vigas, pilares, lajes, escadas etc.
- Corte de lançamento preliminar de elementos estruturais da edificação.
- Descrição da solução prevista para a estrutura, incluindo os materiais a serem utilizados.

Instalações hidrossanitárias
- Locação preliminar dos pontos e elementos hidrossanitários em planta.
- Locação preliminar de reservatórios, bombas e outros dispositivos relevantes.
- Descrição das características principais e das demandas da instalação hidrossanitária.

Instalações elétricas
- Locação em planta dos pontos elétricos.

- Locação em planta dos quadros de distribuição, medidores e transformadores.
- Descrição da demanda pretendida para as instalações elétricas e características de iluminação.

Instalações telefônicas
- Locação em planta dos pontos telefônicos, incluindo quadros de distribuição.
- Locação da entrada do serviço de telefonia.
- Descrição da demanda pretendida para as instalações telefônicas.

Prevenção de incêndio
- Locação em planta dos elementos de prevenção de incêndio.
- Informações sobre os materiais a serem utilizados e considerações específicas nas instalações de prevenção de incêndio.

Climatização
- Locação em planta dos pontos para condicionamento de ar.
- Locação de equipamentos, como unidades condensadoras e evaporadoras.
- Descrição da demanda pretendida para as instalações de climatização.

Instalações especiais
- Locação em planta de pontos de utilização de dispositivos e elementos de interesse específico do contratante.
- Descrição da demanda pretendida para as instalações especiais, como sistemas de lógica, vídeo, alarme, detecção de fumaça etc.

Transporte vertical
- Locação em planta dos equipamentos para transporte vertical, como elevadores.
- Informações sobre os materiais a serem utilizados e considerações específicas nas instalações de transporte vertical.

Orçamento
- Elaboração de orçamento de acordo com as especificações da OT-IBR nº 06/2016.
- Criação de um cronograma físico-financeiro preliminar.
- Inclusão de uma matriz de alocação de riscos, quando aplicável.

1.2.2 Obras rodoviárias

Concepção geral
- Quadro de características técnicas que descreve os principais parâmetros técnicos do projeto.
- Mapa de situação que fornece uma visão geral da localização da obra.
- Memorial descritivo da obra, que detalha os objetivos e as características fundamentais do projeto.

Topografia
- Levantamento planialtimétrico com informações sobre as elevações e as características do terreno.

Desapropriação
- Identificação e descrição detalhada de áreas ocupadas que podem ser desapropriadas ou requerem reassentamento.

Geotecnia
- Estudos geotécnicos que caracterizam as ocorrências geológicas, a localização de jazidas e o comportamento do subleito.

Terraplenagem
- Desenhos de seções transversais típicas que mostram a configuração do terreno antes e depois da terraplenagem.
- Identificação das áreas de empréstimos (retirada de terra) e bota-fora (acúmulo de terra).
- Estimativa de volumes de corte (retirada de terra) e aterro (acúmulo de terra) por categoria de material.

Geometria da via
- Definição do traçado da rodovia.
- Desenhos de seções transversais típicas que representam a estrutura da estrada.
- Traçado em planta que reúne informações sobre interseções, acessos e obras de arte.
- Traçado em perfil longitudinal que apresenta o terreno natural, o greide (perfil da rodovia) e a posição das obras de arte.

Pavimentação
- Desenhos de seções transversais típicas que representam a estrutura do pavimento.
- Pré-dimensionamento da estrutura do pavimento, considerando materiais e espessuras.

Concepções complementares
- Identificação de interferências com equipamentos e serviços públicos que podem exigir remoção ou realocação.
- Características geométricas, topográficas e hidrológicas de obras de arte especiais, como pontes e viadutos.
- Soluções de drenagem com base em estudos hidrológicos para lidar com o escoamento de água na rodovia.
- Especificações básicas de sinalização horizontal e vertical, defensas, cercas e proteção vegetal.
- Estudos ambientais que identificam áreas protegidas legalmente, passivos ambientais e condicionantes ambientais.

Orçamento
- Elaboração de orçamento de acordo com as especificações da OT-IBR nº 06/2016.
- Criação de um cronograma físico-financeiro preliminar para estabelecer os prazos e custos estimados.
- Inclusão de uma matriz de alocação de riscos, quando aplicável, para descrever como os riscos serão distribuídos entre as partes envolvidas no projeto.

1.2.3 Obras de saneamento
Concepção geral
- Concepção básica em planta topográfica da área abrangida pelo sistema, identificando elementos como captação (sistema de abastecimento de água, SAA), rede de água bruta, estação de tratamento de água (ETA), rede de distribuição, estações elevatórias, reservatórios e outras instalações existentes.
- Para sistemas de abastecimento de água ou tratamento de esgoto, é necessário o cadastramento populacional, o zoneamento urbano conforme a legislação de uso e ocupação do solo, e um registro fotográfico das instalações existentes e das áreas disponíveis para expansão do sistema.

- Estudo de concepção baseado no plano diretor do município e no plano municipal de saneamento básico, contendo informações sobre a população a ser atendida, projeção detalhada da demanda, justificativas técnicas e operacionais do sistema, escolha do manancial (para SAA), estudo de tratabilidade da água (para SAA), e redução de perdas (para SAA).
- Para sistemas de esgotamento sanitário, é preciso determinar o volume de esgoto tratado, fixar as características do esgoto, estabelecer padrões de lançamento dos efluentes, avaliar a população de saturação e propor medidas de redução de cargas poluentes.
- O memorial também deve conter a definição de prazos para metas progressivas de expansão dos serviços e estimativas de ações para emergências e contingências.

Topografia
- Levantamento planialtimétrico da área do sistema e de suas zonas de expansão, com detalhes como arruamento, tipo de pavimento, obras especiais, interferências e cadastro da rede existente.
- Levantamento cadastral da rede existente e identificação de obstáculos superficiais e subterrâneos nos locais onde provavelmente serão traçadas as redes do sistema.

Desapropriação
- Identificação e descrição detalhada de áreas ocupadas que podem ser desapropriadas ou requerem reassentamento, principalmente em áreas ribeirinhas.

Geotecnia
- Realização de sondagens de reconhecimento para determinar a natureza do terreno e os níveis do lençol freático.
- Locação de furos de sondagem em áreas específicas, como as destinadas a estações de tratamento de esgoto (ETEs) ou estações de tratamento de água (ETAs), e estações elevatórias.
- Desenhos de perfis resultantes das sondagens.
- Descrição das características do solo, especialmente para ETEs, ETAs, estações elevatórias e o traçado das redes.

Orçamento
- Elaboração de orçamento de acordo com as especificações da OT-IBR nº 06/2016.
- Criação de um cronograma físico-financeiro preliminar para estabelecer os prazos e custos estimados.
- Inclusão de uma matriz de alocação de riscos, quando aplicável, para distribuir os riscos entre as partes envolvidas no projeto.

FUNDAMENTOS DO PROJETO BÁSICO: CONCEITOS ESSENCIAIS 2

Tanto a antiga Lei das Licitações (Lei nº 8.666/1993) quanto a nova (Lei nº 14.133/2021) definem projeto básico como o conjunto de elementos necessários e suficientes, com nível de precisão adequado, para caracterizar o objeto da licitação, seja a obra ou serviço, ou o complexo de obras ou serviços. A nova Lei ainda postula que o projeto básico compreende o conjunto de elementos técnicos, jurídicos e administrativos que possibilitam a avaliação de custo, prazos, qualidade, segurança, eficiência, sustentabilidade, operabilidade e funcionalidade da obra ou serviço, sem se confundir com o projeto executivo.

Em ambas as leis, é evidente que o projeto básico não se limita a fornecer dados preliminares de um projeto. Pelo contrário, trata-se de um conjunto completo de documentos e informações, com detalhamento adequado, que fornece todas as diretrizes básicas necessárias para que uma obra de engenharia possa ser completamente planejada, especificada e executada. O projeto básico é essencial para que se possa orçar adequadamente uma obra, além de garantir sua segurança, qualidade, eficiência, sustentabilidade, operabilidade e funcionalidade.

Uma falha comum de profissionais da área é a interpretação errada do conceito de projeto básico, considerando que informações preliminares ou referências básicas de projetos arquitetônicos são suficientes para a execução de uma obra. Tal entendimento equivocado é o que configura as principais inconsistências técnicas em licitações de obras de engenharia, apesar de estar amplamente pacificado em acórdãos do Tribunal de Contas da União (TCU) que obras de engenharia não podem ser licitadas e executadas com base só em informações preliminares de um anteprojeto ou em um referencial básico do projeto arquitetônico.

O processo de elaboração do projeto básico pode variar dependendo do órgão responsável pelo empreendimento. Caso o órgão possua em seu corpo técnico profissionais capacitados e registrados no conselho de classe correspondente, como o Conselho Regional de Engenharia e Agronomia (CREA) ou o Conselho de Arquitetura e Urbanismo (CAU), o projeto poderá ser elaborado internamente.

Entretanto, quando o órgão não dispõe de profissionais habilitados, é preciso realizar uma licitação específica para contratar uma empresa ou profissional autônomo para elaborar o projeto básico. Nesse processo licitatório, além de outros requisitos, deve ser apresentado o orçamento estimado para a execução dos projetos e um cronograma de elaboração.

Reitera-se que o projeto básico precisa ser elaborado por um profissional legalmente habilitado e, em cada uma das peças que o compõem, deve haver a identificação do autor e sua assinatura. Ademais, esse documento deve ser produzido antes de realizada a licitação da obra e ser devidamente aprovado pela autoridade competente.

Em suma, a elaboração do projeto básico é fundamental para garantir a qualidade e a segurança da obra, além de evitar atrasos e custos desnecessários. Ele deve conter informações detalhadas sobre o empreendimento, como especificações técnicas, materiais a serem utilizados, cronograma de execução, estimativa de custos, entre outros dados relevantes para o sucesso da obra. Por isso, é imprescindível que o projeto seja preparado com atenção e responsabilidade.

> O projeto básico deve conter **todas as informações minimamente necessárias** para executar uma obra de engenharia!

2.1 Elementos mínimos recomendáveis para projeto básico de obras de engenharia

As recomendações dispostas na sequência foram retiradas do roteiro de auditoria de obras do TCU.

2.1.1 Edificações em geral

Levantamento topográfico
- Desenho com levantamento planialtimétrico.

Sondagens
- Desenhos com locação dos furos de sondagem.
- Memorial com descrição das características do solo e perfis geológicos do terreno.

Projeto arquitetônico
- Desenhos com plantas de situação e locação, incluindo a implantação do edifício e sua relação com o entorno.

- Desenhos das fachadas do imóvel.
- Plantas baixas dos pavimentos, com cotas de piso acabado, medidas internas e detalhes de aberturas.
- Plantas de cobertura com indicação de escoamento de água, tipo de impermeabilização, juntas de dilatação etc.
- Cortes transversais e longitudinais da edificação.
- Elevações.
- Estudo de orientação solar, iluminação natural e conforto térmico.
- Indicação de caixas d'água, circulação vertical, áreas técnicas etc.
- Atendimento às normas de acessibilidade.
- Ampliação de áreas molhadas ou especiais.
- Detalhes que afetam o orçamento.
- Indicação dos elementos existentes, a demolir e a executar em caso de reforma e ampliação.
- Especificações dos materiais, equipamentos, componentes e sistemas construtivos.

Projeto de terraplenagem
- Desenhos de implantação indicando os níveis originais e propostos.
- Perfil longitudinal e seções transversais.
- Memorial com cálculo de volume de corte e aterro.
- Especificação dos materiais para aterro.

Projeto de fundações
- Desenhos com locação, características e dimensões dos elementos de fundação.
- Plantas de armação e fôrma.
- Memorial com método construtivo.
- Memorial com cálculo de dimensionamento das peças.

Projeto estrutural
- Desenhos em planta baixa com lançamento da estrutura e cortes/elevações, se necessário.
- Plantas de armação.
- Indicação do F_{ck} do concreto para cada elemento estrutural.
- Quadro-resumo de barras de aço.

- Memorial com cálculo do volume de concreto.
- Especificações com materiais, componentes e sistemas construtivos.
- Memorial com método construtivo.
- Memorial com cálculo de dimensionamento.

Projeto de instalações hidrossanitárias
- Plantas e desenhos detalhados das tubulações.
- Planta geral de cada pavimento com dimensionamento e indicação de pontos de consumo.
- Plantas de prumadas e reservatórios.
- Representação isométrica das instalações.
- Especificações dos materiais e equipamentos.
- Memorial com cálculo do dimensionamento das tubulações.

Projeto de instalações elétricas
- Projeto de implantação.
- Diagrama unifilar.
- Plantas de subestação e quadros de distribuição.
- Plantas de cada pavimento com indicação de pontos de consumo, quadros e circuitos.
- Esquema de prumadas.
- Lista de cabos e circuitos.
- Especificações dos materiais e equipamentos.
- Memorial com cálculo do dimensionamento.

Projeto de instalações telefônicas
- Planta baixa com marcação dos pontos e tubulações.
- Especificações dos materiais e equipamentos.

Projeto de instalações de detecção, alarme e combate a incêndios
- Plantas de situação e plantas gerais de cada nível com indicação de sistemas e componentes.
- Isometria de sistemas de hidrantes, chuveiros automáticos etc.
- Especificações dos materiais e equipamentos.
- Memorial técnico descritivo e cálculo do dimensionamento.

Projeto de instalações especiais (lógicas)
- Plantas de pavimentos com indicação de infraestrutura para cabos e pontos de rede.
- Diagrama unifilar.
- Detalhamento de painéis, equipamentos e infraestrutura.
- Especificações dos materiais e equipamentos.
- Memorial técnico descritivo e explicativo.

Projeto de instalações de ar-condicionado e calefação
- Plantas com localização de componentes do sistema.
- Plantas de cada nível com indicação de dutos, canalizações e equipamentos.
- Isometrias de sistemas.
- Especificações dos materiais e equipamentos.
- Memorial com cálculo da carga térmica.

Projeto de instalação de transporte vertical (elevadores)
- Desenhos esquemáticos de planta e corte.
- Desenhos com características dos elevadores e espaços necessários.
- Esquemas de ligações elétricas.
- Especificações dos materiais e equipamentos.

Projeto de paisagismo
- Planta de implantação com níveis.
- Especificação de espécies vegetais e de materiais/equipamentos.

Orçamento
- Planilha de quantitativos de serviços.
- Composições de custos unitários.

2.1.2 Obras rodoviárias

Estudo de tráfego
- Memorial descritivo da metodologia adotada.
- Dados coletados.

Estudo geológico e geotécnico
- Planta de localização das investigações geotécnicas.

- Perfil geotécnico no eixo da rodovia com resultados de ensaios do solo.
- Memorial com os resultados dos ensaios em jazidas, áreas de empréstimo e contenções.

Estudos hidrológicos
- Memorial descritivo da metodologia adotada.
- Dados hidrológicos utilizados.
- Memorial com cálculo das descargas de projeto das bacias de contribuição.

Estudos topográficos
- Implantação de rede de apoio básico.
- Planta com curvas de nível na área de influência da rodovia.
- Plantas com localização de jazidas, interseções, dispositivos de drenagem, obras de arte especiais etc.

Projeto de desapropriação
- Planta cadastral das propriedades na área.
- Memorial com levantamento cadastral da área.
- Memorial com determinação do custo de desapropriação de cada unidade.

Projeto geométrico
- Desenhos com perfis, inclinação de rampas, largura das pistas, acostamentos etc.
- Memoriais com relatório do projeto e concepção, e estudo comparativo de traçados.
- Memoriais com folhas de convenções.
- Memoriais com notas de serviço de terraplenagem e pavimentação.

Projeto de terraplenagem
- Seções transversais típicas.
- Planta geral de empréstimos e bota-foras.
- Plantas dos locais de empréstimo.
- Memoriais com relatório do projeto.
- Detalhes das seções transversais-tipo e cálculo de volumes.
- Memorial com plano de execução e especificação dos materiais e serviços.

Projeto de drenagem
- Plantas e desenhos-tipo dos dispositivos de drenagem.
- Planta esquemática da localização das obras de drenagem.
- Memorial com relatório do projeto, quadro de quantidades e especificação dos materiais e serviços.

Projeto de pavimentação
- Seções transversais típicas das pistas.
- Seções transversais em tangente e em curva.
- Esquema longitudinal com espessuras das camadas.
- Memorial com relatório do projeto, quadro-resumo e cálculo de dimensionamento do pavimento.
- Memorial com plano de execução e especificação dos materiais e serviços.

Projeto de obras de arte especiais
- Boletim de sondagens e detalhes da estrutura.
- Plantas de fundações, fôrmas, armaduras e protensões.
- Memorial com relatório do projeto, quadro-resumo e especificação dos materiais e serviços.

Projeto de sinalização
- Planta com localização dos dispositivos de sinalização.
- Desenhos dos dispositivos e detalhes de montagem.
- Memorial com relatório do projeto, quadro-resumo e especificação dos materiais e serviços.

Projeto de obras complementares
- Planta com a localização de cercas, defensas, barreiras etc.
- Cortes com as seções transversais típicas para cada obra.
- Memorial justificativo das soluções adotadas.
- Especificação dos materiais e serviços.

Projeto de contenções
- Projeto de contenção e reforço do terreno com detalhes das drenagens.
- Memorial com justificativa do projeto e especificação dos materiais e serviços.

Projeto de obras subterrâneas
- Planta com a localização dos túneis.
- Cortes com as seções transversais dos túneis.
- Memorial com justificativa do projeto e especificação dos materiais e serviços.

Projeto de iluminação
- Planta com a localização de postes e redes de distribuição.
- Detalhes de luminárias e construção.
- Memorial com relatório do projeto e especificação dos materiais e serviços.

Projeto de proteção ambiental
- Esquema linear com locais de bota-fora, empréstimos, áreas de uso etc.
- Desenhos detalhados dos tratamentos.
- Memorial com lista de vegetais, técnicas de plantio e conservação, e especificação dos materiais e serviços.

Orçamento
- Planilha de quantitativos de serviços.
- Composições de custos unitários.

2.1.3 Obras ferroviárias

Levantamento topográfico
- Planta com curvas de nível na área de influência da ferrovia.

Estudo geológico e geotécnico
- Planta de localização das investigações geotécnicas no eixo da ferrovia, jazidas, áreas de empréstimo e contenções.
- Perfil geotécnico no eixo da ferrovia com resultados de ensaios do solo.
- Memorial com resultados dos ensaios em jazidas, áreas de empréstimo e contenções.

Projeto de desapropriação
- Planta cadastral individual das propriedades na área.
- Memorial com levantamento cadastral da área.
- Memorial com determinação do custo de desapropriação de cada unidade.

Projeto geométrico
- Desenhos com perfis representando o terreno original, curvas de nível, eixo de implantação estaqueado.
- Inclinação de rampas, largura da plataforma, elementos de drenagem e obras de arte.
- Planta e perfil com passagens em nível ao longo da plataforma ferroviária.
- Planta e perfil com passagens de gado.
- Desenhos com seções transversais típicas indicando largura e inclinação da plataforma.
- Memoriais com relatório do projeto, concepção, justificativa e estudo geotécnico.
- Memoriais com folhas de convenções.
- Relatórios de sondagens e levantamentos geotécnicos.
- Memoriais com notas de serviço de terraplenagem e pavimentação.

Projeto de terraplenagem
- Seções transversais típicas.
- Planta geral de empréstimos e bota-foras.
- Plantas dos locais de empréstimo.
- Estudos geotécnicos de estabilidade de taludes.
- Memoriais com relatório do projeto, concepção, justificativa e cálculo estrutural.
- Cálculo de volumes.
- Memorial com quadro e orientação de terraplenagem.
- Memorial com plano de execução, contendo relação de serviços, cronograma físico, relação de equipamentos e *layout* do canteiro de obras.
- Especificação dos materiais e serviços.

Projeto de drenagem
- Plantas e desenhos-tipo dos diversos dispositivos de drenagem utilizados.
- Planta esquemática da localização das obras de drenagem.
- Memorial com relatório do projeto, concepção, quadro de quantidades, discriminação de todos os serviços e distâncias de transporte.
- Memorial com justificativa das alternativas aprovadas.
- Memorial com plano de execução, contendo relação de serviços, cronograma físico, relação de equipamentos e *layout* do canteiro de obras.
- Especificação dos materiais e serviços.

Projeto da via permanente
- Seções transversais típicas da superestrutura.
- Seções transversais em tangente e em curva.
- Desenhos com o detalhamento dos aparelhos de mudança de via (AMVs).
- Gráfico de distribuição dos materiais e espessuras das camadas.
- Memorial com relatório do projeto, concepção, quadro de quantidades, discriminação de todos os serviços e distâncias de transporte.

Memória de cálculo do dimensionamento da superestrutura
- Quadro-resumo com os quantitativos e distâncias de transporte dos materiais que compõem a superestrutura.
- Memorial com plano de execução, contendo relação de serviços, cronograma físico, relação de equipamentos e *layout* do canteiro de obras.
- Especificação dos materiais e serviços.

Projeto de obras de arte especiais
- Desenhos com a geometria da estrutura.
- Projeto estrutural da infraestrutura, mesoestrutura e superestrutura da ponte.
- Projetos das fôrmas e das armaduras (ativas e passivas).
- Boletim de sondagens detalhando as camadas do terreno, a resistência das camadas e as plantas/perfis dos furos realizados.

Projeto de drenagem das obras de arte especiais
- Memorial com relatório de projeto, concepção, quadro de quantidades, discriminação de todos os serviços e distâncias de transporte.
- Detalhamento dos aparelhos de apoio e das juntas de dilatação.

Memória de cálculo do dimensionamento da estrutura
- Quadro-resumo com quantitativos e distâncias de transporte dos materiais da via férrea.
- Detalhamento do plano de execução, contendo relação de serviços, cronograma físico e relação de equipamentos.
- Especificação dos materiais e serviços.

Projeto de sinalização
- Memorial com identificação do trem-tipo, *headway*, sistema de detecção de trens, sistema de intertravamento e sistema de transmissão.

- Memorial com identificação das características e funções do sistema de sinalização.
- Planta com a representação dos circuitos de via e a localização dos sinais, quando utilizada sinalização com circuito de via.
- Memorial com justificativa das alternativas aprovadas.
- Memorial com relatório de projeto, concepção, quadro de quantidades e discriminação de todos os serviços.
- Memorial com plano de execução, contendo relação de serviços, custos, cronograma físico e relação de equipamentos.
- Especificação dos materiais e serviços.

Projeto de obras subterrâneas
- Planta com a localização dos túneis.
- Cortes com as seções transversais necessárias para a caracterização de cada túnel.
- Memória de cálculo do dimensionamento dos túneis.
- Especificação dos materiais e serviços.

Projeto de proteção ambiental
- Esquema linear com locais de bota-fora, empréstimos, jazidas, pedreiras, passivo ambiental e pontos notáveis.
- Detalhes de soluções adotadas: desenhos dos tratamentos de jazidas, empréstimos, áreas de uso e outras; memorial com lista de vegetais a empregar, fontes de aquisição, técnicas de plantio e de conservação; quadro de quantidades com código, espécies, serviços e distâncias de transporte; memorial com justificativa do projeto; cálculo de quantitativos; e especificação dos materiais e serviços.

Projetos de contenções e obras complementares
- Projeto de contenção e reforço do terreno.
- Memorial com planta de localização, corte da seção transversal de cada elemento, detalhamento da drenagem associada e cálculo estrutural.
- Projeto de rebaixamento do lençol freático.
- Planta de localização de cercas.
- Detalhes de soluções adotadas: desenhos dos tratamentos de jazidas, empréstimos, áreas de uso e outras; memorial com justificativa do projeto; cálculo de quantitativos; e especificação dos materiais e serviços.

Orçamento
- Planilha de quantitativos de serviços.
- Composições de custos unitários.

2.1.4 Obras de barragem

Levantamento topográfico
- Cartografia da bacia hidrográfica da barragem em relação às cidades vizinhas.
- Levantamento aerofotogramétrico na área do reservatório.
- Topobatimetria no arranjo geral da barragem.

Estudos hidrometeorológicos
- Caracterização fisiográfica da bacia.
- Caracterização climatológica da bacia.
- Definição de séries de vazões.
- Estudos de chuvas intensas e precipitação máxima provável (PMP).
- Estudos de cheias.
- Estudos de ruptura de barragem.
- Estudos de remanso.
- Estudos de enchimento do reservatório.
- Estudos sedimentológicos.

Estudos hidráulicos
- Estudos hidráulicos para o desvio e controle do rio durante a construção.
- Estudos de dimensionamento hidráulico dos órgãos extravasores.
- Estudos de dimensionamento hidráulico dos dispositivos de dissipação.
- Estudos de dimensionamento hidráulico do circuito de adução.

Estudos geológicos e geotécnicos
- Mapa geológico regional.
- Mapa geológico da área do reservatório.
- Mapa e seções geotécnicas do local do aproveitamento.
- Caracterização da sismicidade local e mapa sismotectônico.
- Caracterização tecnológica e/ou geotécnica e geomecânica de solos e rochas como materiais de fundação e/ou materiais naturais de construção.
- Instrumentação.

Projeto de desvio do rio
- Plantas necessárias para a caracterização do desvio do rio.
- Memorial justificativo das soluções adotadas.
- Cálculo de quantitativos.
- Especificação dos materiais e serviços.

Projeto das barragens e diques
- Plantas necessárias para a caracterização das barragens e diques.
- Cortes com as seções transversais necessárias para caracterização das barragens e diques.
- Memorial justificativo das soluções adotadas.
- Memória de cálculo do dimensionamento.
- Cálculo de quantitativos.
- Especificação dos materiais e serviços.

Projeto do vertedouro
- Plantas necessárias para a caracterização do vertedouro, incluindo comportas, bacia de dissipação de energia e galeria de drenagem.
- Cortes com as seções transversais necessárias para a caracterização do vertedouro.
- Memoriais de dimensionamento do vertedouro, comportas, bacia de dissipação de energia e galeria de drenagem.
- Memorial justificativo das soluções adotadas.
- Cálculo de quantitativos.
- Especificação dos materiais e serviços.

Projeto da tomada d'água e circuito hidráulico de adução
- Plantas necessárias para a caracterização da tomada d'água e do circuito de adução.
- Cortes com as seções transversais necessárias para a caracterização da tomada d'água e do circuito de adução.
- Projeto de comportas e *stoplogs* de montante e jusante, incluindo sistemas de abertura e fechamento.
- Memorial justificativo das soluções adotadas.
- Cálculo de quantitativos.
- Especificação dos materiais e serviços.

- Memorial de dimensionamento da tubulação adutora (incluindo blocos de ancoragem) ou dos túneis de adução.

Projeto de eclusa (opcional)
- Plantas necessárias para a caracterização das eclusas.
- Cortes com as seções transversais necessárias para a caracterização das eclusas.
- Memorial justificativo das soluções adotadas.
- Memorial de cálculo dos quantitativos aferidos.
- Especificação dos materiais e serviços.

Projeto do canteiro e acessos viários
- Plantas necessárias para a caracterização do canteiro e suas instalações associadas, bem como de seus acessos viários.
- Cortes com as seções transversais necessárias para a caracterização do canteiro e seus acessos viários.
- Memorial justificativo das soluções adotadas.
- Cálculo de quantitativos.
- Especificação dos materiais e serviços.

Estudos socioambientais
- Estudos de comunicação socioambiental, remanejamento de populações, conservação da flora e fauna, monitoramento climatológico, entre outros projetos relacionados a esse aspecto.

Orçamento
- Planilha de quantitativos de serviços.
- Composições de custos unitários.

2.2 Entendimento jurídico sobre projeto básico em obras de engenharia
2.2.1 Disposições gerais

Das deliberações consultadas nos acórdãos do TCU, depreende-se como essencial a elaboração de um projeto básico adequado e atualizado em licitações de obras e serviços de engenharia, sendo ilegal revisá-lo ou criar um projeto executivo que altere de forma substancial o objeto originalmente contratado. Além disso, a falta de um estudo técnico preliminar que dê suporte ao projeto básico em licitações de empresas estatais, mesmo em contratações de serviços comuns, viola a legislação.

Sobre a contratação de obras sem projetos, chegam-se às seguintes conclusões:
- A realização de licitação com base em projeto básico sem o detalhamento exigido pela lei é irregular.
- Irregularidades graves incluem a contratação de obras com projeto básico elaborado sem licença prévia, o início de obras sem a devida licença de instalação e o início das operações do empreendimento sem a licença de operação.
- O projeto básico é indispensável para a deflagração de procedimento licitatório, para garantir a precisão do objeto licitado.

Mesmo em contratações emergenciais, é necessário elaborar um projeto básico com todos os elementos exigidos pela lei, salvo em situações excepcionais que justifiquem a celebração do contrato.

Já em convênios, o projeto básico ou termo de referência deve ser apresentado antes da celebração do instrumento, sendo facultado exigi-lo posteriormente, antes da liberação da primeira parcela dos recursos.

Para obras rodoviárias, a realização de licitação exige um projeto básico detalhado, considerando as condições atuais do pavimento e um orçamento com preços de referência atualizados. Nas licitações para recuperação de rodovias, a administração deve exigir projetos básicos que evitem revisões constantes, garantindo a execução completa dos serviços.

Por fim, reitera-se que não é permitida a realização de licitação com base em projeto básico não aprovado pelo órgão técnico competente, especialmente em empreendimentos com recursos federais.

Acórdãos TCU
Acórdão 2.176/2022, Acórdão 1.576/2022, Acórdão 925/2022, Acórdão 727/2016, Acórdão 2.550/2013, Acórdão 1.169/2013, Acórdão 3.065/2012, Acórdão 3.260/2011, Acórdão 2.099/2011, Súmula TCU 261, Acórdão 1.536/2010, Súmula TCU 177, Acórdão 896/2010 – Segunda Câmara, Acórdão 684/2010, Acórdão 683/2010, Acórdão 2.206/2008, Acórdão 1.813/2008, Acórdão 1.232/2008, Acórdão 2.346/2007, Acórdão 1.470/2007, Acórdão 2.047/2006 e Acórdão 296/2004.

2.2.2 Elementos componentes do projeto básico

Verificam-se a seguir os pontos fundamentais relacionados à elaboração e execução de projetos básicos em obras públicas e serviços de engenharia.

Viabilidade e economicidade

O projeto básico deve incluir estudos que comprovem a viabilidade das áreas de empréstimo de solo, assegurando a economicidade das alternativas escolhidas (Acórdão 2.778/2020).

Elementos necessários do projeto básico

- Projetos básicos, independentemente do regime adotado, devem possuir elementos necessários e suficientes para caracterizar a obra, possibilitando avaliação de custo e definição de métodos e prazo de execução (Acórdãos 707/2014 e 51/2014).
- Empresas em regime de contratação integrada devem apresentar orçamento detalhado, incluindo composições de custo unitário, encargos sociais e taxa de BDI (Acórdão 2.123/2017).
- Composições de custos unitários e detalhamento de encargos sociais e do BDI integram o orçamento do projeto básico, devendo constar nos anexos do edital e nas propostas dos licitantes (Acórdão 1.350/2010).

Consumo de materiais

A utilização de taxas estimadas para consumo de aço por volume de concreto não atende às exigências legais para elaboração do projeto básico (Acórdão 896/2015).

Especificação de bens

A especificação completa do bem a ser adquirido deve ser feita sem indicação de marca, utilizando o consumo provável como parâmetro para a fixação de quantitativos (Acórdão 2.155/2012).

Levantamento de jazidas

A administração deve elaborar o levantamento das jazidas da região da obra, com estudos de viabilidade técnica e econômica, especialmente para areais (Acórdãos 670/2012 e 632/2012).

Na aprovação de projetos ferroviários, é preciso exigir estudos que incluam o levantamento de jazidas comerciais e não comerciais (Acórdão 1.150/2014).

Licenciamento ambiental

A aprovação do projeto básico deve estar condicionada à obtenção da licença ambiental prévia dos empreendimentos (Acórdãos 2.884/2009 e 2.012/2009).

Acórdãos TCU
Acórdão 2.778/2020, Acórdão 214/2020, Acórdão 2.123/2017, Acórdão 896/2015, Acórdão 2.383/2014, Acórdão 1.150/2014, Acórdão 707/2014, Acórdão 51/2014, Acórdão 2.155/2012, Acórdão 670/2012, Acórdão 632/2012, Acórdão 157/2012, Acórdão 4.703/2012 – Primeira Câmara, Acórdão 3.126/2011, Acórdão 2.543/2011, Acórdão 2.277/2011, Acórdão 170/2011, Acórdão 167/2011, Acórdão 2.756/2010, Súmula TCU 258, Acórdão 1.350/2010, Acórdão 2.884/2009, Acórdão 2.012/2009, Acórdão 1.620/2009, Acórdão 1.255/2009, Acórdão 331/2009, Acórdão 157/2009, Acórdão 1.568/2008, Acórdão 669/2008, Acórdão 608/2008, Acórdão 157/2008, Acórdão 2.012/2007, Acórdão 531/2007, Acórdão 349/2007, Acórdão 220/2007, Acórdão 2.628/2007, Acórdão 1.091/2007, Acórdão 62/2007, Acórdão 53/2007, Acórdão 2.352/2006 e Acórdão 1.306/2004.

2.2.3 Consequências da elaboração de licitação com inconsistências no projeto básico

A execução de licitações com inconsistências no projeto básico pode acarretar uma série de implicações legais e multas, conforme evidenciado em diversos acórdãos. Os principais pontos abordados são:

- Caracteriza-se como falha grave, passível de aplicação de multa, o início de uma obra com projeto básico deficiente, isto é, que não abrange todos os elementos necessários e suficientes. Outras irregularidades graves, sujeitas a penalidades, são a realização de licitação com um projeto básico impreciso, que não atende a todos os requisitos legais, e a contratação de obras complexas sem projeto básico adequado e sem a devida licença ambiental prévia.
- A administração é obrigada a adotar, desde o projeto básico, planilhas orçamentárias detalhadas que expressem a composição dos custos unitários, evitando o uso de unidades genéricas.
- A ausência de um projeto básico completo e preciso pode levar à nulidade do certame licitatório, o que evidencia a importância da documentação completa desde as fases iniciais.
- A correta definição do objeto no projeto básico é considerada fundamental para garantir a isonomia e a publicidade no processo licitatório, assegurando uma competição justa.
- É imperativa a exigência da licença prévia e de instalação, requisitos indispensáveis para a aprovação do projeto básico, visando o cumprimento das normativas ambientais.
- A contratação com base em projeto básico sem licença prévia, o início das obras sem licença de instalação e as operações sem a competente licença

de operação são indícios de irregularidades graves, podendo gerar recomendações para a paralisação da obra.

> **Acórdãos TCU**
> Acórdão 931/2023, Acórdão 1.767/2021, Acórdão 2.778/2020, Acórdão 3.143/2020, Acórdão 725/2016, Acórdão 707/2014, Acórdão 302/2016, Acórdão 2.158/2015, Acórdão 1.608/2015, Acórdão 1.607/2015, Acórdão 610/2015, Acórdão 2.934/2014, Acórdão 2.827/2014, Acórdão 573/2013, Acórdão 212/2013, Acórdão 2.819/2012, Acórdão 1.253/2012, Acórdão 510/2012, Acórdão 3.361/2011 – Segunda Câmara, Acórdão 3.131/2011, Acórdão 2.544/2011, Acórdão 2.371/2011, Acórdão 2.349/2011, Acórdão 1.119/2010, Acórdão 2.927/2009, Acórdão 2.450/2007, Acórdão 615/2004 – Segunda Câmara e Acórdão 1.572/2003.

2.2.4 Exigência de estudo geotécnico no projeto básico

As principais considerações acerca de estudo geotécnico (análise de solo) no projeto básico são:

- Há irregularidade na aprovação de projeto básico que não contemple os estudos geotécnicos necessários. A ausência desses estudos compromete a identificação e avaliação da viabilidade técnica e econômica da obra, especialmente no contexto de aproveitamento de jazida de areia para serviços de aterro hidráulico.
- Em operações de repasse de recursos federais destinados a obras de edificações, a exigência de estudos de sondagens na fase de análise do projeto básico é ressaltada. Esses estudos são considerados essenciais para fundamentar e dimensionar adequadamente as soluções de fundação das edificações, conforme normas técnicas e legislação pertinente.

> **Acórdãos TCU**
> Acórdão 3.291/2014 e Acórdão 3.030/2012.

2.2.5 Responsabilidade dos gestores

Em relação à responsabilidade dos gestores, apresentam-se aqui as principais considerações.

Aprovação de projeto básico

O gestor que aprova um projeto básico com falhas perceptíveis ou sem atender aos requisitos mínimos exigidos na legislação é responsável por eventuais prejuízos, mesmo que o projeto tenha sido elaborado por empresa contratada. A aprovação de projeto básico inadequado, com impactos significativos nos custos e prazos da obra, justifica a aplicação de penalidades pecuniárias ao gestor responsável, incluindo sua inabilitação para cargos de confiança. Além disso, a ausência dos elementos exigidos, conforme determinado pela legislação, sujeita os gestores à aplicação de multa prevista na Lei Orgânica do TCU.

Responsabilidade solidária

A autoridade que aprova o projeto básico é solidariamente responsável pelos prejuízos decorrentes de deficiências no documento técnico. A aprovação não é meramente formal, sendo um ato de fiscalização que referenda os procedimentos adotados e o conteúdo elaborado.

Além disso, nos empreendimentos que utilizam recursos federais via transferências voluntárias, o corpo técnico do órgão concedente deve aprovar o projeto básico ou executivo da obra, mas isso não exime os gestores do órgão de sua responsabilidade técnica.

Responsabilidade por projeto básico apócrifo

A licitação, contratação e execução de obras com base em projeto básico apócrifo e sem anotação de responsabilidade técnica (ART) implicam responsabilidade dos gestores e da empresa construtora pelas consequências de deficiências de projeto.

Detalhamento do objeto licitado

Impõe-se ao gestor especificar os itens do objeto licitado em detalhamento que garanta a satisfação das necessidades da administração, buscando a forma menos onerosa possível.

Projeto básico desatualizado e parcelamento indevido

A condução de certames licitatórios com projeto básico desatualizado e o parcelamento indevido do objeto são passíveis de penalização, incluindo multa e responsabilidade do gestor.

Riscos de licitação com projeto básico precário

A licitação de obra com projeto básico precário expõe a administração a riscos de não implementação do projeto ou implementação a custos e prazos superiores.

> **Acórdãos TCU**
> Acórdão 820/2019, Acórdão 7.181/2018 – Segunda Câmara, Acórdão 2.253/2016, Acórdão 2.755/2015, Acórdão 915/2015, Acórdão 3.213/2014, Acórdão 724/2014, Acórdão 4.790/2013 – Segunda Câmara, Acórdão 1.932/2012, Acórdão 1.910/2012, Acórdão 1.608/2012, Acórdão 645/2012, Acórdão 184/2012, Acórdão 3.297/2011 e Acórdão 312/2011.

2.2.6 Responsabilidade do autor do projeto

Os acórdãos do TCU assim determinam as responsabilidades do autor do projeto:

- A aprovação de projeto básico que não atenda aos requisitos da Lei nº 8.666/1993 ou esteja em desacordo com a legislação vigente pode resultar na responsabilização do projetista e dos pareceristas da área técnica que endossaram o projeto.
- A utilização de projeto básico desatualizado, incompleto e baseado em normas técnicas revogadas, que não demonstre a viabilidade técnica do empreendimento, configura atuação desidiosa da administração contratante, o que pode acarretar responsabilização do corpo técnico de engenheiros responsáveis por sua aprovação.
- Engenheiros responsáveis por deficiências em projeto básico de obras públicas estão sujeitos à aplicação de multa com base no art. 58, inciso II, da Lei nº 8.443/1992.

> **Acórdãos TCU**
> Acórdão 917/2017, Acórdão 2.986/2016, Acórdão 1.067/2016, Acórdão 678/2015, Acórdão 3.279/2011 e Acórdão 1.595/2006.

2.2.7 Responsabilidade da comissão de licitação

Sobre a comissão permanente de licitação (CPL), aponta-se que:

- A CPL não pode ser responsabilizada por superfaturamento decorrente de projeto básico mal elaborado ou outras irregularidades não relacionadas às suas atribuições legais. Sua atuação deve limitar-se à verificação da conformidade das propostas com os requisitos do edital e as estimativas prévias.
- O presidente da CPL não deve ser responsabilizado por falhas no projeto básico, uma vez que as atribuições da comissão geralmente se restringem ao processamento do procedimento licitatório, não incluindo a elaboração do projeto básico.

> **Acórdãos TCU**
> Acórdão 8.017/2016 – Segunda Câmara, Acórdão 870/2013 e Acórdão 184/2012.

2.2.8 Responsabilidade do fiscal

O Acórdão 1.241/2022 do TCU destaca a possibilidade de tipificação como erro grosseiro a aprovação, pelo fiscal do contrato de obra pública, de planilha anexa ao termo aditivo contendo quantitativos de serviços incompatíveis com os quantitativos do projeto executivo, resultando na desfiguração do projeto básico.

A responsabilidade do fiscal não é afastada mesmo quando a administração contrata terceiros para auxiliá-la na fiscalização do empreendimento, conforme estabelecido pelo art. 67 da Lei nº 8.666/1993.

O papel do terceiro contratado é de assistência e não de substituição, reforçando que o fiscal do contrato mantém a responsabilidade por irregularidades, mesmo quando há colaboração externa.

> **Acórdãos TCU**
> Acórdão 1.241/2022.

2.2.9 Necessidade de elaboração de projetos com anotações de responsabilidade técnica (ART)

Algumas conclusões a respeito de projetos com anotações de responsabilidade técnica (ART) são elencadas na sequência:
- A administração é obrigada a identificar cada peça técnica do projeto básico/executivo através de ART, o que inclui plantas, orçamento-base, composições de custos unitários, cronograma físico-financeiro etc. Esse processo deve ser realizado pelos responsáveis pela autoria das peças, indicando também os últimos revisores.
- A ausência de ART dos responsáveis pela elaboração do projeto básico e das planilhas orçamentárias viola dispositivos legais.
- O aproveitamento de projetos é ato discricionário, e exige autorização detalhada dos autores para a sua repetição. Deve incluir definição de adaptações e quais profissionais podem realizá-las, atualizando as ART correspondentes.
- A administração deve obter licença ambiental prévia antes da fase do projeto básico, com a identificação do autor do projeto em todos os documentos e registro adequado das ART.

- Em caso de modificação do projeto, a administração deve atualizar a ART da obra junto ao CREA.
- Preliminarmente à licitação, a administração deve identificar cada peça técnica por meio de ART, conforme a Resolução Confea nº 425 e a Lei nº 11.768/2008.

Acórdãos TCU
Acórdão 2.759/2019, Acórdão 1.309/2014, Súmula TCU 260, Acórdão 2.449/2012, Acórdão 2.349/2011, Acórdão 1.515/2010, Acórdão 3.051/2009, Acórdão 2.581/2009, Acórdão 1.981/2009, Acórdão 2.617/2008 e Acórdão 838/2003.

2.2.10 Previsão metodológica

No Acórdão 2.580/2014 do TCU foram feitas as seguintes considerações sobre o esclarecimento, no projeto, das metodologias aplicadas na obra:
- O pré-dimensionamento do projeto básico deve contemplar a previsão de metodologias e tecnologias conhecidas pela administração. Tais metodologias devem ser as mais prováveis de serem utilizadas, considerando a solução menos onerosa que atenda aos requisitos definidos objetivamente.
- O projeto deve antecipar o uso de metodologias/tecnologias alinhadas aos requisitos de serviço, uso, desempenho, garantia, manutenção, sustentabilidade e durabilidade.
- A previsão metodológica visa garantir a vantagem e economicidade das propostas, assegurando que as soluções apresentadas atendam aos requisitos estabelecidos de maneira eficiente e financeiramente sustentável.

Acórdãos TCU
Acórdão 2.580/2014.

2.2.11 Participação do autor do projeto em outras fases

Em relação ao autor do projeto, depreende-se que:
- Não há proibição para a participação do autor do projeto básico em certames para elaboração do projeto executivo ou assessoria técnica durante a construção da obra.
- É especificamente vedada a participação, direta ou indireta, do autor do projeto básico ou executivo na licitação para a contratação da obra, serviço ou fornecimento decorrentes.

- A subcontratação, pela empresa executora da obra ou serviço, do autor do projeto básico para elaboração do projeto executivo é ilegal.
- A participação em licitação é proibida para empresas que tenham vínculo com o autor do projeto, mesmo que este se desligue do quadro societário pouco antes do certame.
- A exclusão do autor do projeto básico do quadro social da empresa às vésperas do certame não descaracteriza a ilegalidade de sua participação.
- A contratação da empresa que elaborou o projeto básico ou executivo para exercer funções de fiscalização, supervisão ou gerenciamento do empreendimento é permitida.
- Mesmo com a exclusão do autor do projeto básico do quadro social da empresa participante da licitação, sua participação é ilegal.

Acórdãos TCU
Acórdão 9.609/2017 – Segunda Câmara, Acórdão 168/2017, Acórdão 9.917/2016 – Segunda Câmara, Acórdão 3.107/2013, Acórdão 2.746/2013, Acórdão 1.975/2013, Acórdão 1.924/2013, Acórdão 157/2013, Acórdão 3.156/2012, Acórdão 2.264/2011, Acórdão 1.893/2010, Acórdão 1.039/2008 – Primeira Câmara e Acórdão 597/2008.

2.2.12 Alteração do projeto básico

Em relação à possibilidade de alterar o projeto básico em fases consecutivas, tem-se que:
- Em obras de grande porte e complexidade na contratação integrada, é possível que hipóteses, premissas e pré-dimensionamentos adotados no anteprojeto sejam revistos nos projetos básico e executivo. No entanto, essas revisões não são legalmente admitidas como motivo para aditamento contratual, a menos que sejam alterações solicitadas pelo órgão contratante após a aprovação.
- Nas licitações de obras e serviços de engenharia, é necessário apresentar um projeto básico adequado e atualizado.
- É ilegal realizar a revisão do projeto básico ou elaborar um projeto executivo que transforme o objeto originalmente contratado em algo de natureza e propósito diferentes.

Acórdãos TCU
Acórdão 2.903/2016, Acórdão 2.433/2016 e Acórdão 2.572/2010.

2.2.13 Requisitos para ocorrência de aditivos

Sobre a possibilidade de aditivos no projeto básico, destacam-se as seguintes considerações:

- Eventuais imprecisões no projeto básico não justificam a correção por meio de aditivo. Tais imprecisões são consideradas riscos inerentes à álea contratual ordinária, assumidos pelo contratado.
- Em obras de manutenção rodoviária, em que as condições do pavimento podem mudar significativamente durante a elaboração do projeto, estimativas e detalhamentos dos serviços adicionais a serem executados, desde que fundamentados tecnicamente e compatíveis com o trecho em questão, podem servir para atender aos requisitos legais estabelecidos na Lei n° 8.666/1993, sobretudo no que diz respeito à estimativa de preços e condições contratuais.

Acórdãos TCU
Acórdão 1.194/2018 e Acórdão 820/2006.

2.2.14 Projeto básico nas dispensas de licitações

Em cenário de dispensa de licitação, ressaltam-se as conclusões a seguir.

- A dispensa de licitação para contratação direta de remanescente de obra, após rescisão contratual (art. 24, inciso XI, da Lei n° 8.666/1993), aplica-se apenas quando há parcelas faltantes para execução, não sendo adequada em casos de má execução pelo contratado anterior ou inépcia do projeto que exijam providências não previstas no contrato original. Em situações que demandem correções, emendas ou substituições significativas no projeto, é necessário realizar nova licitação para sanar tais defeitos.
- Na dispensa de licitação respaldada no art. 24, inciso IV, da Lei n° 8.666/1993, é possível utilizar projetos básicos que não contemplem todos os elementos exigidos pelo art. 6°, inciso IX, da mesma lei. Contudo, a contratação direta deve estar limitada à parcela mínima essencial para evitar danos ou perda dos serviços já executados.
- Em regra, a exigência do projeto básico é mantida mesmo para obras contratadas sem licitação.

Acórdãos TCU
Acórdão 2.830/2016, Acórdão 943/2011, Acórdão 224/2007 e Acórdão 53/2007.

PRECISÃO NO PROJETO EXECUTIVO: FUNDAMENTOS E METODOLOGIA 3

O projeto executivo é uma etapa mais detalhada de elaboração do projeto, na qual são fornecidas informações precisas e completas sobre a obra a ser executada. Em resumo, o projeto executivo representa o detalhamento de etapas específicas para o processo construtivo, que não são contempladas nos projetos referenciais detalhados do projeto básico.

A Orientação Técnica nº 08/2020 do Ibraop define o projeto executivo como uma fase caracterizada pela inclusão de detalhes construtivos essenciais para garantir a perfeita instalação, montagem e execução dos serviços e obras planejadas.

É fundamental ter em mente que o projeto executivo não deve alterar o projeto básico original nem seus quantitativos, orçamento e cronograma. Em vez disso, propõe-se a aprimorar o projeto em um nível mais minucioso, fornecendo informações específicas que são cruciais para a execução eficiente da obra. Dessa forma, o projeto executivo atua como uma extensão natural do projeto básico, agregando conhecimento técnico e detalhes que podem não ter sido necessários ou apropriados na fase anterior.

Um aspecto a ser destacado do projeto executivo é que todas as especificações, cálculos, desenhos e outros elementos contidos nele devem estar em estrita conformidade com as normas técnicas estabelecidas pela indústria e pelos órgãos reguladores. Isso não apenas garante a qualidade e a segurança da obra, mas também facilita a aprovação regulatória e a obtenção das licenças necessárias.

A OT-IBR nº 08/2020 destaca também que o projeto executivo não deve ser confundido com os chamados "projetos complementares". Com efeito, ele tem a finalidade específica de detalhar os elementos do projeto básico, abrangendo áreas como arquitetura, estrutura, elétrica, hidráulica, entre outras, sem, no entanto, adicionar ou complementar com dimensões, cálculos, características técnicas, materiais, equipamentos, modelos/marcas, ou alterações no método construtivo. Caso o projeto básico já inclua detalhes construtivos suficientes para a instalação, montagem e execução dos serviços e obras, recomenda-se que ele seja considerado como projeto executivo, o que simplifica a documentação necessária para licitação e execução da obra, economizando tempo e recursos.

A seguir, verifica-se o detalhamento esquemático de alguns itens previstos no projeto executivo:
- *Projeto de escoramento das lajes e vigas*: neste projeto, são definidas as especificações das escoras, incluindo o tipo de escora a ser utilizada, seu posicionamento e espaçamento adequados, bem como o planejamento para a retirada e desforma das lajes e vigas.
- *Plano de concretagem*: este plano prevê a ordem em que os elementos serão concretados, abrangendo a previsão da passagem de profissionais e equipamentos, os volumes a serem concretados, os pontos de parada e as estimativas de conclusão em cada etapa da obra.
- *Plano de cura e molhagem dos elementos concretados*: aqui é detalhado como será realizado o processo de cura dos elementos concretados durante o período de 28 dias. Isso inclui definir se a cura será úmida ou a seco, as metodologias específicas, e a frequência para os sete primeiros dias e os demais períodos.
- *Paginação dos painéis de alvenaria*: este projeto descreve como os painéis de alvenaria serão posicionados em fiadas e como serão solidarizados na estrutura existente.
- *Detalhamento das vergas e contravergas*: são especificadas as vergas e contravergas do projeto, bem como a sua adequação junto aos painéis de alvenaria.
- *Projeto de impermeabilização*: neste projeto, são detalhadas as áreas molhadas e expostas, com a sequência dos materiais, os cuidados nos encontros, as recomendações para os ralos, o detalhamento da proteção mecânica e as características previstas nos elementos. Também são descritos os procedimentos para realizar o teste de declividade e teste de estanqueidade, bem como os períodos previstos de duração desses testes.
- *Projeto de paginação dos pisos*: aqui são apresentados os pontos de trincho, a adequação da disposição com as soleiras, a projeção dos pisos com os possíveis rodapés, locais de cortes e outros detalhamentos necessários.
- *Projeto de forro*: neste projeto, são descritos os tipos de materiais previstos para o forro, como forro liso e acartonado, a previsão dos elementos de fixação, seu espaçamento e como serão dispostos. Também são fornecidos detalhes sobre o encontro do forro com a alvenaria, os recortes para passagem de cortinas e outras especificações relevantes.
- *Projeto luminotécnico*: este projeto identifica o número de lâmpadas, seus tipos, suas projeções e ângulos de posicionamento, além de outras características luminotécnicas.

3.1 Elementos mínimos recomendáveis para projetos executivos de obras de engenharia

As recomendações dispostas na sequência foram baseadas na OT-IBR n° 08/2020.

3.1.1 Edificações em geral

Documentação geral
- Desenho do *layout* definitivo do canteiro de obras.
- Confirmação da compatibilidade entre os projetos.
- Memorial com plano de execução da obra.
- Anotações ou registros de responsabilidade técnica (ART) exigíveis.

Planejamento
- Desenho com histogramas de mão de obra, equipamentos e materiais.
- Diagrama de rede PERT/CPM.
- Plano de execução de obra (peças gráficas).
- Memorial com detalhamento de premissas para elaboração de rede PERT/CPM e caminho crítico.
- Memorial com detalhamento de premissas e plano de gerenciamento de qualidade (PGQ).

Terraplenagem
- Desenho com plantas de obras de contenção (se necessário).
- Plantas de localização de empréstimos e bota-foras.
- Memorial com descrição das etapas de implantação da terraplenagem.
- Definição de áreas de empréstimo e bota-fora (por tipo de material).
- Estudo de estabilidade de taludes.

Arquitetura
- Desenho com paginação de pisos e paredes.
- Detalhes de elementos de fachada.
- Detalhes de esquadrias (inclusive fixação, vedação e ferragens).
- Plantas de luminotécnica.
- Detalhes de plantas de urbanização (calçadas, estacionamentos, alambrados etc.).
- Detalhes da cobertura (rufos, calhas, canaletas).
- Detalhes da comunicação visual.

- Detalhes de equipamentos (inclusive de banheiro e cozinha) e mobiliário.
- Detalhes executivos de forros, divisórias e painéis.
- Memorial com descrição do método executivo e indicação de normas técnicas.

Fundações
- Desenho com detalhes executivos de fôrmas.
- Detalhes executivos das armações.
- Memorial com descrição do método executivo e indicação de normas técnicas.

Estrutura
- Desenho com plantas de escoramento e contraventamento.
- Detalhes executivos de fôrmas (inclusive cortes e elevações).
- Detalhes executivos de armações (sobreposições, emendas, espaçadores etc.).
- Detalhes das armaduras de reforço em aberturas e furos em elementos estruturais.
- Memorial com descrição do método executivo, plano de demolição e dimensionamento de escoramentos e contraventamentos.

Impermeabilizações
- Desenho com detalhes executivos, como pontos de saída de tubulações, juntas de dilatação e encontros de pisos com elementos verticais.
- Memorial com descrição do método executivo e indicação de normas técnicas.

Instalações hidrossanitárias
- Desenho com perspectivas isométricas definitivas.
- Detalhamento de barriletes.
- Plantas de detalhes de posição de pontos e instalação das peças.
- Detalhes de passagens de tubulações em lajes, vigas e pilares.
- Plantas com detalhes de alimentação dos reservatórios inferior e superior, localização de conjunto motobomba, estações redutoras de pressão, linha de extravasão, válvula de retenção e registro de bloqueio.
- Detalhes do sistema de captação e escoamento de águas pluviais.
- Detalhes de instalação de esgoto sanitário referente à rede geral.
- Memorial com descrição do método executivo e indicação de normas técnicas.

Instalações elétricas
- Desenho com plantas de detalhes de entrada e quadros de força.
- Plantas de detalhes de posição e fixação de pontos e instalação das peças.
- Detalhes da fixação de eletrocalhas.
- Memorial com descrição do método executivo e indicação de normas técnicas.

Instalações contra incêndio e descargas atmosféricas
- Desenho com detalhes construtivos referentes à instalação, posição e fixação dos elementos.
- Detalhes de esquemas verticais.
- Memorial com descrição do método executivo e indicação de normas técnicas.

Instalações especiais
- Desenho com detalhes construtivos referentes à instalação, posição e fixação dos elementos.
- Detalhes de esquemas verticais.
- Detalhes dos quadros: ar-condicionado, lógica, comunicação, imagem, gás, sinalização, automação e sonorização.
- Memorial com descrição do método executivo e normas técnicas para cada instalação especial.

Paisagismo
- Desenho com detalhes de implantação dos elementos.
- Memorial com descrição do método executivo e indicação de normas técnicas.

Drenagem
- Desenho com detalhes do projeto de drenagem superficial, profunda e de dispositivos contra erosão.
- Memorial com descrição do método executivo e indicação de normas técnicas.

3.1.2 Obras rodoviárias

Planejamento
- Desenho com histogramas de mão de obra, equipamentos e materiais.

- Diagrama de rede PERT/CPM.
- Plano de execução de obra (peças gráficas).
- Memorial com detalhamento de premissas para elaboração de rede PERT/CPM e comentários complementares sobre o caminho crítico.
- Memorial com detalhamento de premissas e comentários complementares sobre o plano de execução de obra.
- Memorial com plano de ação para interrupções e desvios de tráfego, sobretudo em ambientes urbanos.
- Memorial com plano de gerenciamento de qualidade (PGQ).

Ambiental
- Memorial com plano de controle ambiental (PCA), plano básico ambiental (PBA) e plano de recuperação de áreas degradadas (PRAD).

Segurança e saúde do trabalho
- Cronograma de implantação das medidas preventivas do programa de condições e meio ambiente de trabalho (PCMAT).
- *Layouts* elaborados no PCMAT.
- Memorial com PCMAT, programa de prevenção de riscos ambientais (PPRA) e programa de controle médico de saúde ocupacional (PCMSO).

Canteiro de obras
- Plantas para a infraestrutura do canteiro de obras (arruamentos, paisagismo, estacionamentos, entre outros).
- Plantas baixas, de locação, de instalações e outras, referentes às instalações do canteiro de obras.
- Plantas das instalações industriais.
- Plantas de *layout* dos laboratórios.
- Memorial com especificações de materiais, equipamentos, segurança, métodos executivos etc.

Terraplenagem
- Desenho com seções transversais orientativas de cada bota-fora e empréstimo.
- Plantas de drenagem dos bota-foras e dos empréstimos.
- Plantas de detalhamento executivo para rebaixos de subleito, encontros de pontes e adjacências aos bueiros.

- Plantas para desmontes de rocha em áreas de risco.
- Plano de fogo.
- Plantas de detalhamento de carregamento em taludes especiais.
- Memorial com estudo de estabilidade de taludes do leito, empréstimos e bota-foras.
- Memorial com orientações suplementares para execução dos encontros de pontes e execução nas adjacências aos bueiros.
- Memorial com orientações complementares para controle de qualidade em aterros com material de terceira categoria.
- Memorial com planos de fogo.
- Memorial com orientações suplementares de logística para reciclagem de pavimentos, estoques de material fresado e manutenção de caminhos de serviço.
- Memorial com especificações complementares de equipamentos para execução.

Drenagem
- Desenho com detalhes suplementares das soluções de drenagem.
- Desenho com detalhes suplementares para caixas de passagens e poços de visita, bocas de lobo e outros dispositivos de captação superficial.
- Desenho com detalhes suplementares para dispositivos de entrada e saída d'água, para execução de bueiros metálicos e *tunnel liners*.
- Memorial com indicação ou elaboração das especificações suplementares e métodos construtivos a serem observados.
- Memorial com orientações suplementares para execução de galerias, bueiros metálicos e *tunnel liners*, para controle de qualidade de colchões drenantes, e para trabalhos com extrusoras.

Desapropriação
- Atualização da planta cadastral individual das propriedades compreendidas total ou parcialmente na área.
- Memorial com atualização do levantamento cadastral da área assinalada e da determinação do custo de desapropriação de cada unidade.
- Memorial com descrição e detalhamento suplementar dos projetos de desapropriação ou reassentamento.

Geotecnia
- Planta de localização das sondagens e coletas suplementares.
- Memorial com estudos geotécnicos complementares para ampliar o universo amostral trazido no projeto básico, incluindo os boletins individuais das sondagens suplementares realizadas e as fichas técnicas dos ensaios aplicados em campo e laboratório.

Pavimentação
- Plantas de detalhamentos de etapas construtivas, de *layouts*, bases e montagens das instalações industriais, como pedreiras, usinas de asfalto, usinas de concreto etc.
- Desenho com seções transversais para exploração de cada jazida.
- Plantas de drenagem das jazidas.
- Memorial das seções transversais específicas de situações especiais de projeto para as estruturas de pavimento.
- Memorial com detalhamento das etapas construtivas de todas as camadas, inclusive a de macadame.
- Memorial com projeto de mistura de concreto asfáltico (traço), ou outro revestimento especificado, contendo todo o estudo laboratorial dos insumos utilizados.
- Memorial com parâmetros específicos objetivos para testes, aceitação e rejeição da camada de macadame, inclusive relativos a deflexões.
- Memorial com detalhamento do planejamento de usinagem e transporte da mistura asfáltica quente, para garantia da temperatura ao tempo da compactação.
- Memorial com detalhamentos de procedimentos executivos para avaliação e eventual tratamento de áreas fresadas, para reposição de camada de revestimento.
- Memorial com detalhamentos e especificações complementares em caso de execução de revestimentos asfálticos sobre paralelepípedos, blocos intertravados e pavimentos rígidos, e em caso de execução de *white topping*.

Sinalização
- Desenho com detalhes estruturais, de fundação e fixação para pórticos, semipórticos e placas.

- Memorial com especificação da tinta a ser utilizada, indicando o percentual de sólidos por volume e as espessuras úmidas e secas para aplicação da tinta.
- Memorial com especificação das esferas de vidro, informando seu tipo e índice de refração mínimo, taxa de aplicação e método de adição, incluindo detalhamento do processo de misturas de esferas de vidro de mais de um tipo, se for o caso.
- Memorial com especificação dos tipos de películas a serem utilizadas na sinalização vertical.

Outros
- Desenho com detalhes de instalação de defensas, cercas, proteção vegetal e hidrossemeadura, execução de passagens por interferências, e aspectos geométricos e topográficos das obras de arte especiais.
- Memorial com especificações complementares para proteção vegetal, como espaçamento das mudas, tipo e frequência da adubação, quantidade de água e frequência de irrigação.

3.1.3 Obras de saneamento
Documentação geral
- *Layout* definitivo do canteiro de obras.
- Confirmação da compatibilidade entre os projetos.
- Memorial com plano de execução da obra.
- Anotações ou registros de responsabilidade técnica (ART) exigíveis.

Planejamento
- Desenho com histogramas de mão de obra, equipamentos e materiais.
- Diagrama de rede PERT/CPM.
- Plano de execução de obra (peças gráficas).
- Memorial com detalhamento de premissas para elaboração de rede PERT/CPM e comentários complementares sobre o caminho crítico.
- Memorial com detalhamento de premissas e comentários complementares sobre o plano de execução da obra.
- Memorial com plano de gerenciamento de qualidade (PGQ) e plano de ação para interrupções e desvios de tráfego, sobretudo em ambientes urbanos.

Terraplenagem
- Plantas de obras de contenção (se necessárias).
- Desenho com seções transversais orientativas de cada bota-fora e empréstimo.
- Plantas de drenagem dos empréstimos.
- Plantas para desmontes de rocha em áreas de risco.
- Plantas de plano de fogo.
- Plantas de detalhamento de carregamento em taludes especiais.
- Memorial com estudo de estabilidade de taludes, empréstimos e bota-foras, e planos de fogo.
- Memorial com orientações suplementares para manutenção de caminhos de serviço e especificações complementares de equipamentos para execução.
- Memorial com justificativa e descrição das soluções definitivas adotadas.

Topografia
- Detalhes de locação de bombas de recalque de água bruta.
- Detalhes de locação e posicionamento de estações elevatórias.
- Detalhes de arruamento, obras especiais e interferências.
- Memorial com detalhes do levantamento cadastral da rede existente, dos obstáculos subterrâneos nos logradouros onde estão traçadas as redes, e da execução de passagens por interferências.

Desapropriação
- Atualização da planta cadastral individual das propriedades compreendidas total ou parcialmente na área.
- Memorial com atualização do levantamento cadastral da área assinalada e da determinação do custo de desapropriação de cada unidade.
- Memorial com descrição e detalhamento suplementar dos projetos de desapropriação ou reassentamento.

Estações de tratamento
- Detalhes suplementares e cortes específicos.
- Detalhes de instalação de armaduras em fôrmas para concreto armado, espaçadores e outros, de ETA ou ETE.
- Detalhes de encontros e apoios entre peças da estrutura de ETA ou ETE, e de ligações e junções entre seus elementos construtivos.
- Detalhes de complementos de fôrmas, escoramentos e outros, de ETA ou ETE.

- Detalhes de complementos para instalação de filtros e decantadores da ETA.
- Detalhes de ligações e conexões de ETA ou ETE.
- Memorial com descrição do método executivo e indicação de normas técnicas a serem observadas, referentes aos detalhamentos construtivos.
- Memorial com detalhes de acabamentos de impermeabilizações de ETA ou ETE.
- Memorial com complemento e/ou adequações dos serviços previstos.

Redes
- Detalhes suplementares e cortes específicos.
- Detalhes de ligações de rede de esgoto em poços de visita/inspeção.
- Detalhes do escoramento de valas.
- Memorial com descrição do método executivo e indicação de normas técnicas a serem observadas, referentes aos detalhamentos construtivos.

Ligações domiciliares
- Locação das ligações (cavaletes) de água em cada lote.
- Definição da frente de um lote de esquina que deve receber a ligação domiciliar de esgotamento sanitário.
- Definição do terreno que deve receber mais de uma ligação domiciliar de esgotamento sanitário.
- Memorial com descrições dos detalhamentos propostos.

Urbanização e paisagismo
- Detalhes da urbanização/paisagismo do entorno da ETA ou ETE.
- Memorial com descrições dos detalhamentos propostos.

3.2 Entendimento jurídico sobre projeto executivo em obras de engenharia

Após consulta de inúmeros acórdãos do TCU, dispõem-se as deliberações a seguir sobre o projeto executivo em obras de engenharia.

3.2.1 Relação com o projeto básico

Em licitações de obras e serviços de engenharia, é essencial a elaboração de um projeto básico adequado e atualizado, conforme definido no art. 6º, inciso IX, da Lei nº 8.666/1993. Finalizada essa etapa, considera-se prática ilegal a revisão do projeto básico ou a elaboração de um projeto executivo que descaracterize o objeto originalmente contratado. Isso inclui a adoção de soluções de engenharia diferentes daquelas submetidas à licitação.

Em suma, alterações conceituais e nos quantitativos do projeto executivo não devem ser promovidas de maneira a descaracterizar o projeto básico. Essa prática está alinhada ao disposto no art. 6º, incisos IX e X, da Lei nº 8.666/1993 e na Súmula 261 do TCU.

> **Acórdãos TCU**
> Acórdão 1.576/2022, Acórdão 1.016/2011, Acórdão 2.572/2010 e Acórdão 1.536/2010.

3.2.2 Responsabilidade dos gestores

Em relação à responsabilidade dos gestores para com o projeto executivo, destacam-se as seguintes considerações:

- Na ausência de superestimativa de quantitativos, jogo de planilha ou outras irregularidades que possam causar prejuízo ao erário, o Tribunal pode decidir não aplicar multas aos responsáveis.
- Nos empreendimentos que envolvem recursos federais por meio de transferências voluntárias, o corpo técnico do órgão concedente deve aprovar o projeto básico ou executivo da obra. Isso não isenta os gestores do órgão convenente da responsabilidade técnica. A análise deve garantir a existência efetiva e a correção formal do projeto, considerando os objetivos delineados no plano de trabalho.
- A responsabilidade técnica dos gestores do órgão concedente persiste mesmo quando este não refaz os projetos ou dedica considerável tempo na identificação de vícios ocultos. A verificação se concentra na existência efetiva e correção formal do projeto.
- A contratação, por inexigibilidade de licitação, do vencedor de anteprojeto arquitetônico para a execução do "projeto completo" é irregular. A exceção à licitação só é permitida se a administração demonstrar de maneira inequívoca que apenas o escritório de arquitetura vencedor é capaz de executar o projeto escolhido.

> **Acórdãos TCU**
> Acórdão 2.544/2011, Acórdão 2.253/2016 e Acórdão 3.361/2011 – Segunda Câmara.

3.2.3 Responsabilidade da empresa licitante

Ressaltam-se as seguintes premissas sobre as responsabilidades da empresa licitante:
- É essencial a alocação objetiva de riscos entre as partes, conforme previsto no edital do certame. A ausência dessa alocação pode influenciar a responsabilidade das partes envolvidas.
- Em casos de erros, incompletudes e omissões no anteprojeto, identificados durante a elaboração dos projetos básico e executivo, a empresa contratada deve assumir eventuais encargos. Essa responsabilidade é considerada álea ordinária, inerente ao regime de contratação integrada.

Acórdãos TCU
Acórdão 544/2021 – Plenário.

3.2.4 Participação do autor do projeto básico em outras fases

Não há vedação à participação do autor do projeto básico em certames licitatórios para elaboração do projeto executivo ou para prestar assessoria técnica durante a construção da obra. A proibição incide sobre a participação do autor do projeto básico ou executivo na licitação para a contratação da obra, serviço ou fornecimento decorrentes, conforme estabelecido pelo art. 9º, inciso I, da Lei nº 8.666/1993.

Já a contratação da empresa que elaborou o projeto básico ou executivo para exercer funções de fiscalização, supervisão ou gerenciamento do empreendimento encontra amparo no art. 9º, § 1º, da Lei nº 8.666/1993.

Acórdãos TCU
Acórdão 9.609/2017 – Segunda Câmara, Acórdão 2.746/2013 e Acórdão 3.156/2012.

3.2.5 Projetos executivos em obras rodoviárias

Para obras rodoviárias, a regulamentação referente à apresentação dos projetos, especialmente os executivos, está prevista no programa de exploração da rodovia (PER), garantindo clareza e responsabilidade na condução dessas obras. Mesmo quando o risco de projeto é atribuído à concessionária, fica estabelecido que esta deve apresentar os projetos, de preferência executivos, previamente ao início das obras. Além do PER, a obrigação de apresentar os projetos executivos é incluída na minuta do contrato, reforçando o compromisso da concessionária em fornecer os documentos necessários antes do início efetivo das obras.

A exigência prévia dos projetos executivos visa prevenir problemas na execução das obras, assegurando a qualidade, segurança e conformidade com os padrões estabelecidos, mesmo diante da transferência do risco de projeto para a concessionária.

Acórdãos TCU
Acórdão 943/2016.

3.2.6 Elementos necessários no projeto executivo

Nos convênios, os projetos básico e executivo devem conter elementos claros para identificar a obra e os serviços, materiais, especificações técnicas, além de orçamento detalhado com quantitativos e custos unitários relativos ao objeto.

Em licitações de obras rodoviárias, deve-se exigir dos projetistas a elaboração dos projetos básicos e executivos conforme as instruções de serviço vigentes, incluindo a apresentação de composições de custo complementares para serviços não constantes no Sistema de Custos Rodoviários vigente.

Acórdãos TCU
Acórdão 2.136/2017, Acórdão 2.123/2017, Acórdão 2.433/2016, Acórdão 2.628/2007, Acórdão 1.470/2007 e Acórdão 2.352/2006 – Plenário.

3.2.7 Aditivos relacionados ao projeto executivo

Disposições relativas a aditivos no projeto executivo são apresentadas a seguir:
- Deficiências identificadas no projeto executivo não são consideradas fatores ou condições excepcionais que justifiquem a realização de aditivos contratuais.
- O entendimento destaca que tais aditivos não devem ultrapassar os limites estabelecidos pelo art. 65, §§ 1º e 2º, da Lei nº 8.666/1993.
- A ênfase recai na importância de manter a regularidade contratual, indicando que as deficiências do projeto executivo não devem servir como justificativa para modificações contratuais que excedam os limites legais estabelecidos.

Acórdãos TCU
Acórdão TCU 1.984/2021 – Plenário.

MODELAGEM E COMPOSIÇÃO DOS PROJETOS NA ENGENHARIA

4

Os projetos de engenharia são estruturados para atender às demandas específicas de cada obra. A partir da definição do programa de necessidades e do levantamento de informações sobre o local, os profissionais envolvidos elaboram os estudos preliminares e os anteprojetos, que são apresentados aos clientes e/ou investidores para aprovação. A partir daí, são desenvolvidos os projetos executivos, que detalham de forma minuciosa todos os aspectos da obra, como o dimensionamento dos materiais e das estruturas, a especificação dos equipamentos e dos sistemas hidrossanitário e elétrico, entre outros.

A elaboração dos projetos de engenharia requer uma equipe multidisciplinar, composta por arquitetos, engenheiros civis, mecânicos, elétricos, hidráulicos, e outros profissionais especializados. Exige-se que esses profissionais tenham experiência e conhecimento técnico para garantir a qualidade e a eficiência dos projetos, além de seguir as normas e regulamentações específicas para cada tipo de obra.

Nessa etapa é fundamental levar em consideração aspectos como a sustentabilidade e a segurança do trabalho. A adoção de técnicas e materiais sustentáveis pode contribuir para a redução do impacto ambiental da obra e para a economia de recursos, enquanto a implementação de medidas de segurança garante a integridade física dos trabalhadores e minimiza os riscos de acidentes.

Após a elaboração do projeto, é possível definir os custos e o prazo para a execução da obra. Nessa próxima etapa, em que a obra será efetivamente realizada, podem surgir imprevistos que demandem ajustes nos projetos; portanto, os profissionais envolvidos devem estar sempre atentos e preparados para aplicar as modificações necessárias.

Em suma, a elaboração minuciosa de projetos de engenharia por uma equipe capacitada e experiente é fundamental para o sucesso de uma obra. Projetos de arquitetura, terraplenagem, pavimentação, estruturas – todos eles devem ser desenvolvidos de modo a propiciar uma execução segura, econômica e eficiente da obra. Na sequência, detalham-se os componentes indispensáveis de cada tipo de projeto.

4.1 Projeto arquitetônico

O desenvolvimento de um projeto arquitetônico envolve a representação completa da configuração arquitetônica de uma edificação, incluindo a coordenação e orientação dos projetos dos elementos da edificação, instalações prediais, componentes construtivos e materiais de construção. Também devem ser contemplados o orçamento detalhado e os quantitativos de serviços e fornecimentos minuciosamente especificados.

É de suma importância que o projeto arquitetônico represente todos os detalhes construtivos e indicações necessárias para a execução da obra, de forma a garantir a perfeita interpretação dos elementos. Devem estar presentes em um projeto arquitetônico elementos como a orientação da planta, com a indicação do Norte verdadeiro ou magnético e as geratrizes da implantação, a representação do terreno, com as características planialtimétricas, medidas e ângulos dos lados e curvas de nível, e a localização de elementos construídos existentes.

Além disso, devem constar as áreas de corte e aterro, com a localização e indicação da inclinação de taludes e arrimos, e as referências de nível (RN) do levantamento topográfico. Os eixos das paredes externas das edificações precisam estar cotados em relação à referência preestabelecida e bem identificada, e as cotas de nível do terrapleno das edificações e pontos significativos das áreas externas devem ser indicadas, assim como a localização dos elementos externos construídos, como estacionamentos, construções auxiliares e outros.

É mandatória a inclusão das plantas de todos os pavimentos, com destino e medidas internas de todos os compartimentos, espessura de paredes, material e tipo de acabamento, e indicações de cortes, elevações, ampliações e detalhes. As dimensões e cotas relativas de todas as aberturas, vãos de portas e janelas, altura dos peitorais e sentido de abertura devem ser apontadas, assim como o escoamento das águas, a posição de calhas, condutores e beirais, reservatórios, domus, rufos e demais elementos, o tipo de impermeabilização, as juntas de dilatação, aberturas e equipamentos, sempre com especificação de material e outras informações necessárias.

Todas as elevações devem ser indicadas, incluindo aberturas e materiais de acabamento, assim como os cortes das edificações, onde se destacam o pé-direito dos compartimentos, as alturas das paredes e barras impermeáveis, a altura de platibandas, as cotas de nível de escadas e patamares, e as cotas de piso acabado, sempre com especificação clara dos respectivos materiais de execução e acabamento. A impermeabilização de paredes e outros elementos de proteção contra a umidade precisa ser determinada, assim como ampliações, se for o caso, de áreas molhadas ou especiais, com o apontamento dos tipos de equipamentos e aparelhos hidrossanitários.

As esquadrias devem ser detalhadas, com o material componente, o tipo de vidro, fechaduras, fechos, dobradiças, o acabamento e o movimento das peças, sejam elas horizontais ou verticais, e todos os detalhes que se fizerem necessários para a perfeita compreensão da obra a executar, como coberturas, peças de concreto aparente, escadas, bancadas, balcões e outros planos de trabalho, armários, divisórias, equipamentos de segurança e todos os arremates necessários.

Ressalta-se que o projeto arquitetônico precisa considerar não apenas a estética da edificação, mas também aspectos funcionais e de segurança. A escolha dos materiais de construção, por exemplo, deve levar em conta a resistência e durabilidade necessárias para garantir a segurança da estrutura. Da mesma forma, ao projetar a distribuição dos espaços internos, é preciso atentar para a funcionalidade e ergonomia dos ambientes.

4.1.1 Elementos mínimos necessários para a elaboração de projetos arquitetônicos

As Orientações Técnicas nº 01/2006 e nº 08/2020 da Ibraop estabelecem algumas exigências para a concepção de um projeto arquitetônico de edifício público:

- Apresentar as pranchas de forma completa, numeradas, tituladas e datadas, seguindo as normas vigentes de desenho técnico.
- Incluir um quadro que informe as áreas do projeto e suas relações com os índices urbanísticos. Tais dados são substanciais para o planejamento adequado de edifícios públicos, considerando as áreas disponíveis e as restrições do plano diretor.
- Especificar a localização do terreno, suas coordenadas geográficas, a situação do terreno em relação ao entorno, as vias de acesso adjacentes e os elementos naturais.
- Para a implantação adequada de um edifício público no terreno, o projeto deve fornecer detalhes como curvas de nível, indicação do Norte, vias de acesso, estacionamento, áreas cobertas, entre outros.
- Informar a escala de representação gráfica de forma clara e de fácil entendimento. Em geral, para esse tipo de projeto, usa-se a escala 1:50 em plantas baixas, plantas de cobertura, cortes, fachadas e detalhes.
- Apresentar a planta baixa do pavimento, que é uma representação dos elementos do projeto, incluindo paredes, pisos, esquadrias, entre outros. Isso corresponde à representação gráfica de elementos arquitetônicos.

- Representar os elementos da cobertura, como telhados, lajes de cobertura, calhas, entre outros.
- Apontar os cortes, que são seções verticais da edificação, e fachadas, que representam as faces externas, elementos cruciais para mostrar detalhes construtivos e materiais.
- Inserir a representação gráfica de detalhes que exigem informações adicionais.
- Especificar materiais, equipamentos, elementos e sistemas construtivos.

4.1.2 Recomendações para a elaboração de projetos arquitetônicos

A Secretaria de Estado da Administração e do Patrimônio desenvolveu um manual que dispõe sobre os requisitos para um projeto arquitetônico (SEAP, 2020). A seguir, são apresentados alguns deles.

Implantação

Antes de qualquer projeto, é preciso verificar se a atividade planejada para a edificação requer licenciamento de órgãos estaduais ou federais, sobretudo no que diz respeito à elaboração de estudos de impacto ambiental (EIA) e relatórios de impacto ambiental (RIMA), conforme as regulamentações do Conselho Nacional do Meio Ambiente (Conama). O licenciamento prévio pode impor condições e limites a serem obedecidos na elaboração do projeto executivo, que depois será submetido para a obtenção de uma licença ambiental de instalação (LAI). Isso é especialmente relevante para empreendimentos em áreas extensas ou de interesse ambiental.

O projeto também deve obedecer a uma relação entre área construída e área total, conforme as taxas de ocupação e coeficientes de aproveitamento estipulados para a zona de uso onde o terreno está localizado. Se essas taxas não forem definidas pelas regulamentações municipais, o autor do projeto deve estabelecê-las de modo a garantir uma área livre adequada para o uso da edificação.

É preciso posicionar a edificação de acordo com os recuos mínimos exigidos pela legislação local, em relação tanto às ruas quanto aos limites do terreno. Além disso, devem ser consideradas as distâncias entre blocos em um conjunto de edificações, bem como as necessidades de estacionamento, pátio de serviço, central de infraestrutura (energia elétrica, gás etc.) e áreas de carga e descarga e gerenciamento de resíduos.

A implantação da edificação no terreno tem de se adaptar à topografia existente sempre que possível, buscando equilibrar cortes e aterros, preservar taludes naturais e permitir o escoamento natural de águas pluviais. Ressalta-se, ainda, a necessidade de preservar ao máximo os valores paisagísticos naturais. Em áreas onde a preservação não é viável, devem ser previstos tratamentos paisagísticos de acordo com as melhores práticas.

Organograma do projeto

No organograma do projeto, o partido arquitetônico adotado deve garantir uma distribuição lógica e eficiente dos espaços e circulações, atendendo à interação entre eles para facilitar a realização das atividades previstas. Acessos e circulações devem ser planejados considerando os fluxos predominantes, tanto externos quanto internos. Recomenda-se definir a hierarquia dos acessos para pedestres e veículos, analisar a integração com redes públicas de utilidades, prever acessos de serviço e eliminar barreiras arquitetônicas para deficientes físicos.

Também é essencial verificar e incorporar ao projeto critérios de segurança relacionados a escadas, corrimãos, rotas de fuga, distâncias máximas a serem percorridas, saídas de emergência e portas corta-fogo. Se houver sistemas de utilidades, devem ser previstos *shafts* adequados para a passagem de dutos, garantindo acesso livre durante a manutenção. Sistemas elétricos, hidráulicos e de gases não devem compartilhar o mesmo *shaft*.

Conforto ambiental

Considerando o conforto térmico, o projeto deve garantir ventilação adequada ao clima, evitar a incidência direta de raios solares nos ambientes, proteger contra insolação excessiva e manter um desempenho térmico compatível com o clima e as necessidades humanas. Se necessário, o condicionamento térmico (ar condicionado) deve ser eficiente para economizar energia.

Há normas que o projeto precisa seguir para dimensionar aberturas que proporcionem iluminação natural suficiente. Procura-se evitar salas profundas ou sem acesso direto à luz natural, em vez disso priorizando dispositivos de controle da luz solar direta.

Para melhorar o conforto acústico, sugere-se que elementos de construção que limitem a edificação contra ruídos externos sejam isolantes. Ambientes com fontes internas de ruídos devem ser tratados adequadamente. É necessário isolar partes do edifício que possam transmitir ruídos ou vibrações a outros ambientes.

Materiais e técnicas construtivas

A evolução tecnológica dos materiais deve ser considerada para garantir qualidade e desempenho superiores na construção. A substituição de serviços artesanais por elementos industrializados pode ser explorada para reduzir prazos e custos de construção. Na escolha dos materiais e técnicas construtivas, é preciso considerar a representatividade da edificação, as condições econômicas da região, o desempenho térmico, acústico e de iluminação natural, a facilidade de execução e manutenção, a resistência a intempéries, a resistência ao fogo e a segurança.

De acordo com a legislação em vigor, a especificação de materiais não deve ser feita por marcas comerciais. A padronização dos componentes, sobretudo em obras destinadas ao mesmo fim, deve ser incentivada para melhorar a qualidade e a manutenção da edificação.

As coberturas devem seguir as inclinações recomendadas pelos fabricantes para os diferentes tipos de materiais de telhados, com as calhas posicionadas externamente à projeção da edificação e apresentando extravasores de segurança.

Revestimentos e acabamentos devem atender aos objetivos estéticos e funcionais da edificação, oferecendo resistência adequada ao tipo de utilização do ambiente. No caso dos forros, o objetivo é melhorar o desempenho térmico e acústico do local.

Os sistemas de impermeabilização dependem de cada caso – precisam estar adequados a parâmetros como forma da estrutura, movimentações, temperatura, umidade relativa, efeito arquitetônico e utilização da superfície.

Para a escolha dos equipamentos, fixos ou móveis, são considerados as demandas das atividades de cada ambiente, a eficiência na montagem e manutenção e a avaliação das necessidades em função do tipo de usuário.

4.1.3 Etapas da elaboração do projeto arquitetônico

O manual do SEAP (2020) estabelece uma sequência de passos para o desenvolvimento do projeto arquitetônico, conforme a sequência.

Levantamento de dados

Nessa fase inicial, é crucial coletar informações relevantes para o projeto, a exemplo de levantamentos topográficos, geotécnicos e de infraestrutura da área onde a edificação será construída. Também são reunidos dados sobre regulamentações locais, como zoneamento, restrições de uso de solo e exigências de órgãos de fiscalização e ambientais. O objetivo é criar uma base sólida de informações para o projeto.

Programa de necessidades

O programa de necessidades é um documento detalhado que descreve as demandas do cliente e os requisitos do projeto. Ele especifica a função de cada espaço dentro da edificação, incluindo áreas, dimensões, número de ambientes, equipamentos necessários e qualquer requisito especial. O programa é a base para o desenvolvimento do projeto, garantindo que este atenda às expectativas do cliente.

Estudo de viabilidade

Nessa etapa, realizam-se análises para determinar a viabilidade do projeto, as quais envolvem considerações econômicas, ambientais e técnicas. São avaliadas diferentes alternativas de concepção da edificação, estimando custos, impacto ambiental e viabilidade de construção. O objetivo é identificar a melhor abordagem para o projeto.

Estudo preliminar

O estudo preliminar é a fase de desenvolvimento conceitual do projeto. São criados desenhos esquemáticos que mostram a implantação da edificação no terreno, relacionamentos espaciais, configuração volumétrica e escolha preliminar de materiais. O conceito arquitetônico começa a ser delineado nessa etapa, com foco na funcionalidade e estética.

Anteprojeto

Nessa etapa mais avançada de desenvolvimento, são criados desenhos mais detalhados que abrangem plantas, cortes e fachadas em escala, indicando todos os espaços da edificação, materiais de construção, acabamentos e dimensões. Também são definidos elementos externos, como acessos e estacionamentos. O anteprojeto é uma representação visual mais completa do projeto.

Projeto legal

Nessa etapa, o projeto é adaptado para cumprir todas as regulamentações legais e obter as aprovações necessárias das autoridades competentes. São produzidos desenhos detalhados que atendem às exigências municipais, estaduais e federais, abordando normas de segurança, acessibilidade e proteção contra incêndio.

Projeto básico

O projeto básico é a etapa crucial que prepara o projeto para a licitação e execução da obra. Ele inclui desenhos técnicos com detalhes de todos os elementos da edificação, desde estruturas até as instalações elétricas e hidráulicas. Também fornece um orçamento minucioso com base em quantitativos de serviços e materiais especificados. O projeto básico é fundamental para a avaliação de custos e métodos de construção.

Projeto executivo

O projeto executivo é a representação completa e detalhada do projeto, com todos os elementos necessários para a execução da obra, como desenhos técnicos, especificações de materiais, detalhes construtivos, cálculos estruturais e orçamento.

4.2 Levantamento topográfico

O levantamento topográfico busca representar um terreno em um plano de coordenadas, de forma a permitir a criação de desenhos em escala apropriada e a verificação das dimensões das áreas analisadas. Esse processo envolve uma série de medições de ângulos, distâncias e níveis executadas no terreno.

Para garantir a identificação adequada dos serviços topográficos necessários à elaboração de um projeto de edificação, é preciso elaborar uma planta esquemática que indique a localização do terreno e a área objeto dos serviços a serem executados. Essa planta esquemática serve para orientar a equipe de topografia a respeito das áreas que precisam ser medidas e analisadas para um levantamento topográfico de alta qualidade.

As especificações dos serviços topográficos devem englobar características como os equipamentos a serem utilizados, as técnicas de medição que serão empregadas e a precisão desejada para os resultados. Destaca-se que essas especificações devem ser claras e precisas, a fim de garantir que a equipe de topografia execute os serviços de maneira adequada e obtenha os resultados almejados.

4.2.1 Principais equipamentos topográficos

- Equipamentos de medição: estação total, um instrumento óptico-eletrônico que mede ângulos e distâncias com alta precisão; nível automático, usado para determinar diferenças de elevação; GPS (*Global Positioning System*), que fornece coordenadas precisas de pontos na superfície terrestre; trena, usada para medições de distância mais curtas; prisma, utilizado em conjunto com a estação total para medições de longa distância; e tripé e miras, que são suporte para instrumentos de medição.
- Marcos de referência: de concreto ou metal, são pontos fixos com coordenadas conhecidas usados como referência para o levantamento.
- Piquetes: estacas fincadas no solo para marcar pontos de interesse.
- Balizas: objetos visíveis, como fitas coloridas ou estacas com bandeiras, que facilitam a localização dos pontos de medição.

- Equipamento de segurança: equipamento de proteção pessoal, a exemplo de capacetes, coletes refletores, botas de segurança e outros itens de proteção individual.
- Caderneta de campo e canetas: usadas para registrar dados no local do levantamento, como distâncias, ângulos, coordenadas e notas relevantes.
- Computador e *software*: usados para processar os dados coletados, criar mapas topográficos e gerar relatórios.

4.2.2 Principais aplicações dos levantamentos topográficos

Na engenharia civil, o levantamento topográfico é essencial para projetos de construção, para auxiliar na criação de plantas baixas, determinação de cotas, posicionamento de estruturas e locação de edifícios, estradas, pontes e represas. Além disso, ele é aplicado no monitoramento de infraestrutura existente, como barragens, estradas e ferrovias, para garantir a segurança e a manutenção adequada.

Em relação à agrimensura, ele pode ser utilizado na demarcação de propriedades, divisão de terras, avaliação de áreas agrícolas e mapeamento de propriedades rurais. Também é fundamental para a criação de mapas topográficos, mapas geodésicos e mapas de uso do solo.

O levantamento topográfico ainda auxilia no planejamento de cidades, determinando áreas para uso residencial, comercial e industrial, bem como no planejamento de infraestrutura. Profissionais da área de gestão ambiental podem usá-lo para avaliar impactos ambientais, identificar e mapear recursos naturais, como rios, florestas e depósitos minerais, e monitorar mudanças no meio ambiente ao longo do tempo, inclusive após desastres naturais, como terremotos, enchentes ou deslizamentos de terra.

No tocante à aplicação de levantamento topográfico para navegação e posicionamento, destaca-se o GPS, amplamente utilizado em navegação terrestre, aérea e marítima, e para determinar a localização precisa em dispositivos móveis.

Por fim, ressalta-se o emprego dos levantamentos topográficos em disciplinas como geologia, geografia e ecologia, na coleta de dados para a pesquisa científica.

4.2.3 Levantamentos planialtimétricos

Levantamentos planialtimétricos são serviços de topografia que visam fornecer uma representação em duas dimensões de um terreno, com informações tanto sobre a elevação quanto sobre o plano horizontal.

A escala busca garantir que a representação do terreno no papel esteja de acordo com a realidade. O sistema de projeção também é importante, já que define como as coordenadas serão dispostas no papel e pode afetar a precisão do levantamento.

A referência de nível a ser adotada é outro elemento-base, por determinar a altura da base do levantamento em relação a um ponto fixo e influenciar diretamente a precisão das medidas. As tolerâncias lineares, angulares e de nivelamento também influenciam os levantamentos, uma vez que estabelecem os limites de erro aceitáveis no processo de medição.

4.2.4 Levantamentos cadastrais

Os levantamentos cadastrais são serviços topográficos cujo objetivo é fornecer informações precisas sobre as características e as dimensões de um terreno ou edificação. Para que esses levantamentos sejam feitos de maneira adequada, são necessárias algumas especificações.

O tipo de cadastro a ser realizado deve ser definido no início do processo. Existem dois tipos: o cadastro físico e o geométrico. O cadastro físico é realizado pela observação direta dos elementos existentes no terreno ou na edificação, enquanto no cadastro geométrico são feitas medidas precisas com equipamentos específicos. A escolha do tipo de cadastro depende do objetivo da coleta de dados e das características do terreno ou edificação.

Os elementos a cadastrar podem incluir, por exemplo, paredes, janelas, portas, rampas, escadas, árvores e outros elementos relevantes para o projeto em questão. Recomenda-se que esses elementos sejam identificados e registrados de forma clara e precisa, para garantir a qualidade dos resultados.

4.2.5 Etapas de desenvolvimento de um levantamento topográfico

O manual do SEAP (2020) determina os passos para a elaboração do levantamento topográfico da seguinte forma:

Objetivos do levantamento

O primeiro passo é estabelecer os objetivos específicos do levantamento topográfico. Pode haver variação de acordo com o projeto, mas eles geralmente consistem na obtenção de informações precisas sobre o terreno, como detalhes topográficos, localização de características naturais e artificiais, inclinações do terreno e outros elementos relevantes.

Pesquisa preliminar

Antes de iniciar o levantamento topográfico, deve-se realizar uma pesquisa junto a órgãos oficiais que possam disponibilizar informações relevantes, como restituições aerofotogramétricas, recobrimentos aerofotográficos, coordenadas geodésicas e referências de nível de mapeamento existentes na área. Também se recomenda verificar os cadastros de redes de serviços, como água, energia elétrica, esgoto, drenagem e outros que possam afetar o projeto.

Trabalhos de campo

Os trabalhos de campo são parte fundamental do levantamento topográfico e incluem várias atividades. Algumas delas são explicadas na sequência.

Cadastramento

É o registro de todos os elementos físicos presentes na área, envolvendo redes de utilidades e serviços. Como exemplo, mencionam-se a coleta de coordenadas, cotas e características geométricas dos elementos físicos, o levantamento de pontos do terreno para representação precisa na planta topográfica, e a documentação detalhada em fichas cadastrais.

Metodologia e equipamentos

Os equipamentos considerados mais adequados para o levantamento topográfico são taqueômetros, distanciômetros eletrônicos, teodolitos e estações totais. Para taqueometria, as distâncias das visadas não devem ser superiores a 100 metros. Para poligonais fechadas, recomenda-se tolerância linear mínima de 1:5.000.

Indica-se ainda a leitura de ângulos com teodolitos que permitam uma precisão angular mínima de 20"; para o nivelamento dos marcos da poligonal, usar níveis automáticos de precisão mínima de ±2,5 mm por quilômetro duplo de nivelamento. A depender da declividade do terreno, interpolar as curvas de nível.

Relatório de campo

Ao término dos trabalhos de campo, é preciso elaborar um relatório detalhado com a metodologia adotada, as precisões alcançadas, a aparelhagem utilizada e todos os dados coletados. Para tal, podem ser anexadas cadernetas de campo, planilhas de cálculo de coordenadas e nivelamentos, cartões e outros elementos relevantes.

Controle geodésico

O controle geodésico envolve a determinação de pontos de controle precisos no terreno, os quais servirão como referência para todo o levantamento topográfico. Os métodos para estabelecer o controle geodésico podem compreender o uso de equipamentos de GPS e técnicas de triangulação.

Levantamento planimétrico

O levantamento planimétrico se concentra na representação da localização horizontal dos elementos no terreno, com a medição de distâncias horizontais entre pontos de interesse e a determinação de ângulos. Os instrumentos comumente usados para essa finalidade são as estações totais, teodolitos e trenas.

Levantamento altimétrico

No levantamento altimétrico, o objetivo é a determinação das altitudes ou elevações de pontos no terreno, como colinas, depressões e declives. Nessa etapa, são realizadas medições de diferenças de altitude em relação a um ponto de referência conhecido, muitas vezes o nível do mar.

Descrição do terreno

Para uma descrição detalhada do terreno, identificar as características naturais, a exemplo de rios, riachos, lagos, montanhas e vegetação, e os componentes artificiais, como edifícios, estradas, cercas e outros elementos construídos.

Coleta de dados

A coleta de dados envolve a medição precisa de pontos de interesse no terreno. Ela pode ser feita por meio de instrumentos de medição, como estações totais, que permitem a captura de coordenadas (x,y,z) de cada ponto. Os dados coletados são registrados em um sistema de coordenadas de referência.

Processamento e análise de dados

Após a coleta de dados, os registros brutos são processados e analisados para criar representações gráficas precisas do terreno. Esse processo pode envolver a criação de modelos digitais de terreno (MDT) ou modelos digitais de elevação (MDE) que representem as características do terreno de maneira mais detalhada.

Geração de plantas e mapas

Com base nos dados processados, são geradas plantas, mapas e outros documentos gráficos que retratem o terreno de maneira clara e compreensível. Devem ser apontadas curvas de nível, perfis topográficos, planta baixa e outros elementos relevantes para o projeto.

Relatórios técnicos

Além das representações gráficas, são produzidos relatórios técnicos descrevendo os métodos utilizados, os resultados obtidos, as incertezas associadas ao levantamento e outras informações relevantes. Esses relatórios são essenciais para a documentação do levantamento topográfico.

Verificação de precisão
A verificação da precisão dos dados coletados e das representações geradas é uma etapa crítica para o levantamento topográfico, e pode ser feita por comparação com pontos de controle geodésico conhecidos ou por verificações internas das informações reunidas para garantir sua consistência.

Atualização periódica
À medida que o projeto avança, pode ser necessário realizar levantamentos topográficos adicionais para acompanhar as mudanças no terreno ou em suas características. A atualização periódica objetiva garantir que o projeto esteja sempre baseado em informações precisas e atualizadas.

4.3 Projeto de terraplenagem

A terraplenagem consiste no conjunto de operações executivas que envolvem escavação, transporte, distribuição e compactação de volumes de solo ou material rochoso. Essas operações são realizadas a fim de adaptar a conformação natural do terreno às condições de implantação da edificação, salvaguardando a estabilidade e segurança da construção.

Nesse sentido, o projeto de terraplenagem define e disciplina todas as etapas necessárias para a preparação do terreno, e é composto por um conjunto de elementos gráficos, como memoriais, desenhos e especificações, que visam garantir a qualidade da execução da terraplenagem. Nesse projeto, as soluções de terraplenagem para a implantação da edificação devem ser especificadas de forma clara e precisa, contemplando todos os detalhes construtivos necessários à perfeita execução do serviço.

Reforça-se a necessidade de desenvolvimento de estudos preliminares do terreno e das condições geotécnicas locais, para que sejam definidos os métodos e equipamentos mais adequados para a execução da terraplenagem. Além disso, devem ser considerados aspectos ambientais e de segurança do trabalho, para que a obra seja realizada de forma sustentável e segura.

4.4 Projeto de arruamento e pavimentação

O projeto de arruamento e pavimentação é responsável por definir e disciplinar a execução das camadas do pavimento de uma via ou conjunto de vias e estacionamentos, permitindo a circulação segura e confortável dos veículos e pedestres.

Para apresentar as soluções do sistema viário, devem ser elaborados produtos gráficos que permitam uma visualização clara das etapas envolvidas. Alguns dos produtos gráficos esperados são:

- plantas gerais, conforme o projeto básico, com a definição das dimensões, larguras, espaços e características de cada via ou conjunto de vias;
- seções transversais, que devem detalhar as alturas das camadas do pavimento e os tipos de tratamento recomendados para cada via ou conjunto de vias;
- detalhamento dos sistemas de drenagem, com descrição dos elementos e dispositivos necessários para o escoamento adequado das águas pluviais;
- relatório técnico contendo informações sobre as características dos materiais envolvidos, cálculos dos volumes de pavimentação e detalhes sobre as técnicas e equipamentos a serem utilizados na execução da obra;
- planilhas de serviço (notas de serviço), que devem incluir todas as cotas e distâncias necessárias à execução do projeto de arruamento e pavimentação, com detalhes sobre as quantidades e características dos materiais utilizados em cada etapa do processo.

4.5 Projeto estrutural de fundações

O projeto de fundações é composto por elementos gráficos como memoriais, desenhos e especificações para definir e orientar as fundações das edificações.

O projeto deve apresentar diversos produtos gráficos, tais como: plantas de locação dos pilares e respectivas cargas; planta de locação das estacas, tubulões ou sapatas com os detalhes construtivos e armações específicas; fôrmas das fundações em escala adequada; fôrmas e armação, em escala adequada, das vigas de fundação, travamento e rigidez; fôrmas e armação, em escala adequada, dos blocos ou sapatas; e relatório técnico. Nesse relatório, deve ser apresentada uma descrição detalhada das soluções adotadas, características e critérios de orientação do projeto estrutural.

À exceção de casos muito complexos, os desenhos do projeto de fundações geralmente são apresentados pelo autor do projeto estrutural.

4.6 Projeto de estruturas de concreto

O projeto de estruturas de concreto é composto por um conjunto de memoriais, desenhos e especificações para definir e disciplinar a execução da parte da edificação responsável por suportar as solicitações de cargas previstas na construção. Os seguintes produtos gráficos devem ser compostos:

- Desenhos de fôrmas, com plantas em escala apropriada de todos os pavimentos e escadas, cortes e detalhes necessários para a compreensão adequada da estrutura, e detalhes de juntas, além da indicação do carregamento permanente considerado em cada laje.
- Determinação da resistência característica do concreto, do esquema executivo obrigatório quando recomendado pelo esquema estrutural, e das contraflechas.
- Desenhos de armações, incluindo o detalhamento em escala apropriada de todas as peças do esquema estrutural, a especificação do tipo de aço e uma tabela e resumo da armação por folha de desenho.
- Relatório técnico, em que devem ser descritas as ações e coações consideradas no cálculo de cada peça estrutural; o esquema de cálculo utilizado para selecionar o carregamento mais desfavorável de cada peça estrutural ou conjunto de peças estruturais; o esquema para cálculo dos esforços em cada peça estrutural ou conjunto de peças estruturais; os valores dos esforços de serviço oriundos da resolução dos esquemas de cálculo; os critérios de dimensionamento de cada peça estrutural; e, se necessária uma sequência determinada de execução, uma justificativa para essa demanda.

4.7 Projeto de estruturas metálicas

O projeto de estruturas metálicas agrupa memoriais, desenhos e especificações para definir e disciplinar a fabricação e montagem da parte da edificação que é considerada resistente às ações e coações atuantes.

Entre os produtos gráficos apresentados nesse projeto, destacam-se: desenhos unifilares de todas as estruturas do sistema, indicando as dimensões das peças estruturais que condicionam o projeto básico de arquitetura; plantas de todas as estruturas do sistema, com suas dimensões principais, locações, níveis e contraflechas; cortes e detalhes necessários para o correto entendimento da estrutura; especificação dos materiais utilizados, características e limites; lista completa de materiais; indicação do esquema executivo obrigatório, se for requerido pelo esquema estrutural.

Além desses elementos, o projeto deve incluir um relatório técnico que descreva as ações consideradas no cálculo de cada peça estrutural, o esquema de cálculo que elegeu o carregamento mais desfavorável de cada peça estrutural ou conjunto de peças estruturais, o esquema para o cálculo dos esforços no elementos estruturais, os valores dos esforços de serviço oriundos da resolução dos esquemas de cálculo, os critérios de dimensionamento de cada peça estrutural e, se for requerida uma sequência determinada de execução, a justificativa de sua necessidade.

4.8 Projeto de estruturas de madeira

À semelhança do projeto de estruturas metálicas, o projeto de estruturas de madeira deve contemplar os seguintes produtos gráficos: desenhos unifilares de todas as estruturas do sistema, com as dimensões das peças estruturais que vão condicionar o projeto básico de arquitetura; plantas de todas as estruturas do sistema, com suas dimensões principais, locações, níveis e contraflechas; quantitativos e especificações técnicas de materiais e serviços; planta, em escala apropriada, de todas as estruturas do sistema; cortes e detalhes necessários para o correto entendimento da estrutura; especificação dos materiais utilizados, características e limites; lista completa de materiais; indicação do esquema executivo obrigatório, se requerido pelo esquema estrutural. Também deve ser disponibilizado um relatório técnico contendo as mesmas premissas dos demais projetos estruturais citados neste capítulo.

4.9 Projeto de instalações hidráulicas

O projeto de instalações hidráulicas de água fria tem por objetivo garantir o fornecimento adequado de água em edificações, englobando um conjunto de elementos gráficos, como memoriais, desenhos e especificações, para definir e disciplinar a instalação de sistemas de recebimento, alimentação, reservação e distribuição de água fria na estrutura.

Esse projeto é desenvolvido a partir do projeto básico arquitetônico, aprofundando o detalhamento das soluções de instalação, conexão, suporte e fixação de todos os componentes do sistema de água fria a ser implantado, inclusive os embutidos, furos e rasgos a serem previstos na estrutura da edificação.

Entre os produtos gráficos desenvolvidos, destacam-se a planta de situação e de cada nível da edificação, com o apontamento de ampliações, cortes e detalhes; plantas dos conjuntos de sanitários ou ambientes com consumo de água, preferencialmente em escala 1:20, com o detalhamento das instalações; isométrico dos sanitários e da rede geral; detalhes de todos os furos necessários nos elementos de estrutura e de todas as peças a serem embutidas ou fixadas nas estruturas de concreto ou metálicas, para passagem e suporte da instalação; e lista detalhada de materiais e equipamentos.

Também se faz necessário considerar as condições climáticas da região, as demandas específicas dos usuários da edificação e a demanda de água, para que os equipamentos adequados sejam previstos e dimensionados corretamente.

4.10 Projeto de instalações sanitárias – esgoto sanitário

O projeto de instalações busca detalhar os sistemas de coleta, condução e afastamento dos despejos de esgotos sanitários, seguindo rigorosamente as normas técnicas e regulamentações específicas.

A apresentação gráfica do projeto deve abranger a planta baixa, com o *layout* completo de todos os banheiros, conexões de tubulações, ramais de queda, recalque, descarga, esgoto e ventilação. Além disso, o projeto deve contemplar inclinações previstas, caixas de gordura, inspeção, cortes e cotas de todas as conexões e dispositivos essenciais para a captação e destinação do esgoto até o seu tratamento final.

4.11 Projeto de drenagem pluvial

O projeto de drenagem pluvial, constituído de memoriais, desenhos e especificações, tem como objetivo definir e disciplinar a instalação de sistemas de captação, condução e afastamento das águas pluviais de superfície e de infiltração das edificações, sendo base para evitar danos às edificações e garantir a segurança e o conforto das pessoas que habitam ou frequentam o espaço construído.

A apresentação gráfica do projeto de drenagem pluvial precisa conter o detalhamento das soluções de instalação, conexão, suporte e fixação de todos os componentes do sistema de drenagem de águas pluviais a ser implantado, incluindo os embutidos, furos e rasgos previstos na estrutura da edificação. Deve, ainda, considerar as características do terreno, tais como declividade, vegetação, tipos de solo, entre outras, para preservar a eficácia e a durabilidade do sistema de drenagem.

Como produto gráfico, tem-se a planta de situação, que deve ser apresentada de acordo com o projeto básico, indicando as áreas a serem ampliadas ou detalhadas. Além disso, no projeto devem constar cortes que indiquem o posicionamento definitivo dos condutores verticais e desenhos em escalas adequadas das instalações de bombeamento, drenos e caixas de inspeção, de areia e coletora, canaletas, ralos e sala de bombas, e da montagem de equipamentos, suportes, fixações, entre outros, com indicação das ampliações e dos detalhes. O esquema geral da instalação deve estar presente no documento, bem como a lista detalhada de materiais e equipamentos necessários para a implantação do sistema.

4.12 Projeto de instalações elétricas

O projeto de instalações elétricas informa os elementos gráficos e especificações para definir e disciplinar a instalação de sistemas elétricos em edificações. Visando a segurança e eficiência, devem ser detalhadas todas as soluções de instalação, conexão e fixação dos componentes do sistema elétrico a ser implantado, incluindo os embutidos e rasgos previstos na estrutura da edificação.

Com a elaboração desse projeto, os produtos gráficos são: detalhes dos quadros de distribuição e dos quadros gerais de entrada com as respectivas cargas, previsão da carga dos circuitos e alimentação de instalações especiais, detalhes completos do projeto de aterramento e para-raios e detalhes típicos específicos de todas as instalações de ligações de motores, luminárias, quadros e equipamentos elétricos. Destaca-se que a planta de situação geral deve estar de acordo com o projeto básico, indicando todos os pontos de consumo de energia elétrica, seus comandos e os circuitos, com detalhes sobre o local de entrada e os medidores.

Também é preciso contemplar a lista de equipamentos e materiais elétricos da instalação e suas respectivas quantidades, a lista de cabos e circuitos, quando solicitada pelo contratante, e os detalhes de todos os furos necessários nos elementos estruturais e de todas as peças a serem embutidas ou fixadas nas estruturas de concreto ou metálicas, para passagem e suporte da instalação.

Por fim, o projeto deve apresentar a legenda das convenções usadas, o diagrama unifilar geral da instalação e de cada quadro, o esquema e prumadas, bem como todas as informações necessárias para a execução correta da instalação elétrica.

4.13 Projeto de prevenção e combate ao incêndio

O projeto de instalação de prevenção e combate a incêndio engloba uma análise abrangente das soluções para instalação, conexão, suporte e fixação de todos os elementos do sistema de prevenção e combate a incêndio a ser implementado. Isso envolve um detalhamento preciso, considerando a previsão de furos e rasgos na estrutura da edificação, de forma a assegurar a passagem adequada dos componentes e a fixação correta.

Entre os elementos possivelmente contemplados por esse projeto estão os hidrantes, chuveiros automáticos, extintores, sinalizações, sala de bombas, reservatórios, abrigos e outros dispositivos. Adicionalmente, é recomendável incluir uma especificação detalhada dos materiais e equipamentos necessários para a instalação dos dispositivos de prevenção e combate a incêndio. Essa especificação deve abranger informações sobre a qualidade e resistência dos materiais utilizados e as quantidades requeridas de cada item.

ELEMENTOS CRÍTICOS NO ORÇAMENTO DE OBRAS PÚBLICAS 5

5.1 Custos diretos

Os custos diretos de uma obra são aqueles relacionados diretamente com a execução da construção. Trata-se dos valores que representam as despesas envolvendo os materiais, a mão de obra e os equipamentos utilizados, além dos serviços prestados por terceiros contratados especificamente para a execução da obra. Esses custos são obtidos a partir das quantidades de insumos usados nos serviços multiplicadas pelos coeficientes de consumo e por seus preços de mercado correspondentes.

Em outras palavras, os custos diretos englobam todos os gastos relacionados à aquisição e ao transporte de materiais de construção, como tijolos, cimento, areia, pedra, aço, madeira, entre outros. Além disso, também abrangem os valores referentes à contratação de mão de obra, como salários e encargos trabalhistas, e à locação de equipamentos, a exemplo de escavadeiras, betoneiras, guindastes, entre outros.

Elementos fundamentais para o planejamento e a gestão financeira da obra, são os custos diretos que determinam o valor total do empreendimento. Sua correta identificação e mensuração permitem que o orçamento da obra seja mais preciso, evitando possíveis imprevistos financeiros durante a sua execução.

Existem ainda os custos indiretos, que também devem ser levados em consideração na elaboração do orçamento da obra, a fim de garantir sua viabilidade econômica e financeira.

5.2 Custos indiretos

Os custos indiretos de uma obra são aqueles que não estão diretamente relacionados com a execução física dos serviços. Trata-se dos valores monetários associados a toda a infraestrutura necessária para a realização da obra. Essenciais para o sucesso do empreendimento, esses custos muitas vezes são subestimados, apesar de poderem representar uma parcela significativa do orçamento da obra.

Entre os principais exemplos de custos indiretos, pode-se citar a remuneração da equipe de administração e gestão técnica da obra, composta por engenheiros, mestres de obra, encarregados, almoxarifes, apontadores, secretárias e outros profissionais envolvidos na gestão do empreendimento. Essa equipe é responsável por garantir a qualidade e a eficiência dos serviços prestados, o cumprimento dos prazos e orçamentos, além de resolver eventuais problemas que possam surgir durante a execução da obra.

Outro exemplo de custo indireto são os equipamentos não considerados nas composições de custos de serviços específicos, como as gruas e cremalheiras. Esses equipamentos são utilizados para a movimentação de materiais e equipamentos de grande porte, mas não estão diretamente relacionados à execução de serviços específicos da obra.

Os custos com a manutenção do canteiro também compõem os custos indiretos, e incluem o consumo de água, energia, internet, suprimentos de informática, papelaria, entre outros materiais necessários para o bom funcionamento do canteiro de obras.

Além disso, os custos de mobilização e desmobilização de ativos, considerando seus locais de origem e a localização da obra, também fazem parte dos custos indiretos. Esse grupo engloba o transporte de materiais, equipamentos e mão de obra para o local da construção, assim como a devolução desses recursos aos seus locais de origem após a conclusão do empreendimento.

Ressalta-se que existem outros custos indiretos que podem variar de acordo com o tipo de obra e suas particularidades.

5.3 Lucro ou bonificação

Em obras de construção civil, os lucros e as bonificações são componentes do BDI (benefício e despesas indiretas), uma percentagem adicionada ao custo direto da obra para cobrir despesas indiretas e lucro da empresa.

O lucro é a parcela destinada à remuneração da empresa pelo desenvolvimento de sua atividade econômica. É uma remuneração justa pelos riscos e investimentos que a empresa assume ao empreender a obra, bem como pela responsabilidade técnica e operacional da construção.

Já a bonificação é uma forma de incentivo para a empresa contratada cumprir o prazo de execução da obra e entregar um trabalho de qualidade. Consiste em uma recompensa financeira pela realização do trabalho dentro do prazo e com as especificações técnicas e de qualidade exigidas pelo contrato.

O BDI é calculado a partir da soma dos custos diretos, despesas indiretas e lucro/bonificação, e é expresso em percentual sobre o valor do custo direto. Esse cálculo deve ser feito de forma transparente e justa, levando em consideração todos os custos e riscos envolvidos na obra. Um BDI muito elevado pode tornar a proposta da empresa pouco competitiva, enquanto um BDI muito baixo pode prejudicar a viabilidade financeira do projeto e a qualidade da obra entregue.

5.4 Planilha de orçamento sintético global

A Lei nº 8.666/1993, art. 6º, inciso IX, alínea f, postula que a planilha de orçamento detalhado do custo global da obra deve ser fundamentada em quantitativos de serviços propriamente avaliados (observado o contido no art. 40º, inciso XVII, § 2º).

O orçamento sintético global é um documento que reúne todas as informações necessárias para a realização de uma obra, desde os custos de materiais até as despesas com mão de obra, passando pelos custos de equipamentos, despesas indiretas, lucro e impostos. Além disso, esse documento identifica as atividades que serão executadas, os prazos previstos para cada etapa, as metas a serem atingidas e o cronograma físico-financeiro da obra. Trata-se de um resumo das informações contidas no orçamento completo do empreendimento, organizado de forma simplificada e objetiva, e utilizado pelas empresas de construção civil para planejar e controlar os custos da obra.

Ressalta-se que o processo de orçamentação é composto por diversas fases, como o levantamento de quantitativos, a composição de preços unitários, a elaboração dos custos diretos, a definição das despesas indiretas e a determinação do lucro e da bonificação. Cada uma dessas fases é necessária para que se chegue ao valor total do orçamento.

A planilha do orçamento sintético deve conter a descrição completa de cada serviço necessário para a execução da obra, com suas quantidades, unidades, preços unitários e globais (Tab. 5.1). Todos esses elementos devem ser calculados de forma criteriosa para que o orçamento reflita o custo real da obra e possa ser utilizado como referência para a escolha da melhor proposta. Outra exigência é que as unidades de medida sejam precisas e específicas, não sendo permitidas informações genéricas como "verbas".

No contexto das obras públicas, ressalta-se que as composições de custos unitários dos serviços, as ARTs (ou RRTs) dos profissionais responsáveis pelo orçamento, e a declaração do orçamentista acerca da utilização dos preços do Sistema Nacional de Pesquisa de Custos e Índices da Construção Civil (Sinapi) devem compor a documentação do procedimento licitatório.

Tab. 5.1 Exemplo de orçamento sintético global

Item	Serviços preliminares	Unidade	Quantidade	Preço unitário*	Preço total*
	Serviços preliminares				R$ 4.912,97
1.1	Placa de obra em chapa de aço galvanizado	m²	6,00	R$ 481,65	R$ 2.889,90
1.2	Demolição de piso de alta resistência	m²	81,15	R$ 24,93	R$ 2.023,07
	Alvenaria, emboço e revestimento				R$ 25.615,35
2.1	(Composição representativa) Serviço de alvenaria de vedação de blocos vazados de cerâmica de 9×19×19 cm (espessura 9 cm), para edificação habitacional unifamiliar (casa) e edificação pública padrão. AF_11/2014	m²	102,64	R$ 68,31	R$ 7.011,34
2.2	Chapisco aplicado em alvenaria (com presença de vãos) e estruturas de concreto de fachada, com colher de pedreiro, argamassa traço 1:3 com preparo manual. AF_06/2014	m²	211,53	R$ 7,43	R$ 1.571,67
2.3	(Composição representativa) Serviço de emboço/massa única, traço 1:2:8, preparo mecânico, com betoneira de 400 L, em paredes de ambientes internos, com execução de taliscas, para edificação habitacional multifamiliar (prédio). AF_11/2014	m²	211,53	R$ 28,43	R$ 6.013,80
2.4	Revestimento cerâmico para piso com placas tipo porcelanato de dimensões 60×60 cm, aplicado em ambientes de área maior que 10 m². AF_06/2014	m²	81,15	R$ 135,78	R$ 11.018,55
	Esquadria				R$ 13.626,96
3.1	Porta de vidro temperado, 0,90×2,10 m, espessura 10 mm, inclusive acessórios	m³	6,00	R$ 2.271,16	R$ 13.626,96

Tab. 5.1 (continuação)

Item	Serviços preliminares	Unidade	Quantidade	Preço unitário*	Preço total*
	Cobertura				R$ 18.130,76
4.1	Estrutura metálica em tesouras ou treliças, vão livre de 12 m, fornecimento e montagem, não sendo considerados os fechamentos metálicos, as colunas, os serviços gerais em alvenaria e concreto, as telhas de cobertura e a pintura de acabamento	m³	81,15	R$ 79,10	R$ 6.418,97
4.2	Telhamento com telha metálica termoacústica E = 30 mm, com até 2 águas, incluso içamento. AF_06/2016	m³	81,15	R$ 129,95	R$ 10.545,44
4.3	Chapim de concreto aparente com acabamento desempenado, forma de compensado plastificado (madeirit) de 14×10 cm, fundido no local	m³	39,10	R$ 29,83	R$ 1.166,35
				Total final	R$ 62.286,04

* Editais de referência.

5.4.1 Recomendações no levantamento dos quantitativos

Os quantitativos devem ser especificados de forma clara e precisa na planilha orçamentária, com as unidades de medida adequadas. Além disso, é recomendado padronizar as especificações técnicas, garantindo que todos os licitantes tenham acesso às mesmas informações.

Sugere-se apresentar na memória de cálculo exemplos de cálculos relevantes para os quantitativos, ilustrando como as fórmulas, parâmetros e critérios técnicos foram aplicados. Se possível, desenvolver as justificativas técnicas para cada cálculo, demonstrando o motivo pelo qual determinadas quantidades foram selecionadas, com base em normas, estudos técnicos e requisitos específicos.

A utilização de *softwares* específicos como AutoCAD e demais ferramentas compatíveis com a tecnologia BIM auxilia na rastreabilidade dos quantitativos levantados, além de oferecer maior precisão nos dados coletados. Também é fundamental contar com a participação de profissionais qualificados tanto na definição dos quantitativos quanto na elaboração do termo de referência. Essa equipe deve ser multidisciplinar e experiente no objeto da contratação.

Antes da publicação do edital, é recomendável que os quantitativos sejam revisados por profissionais especializados, para evitar erros e omissões que possam comprometer o processo licitatório. Caso haja alterações no projeto ou nas necessidades da administração pública, os quantitativos devem ser atualizados de forma transparente e justificada, evitando assim eventuais distorções no processo licitatório.

Por fim, os quantitativos, juntamente com as demais informações do termo de referência, devem ser amplamente divulgados aos potenciais licitantes, garantindo a transparência e a igualdade de condições para todos os interessados.

5.4.2 Etapas necessárias para o desenvolvimento do orçamento sintético global

Primeiro, é preciso identificar e compreender todos os serviços requeridos para a execução precisa da obra. Nessa etapa, procura-se obter informações detalhadas dos projetos, memoriais descritivos e especificações técnicas relacionadas aos serviços necessários.

Em posse dos dados de serviços, realizar um levantamento rigoroso e minucioso das quantidades de materiais, equipamentos e mão de obra necessárias para cada um. Deve-se assegurar que os quantitativos estejam de acordo com as especificações técnicas e a realidade do projeto.

Discriminadas as quantidades, há de se estabelecer o custo unitário de cada serviço, considerando os preços de mercado, a cotação de fornecedores e os custos internos da empresa, além dos aspectos específicos de cada serviço, como complexidade, qualidade e tecnologia envolvida. Com isso, multiplicam-se os quantitativos do serviço por seu respectivo custo unitário, para calcular o custo direto. Ao somar todos os custos diretos dos serviços, obtém-se o custo direto total da obra.

Para o cálculo dos custos indiretos, que incluem despesas administrativas, tributos e outras despesas não diretamente associadas aos serviços específicos da obra, incluir a parcela de lucro da construtora, garantindo a remuneração adequada pelo empreendimento. Deve-se, por fim, compor a taxa de benefício e despesas indiretas (BDI) ou lucro e despesas indiretas (LDI) sobre o custo direto para englobar os custos indiretos e o lucro.

5.5 Composição de custos unitários dos serviços

Elementos fundamentais para um orçamento de obras públicas, as composições de custo unitário relacionam a descrição, codificação e quantificação dos insumos e/ou composições auxiliares necessárias para a execução de uma unidade de serviço.

A sua representação deve conter os nomes dos elementos, as unidades de quantificação e os indicadores de consumo e produtividade (coeficientes).

A descrição caracteriza o serviço, explicitando os fatores que impactam na formação dos coeficientes e que diferenciam aquela composição unitária das demais, sendo essencial para entender claramente o que está incluso no serviço e garantir a precisão na estimativa dos custos. A unidade de medida é a unidade física de mensuração do serviço representado, indicando como o serviço é medido e quantificado. Exemplos comuns são metro quadrado, quilograma, hora, entre outros. Os insumos e composições auxiliares referem-se aos elementos necessários à execução de um serviço, como materiais, equipamentos e mão de obra – todas as quantidades e preços devem ser devidamente identificados.

Os coeficientes de consumo e produtividade são quantificações dos itens considerados na composição de custo de determinado serviço: o de consumo está relacionado ao consumo individual de materiais no serviço, enquanto o de produtividade se refere ao número de horas necessárias para que um insumo de mão de obra possa executar tal serviço unitário. Cada serviço tem o seu preço calculado com base nos coeficientes de produtividade, aproveitamento e consumo de cada um dos insumos necessários para a execução daquele serviço.

Assim, o custo unitário direto para a execução de um serviço é resultado da multiplicação dos custos dos insumos pelos coeficientes de consumo previstos na composição. A título de exemplo, a Fig. 5.1 mostra a composição de custo unitário do serviço de "fabricação de fôrma para pilares", sob o código 92269, obtida a partir da tabela Sinapi.

	92269	FABRICAÇÃO DE FÔRMA PARA PILARES E ESTRUTURAS SIMILARES, EM MADEIRA SERRAD		M2				
		A, E=25 MM. AF_09/2020						
I	4517	SARRAFO *2,5 X 7,5* CM EM PINUS, MISTA OU EQUIVALENTE DA REGIAO - BRUTA		M	CR	4,4320000	5,80	25,70
I	5068	PREGO DE ACO POLIDO COM CABECA 17 X 21 (2 X 11)		KG	CR	0,0860000	22,28	1,91
I	6212	TABUA *2,5 X 30 CM EM PINUS, MISTA OU EQUIVALENTE DA REGIAO - BRUTA		M	C	6,5300000	27,50	179,57
C	88239	AJUDANTE DE CARPINTEIRO COM ENCARGOS COMPLEMENTARES		H	CR	0,1430000	21,75	3,11
C	88262	CARPINTEIRO DE FORMAS COM ENCARGOS COMPLEMENTARES		H	C	0,6070000	23,64	14,34
C	91692	SERRA CIRCULAR DE BANCADA COM MOTOR ELÉTRICO POTÊNCIA DE 5HP, COM COIFA PA CHP RA DISCO 10" - CHP DIURNO. AF_08/2015			CR	0,0500000	28,47	1,42
C	91693	SERRA CIRCULAR DE BANCADA COM MOTOR ELÉTRICO POTÊNCIA DE 5HP, COM COIFA PA CHI RA DISCO 10" - CHI DIURNO. AF_08/2015			CR	0,2010000	27,19	5,46
		EQUIPAMENTO	:	0,02	0,0086430 %			
		MATERIAL	:	213,10	92,0440796 %			
		MAO DE OBRA	:	18,33	7,9213483 %			
		OUTROS	:	0,06	0,0259291 %			
		TOTAL COMPOSIÇÃO	:	231,51	100,0000000 %	-	ORIGEM DE PREÇO: CR	

Fig. 5.1 *Composição de custo unitário do serviço "fabricação de fôrma para pilares e estruturas similares, em madeira serrada"*
Fonte: Sinapi (2023).

Uma composição de custo unitário bem elaborada deve conter informações detalhadas sobre os insumos e composições auxiliares utilizados, com muita precisão em seus coeficientes de consumo e produtividade, para que o orçamento final seja confiável. Atualizações periódicas das composições de custo unitário são mandatórias, considerando as variações dos preços dos insumos e das tecnologias empregadas na execução dos serviços.

No tocante aos elementos referenciais, a partir da Lei de Diretrizes Orçamentárias (LDO), de agosto de 2013 (Lei nº 12.708/2012), e do Decreto nº 7.983, de abril de 2013, houve a inclusão de dispositivos no que tange ao controle dos custos unitários nos processos licitatórios, que deverão estar limitados aos custos unitários de insumos ou serviços da mediana de seus correspondentes no Sistema Nacional de Pesquisa de Custos e Índices da Construção Civil (Sinapi), para obras civis, e no Sistema de Custos de Obras Rodoviárias (Sicro), para obras e serviços rodoviários.

Em caso de ausência de preço de referência de um serviço específico ou da inviabilidade de definição nas duas bases oficiais recomendadas pelo Decreto nº 7.983/2013, é permitida a utilização de outros sistemas referenciais, desde que sejam formalmente aprovados pela administração pública federal, em publicações técnicas especializadas, sistema específico instituído para o setor ou pesquisa de mercado. As fontes referenciais de preços devem ser indicadas no orçamento ou em sua memória de cálculo e compor a documentação do procedimento licitatório.

O Decreto nº 7.983/2013 determina ainda que não devem ser adotados custos unitários superiores aos dos sistemas de referência, salvo em casos especiais, que devem ser justificados mediante relatório técnico minucioso assinado por profissional habilitado e devidamente aprovado pela autoridade competente.

5.5.1 Orçamento sintético × orçamento analítico

As principais diferenças entre um orçamento global da obra (sintético) e um orçamento com as composições de custo unitário (analítico) estão relacionadas ao nível de detalhamento, à complexidade e ao foco de cada abordagem.

O orçamento sintético apresenta uma visão mais abrangente dos custos da obra e é exibido de forma consolidada e não detalhada, agrupando os custos com base na estrutura analítica de projeto (EAP), que consiste na indicação de todos os itens de serviços necessários para a execução de uma obra, juntamente com seus quantitativos, valores unitários e valores totais.

Por exemplo, em um serviço de execução e acabamento de um painel de alvenaria, o orçamento sintético prevê etapas como alvenaria, chapisco, reboco, emassamento, pintura, entre outras. No entanto, a planilha de custos globais apresentará apenas a descrição desses itens de serviço, cujas composições detalhadas estarão na planilha de composições unitárias (orçamento analítico).

Por outro lado, o orçamento analítico é caracterizado pela minuciosidade. Nessa planilha, todos os itens de serviço previstos no orçamento sintético são detalhados em função de seus insumos de mão de obra, materiais, equipamentos, seus coeficientes de consumo em relação à unidade padrão e os custos unitários específicos de cada um dos insumos.

Para ilustrar essa abordagem, considerando novamente o exemplo do muro de alvenaria, no orçamento analítico será detalhada a quantidade de horas de que os pedreiros, serventes e pintores precisarão para executar cada etapa, bem como os quantitativos dos materiais necessários, como areia fina, areia grossa, cimento, massa corrida, tintas, entre outros elementos.

A depender da complexidade dos serviços, em algumas situações, pode ser necessária a apresentação de composições dentro de composições, resultando nas chamadas composições complementares. Essa visão pormenorizada possibilita uma maior precisão das etapas construtivas, permitindo à fiscalização cobrar a efetividade da implementação dos insumos previstos, avaliar a composição dos materiais e acompanhar de perto cada etapa construtiva do projeto.

Destaca-se que os dois tipos de orçamento são obrigatórios no processo licitatório de obras públicas; somente com o fornecimento detalhado de ambos é possível identificar com precisão o escopo de cada item de serviço, de forma a fiscalizar e cobrar a efetiva execução dos serviços pela empresa contratada.

5.5.2 Entendimento jurídico sobre composições de custos unitários

Em posse de inúmeros acórdãos do TCU como referência, na sequência são apontadas as principais deliberações sobre as composições de custos unitários para obras de engenharia.

Obrigatoriedade das composições unitárias

O edital deve demandar dos licitantes a apresentação de planilhas que expressem a composição de todos os custos unitários, sob pena de violação ao art. 7º, § 2º, inciso II, da Lei nº 8.666/1993.

Nas licitações de obras rodoviárias, a administração deve exigir dos projetistas a elaboração de projetos básicos e executivos em conformidade com as instruções de serviço vigentes, com a inclusão de composições de custo complementares para serviços não constantes no Sistema de Custos Rodoviários em vigor.

Mesmo em contratações diretas por inexigibilidade de licitação, o gestor deve elaborar orçamento detalhado em planilhas que expressem a composição de todos os custos unitários do objeto a ser contratado. A ausência das composições de custos unitários, detalhamento dos encargos sociais e BDI nos orçamentos de referência de licitações é considerada irregular, assim como a falta de previsão nos editais para a apresentação dessas informações pelos licitantes.

Acórdãos TCU
Acórdão 2.341/2020, Acórdão 2.123/2017, Acórdão 2.136/2017, Acórdão 2.433/2016, Acórdão 3.289/2014, Acórdão 2.827/2014, Acórdão 2.823/2012, Acórdão 2.157/2012, Acórdão 46/2012, Acórdão 2.360/2011, Acórdão 1.802/2011, Acórdão 662/2011, Acórdão 11.197/2011 – Segunda Câmara, Súmula TCU 258, Acórdão 1.350/2010, Acórdão 3.036/2010, Súmula TCU 260, Acórdão 1.524/2010, Acórdão 3.076/2010, Acórdão 2.504/2010, Acórdão 1.762/2010, Acórdão 1.981/2009, Acórdão 792/2008, Acórdão 608/2008, Acórdão 1.470/2007 e Acórdão 220/2007.

Desclassificação de empresas
Nas licitações de obras públicas, é determinado que as propostas de licitantes que não apresentem a composição de todos os custos unitários dos itens devem ser desclassificadas.

Acórdãos TCU
Acórdão 550/2011 – Plenário.

Inconsistências em composições
- É vedada a utilização de unidades de medida genéricas, como "global" ou "verba", para itens no orçamento de obras ou serviços de engenharia. A Súmula 258 do TCU reforça a proibição, destacando a necessidade de composições de custos unitários claros.
- A adaptação de composições de preços unitários de sistemas oficiais de referência sem demonstração objetiva de sua necessidade infringe regulamentações específicas e leis aplicáveis.
- A inclusão do fator chuva nos orçamentos de obras rodoviárias é considerada inaceitável; a precipitação de chuvas ordinárias não impacta significativamente nos custos.
- Em aquisições de cimento a granel, quando o Sicro é utilizado, a inclusão no orçamento do custo de transporte é indevida, visto que as composições de preços unitários do sistema já contemplam essas despesas.

- Erros nas composições de preços unitários que resultam em pagamento de serviços acima dos custos reais não são justificáveis e devem ser corrigidos.
- Deve-se exigir dos licitantes o orçamento detalhado, fundamentado em quantitativos de serviços e fornecimentos, com composições de custos unitários e avaliação da adequação dos valores.

Acórdãos TCU
Acórdão 1.246/2022, Acórdão 595/2017, Acórdão 1.567/2017, Acórdão 1.637/2016, Acórdão 908/2015, Acórdão 117/2014, Acórdão 2.360/2011, Acórdão 6.439/2011 – Primeira Câmara, Acórdão 3.036/2010, Acórdão 1.119/2010, Acórdão 80/2010, Acórdão 3.086/2008, Acórdão 220/2007 e Acórdão 1.091/2007.

Inconsistência com os salários dos insumos de mão de obra

A apresentação de composição de custo unitário com salários de categoria profissional inferiores ao piso estabelecido em acordos, convenções ou dissídios coletivos é considerada, em princípio, um erro formal. O princípio do formalismo moderado e a supremacia do interesse público respaldam a possibilidade de sanar erros formais, contribuindo para a preservação do processo licitatório e a efetividade das contratações públicas. Assim, esse tipo de erro não leva à desclassificação da proposta, sendo passível de correção mediante a apresentação de uma nova composição de custo unitário sem o erro.

Quando há comprovação de pagamento de salários inferiores aos constantes na planilha de composição de custos da proposta vencedora, é preciso promover a recomposição do equilíbrio econômico-financeiro do contrato. Tal recomposição visa ressarcir à administração os valores pagos a menor aos empregados da empresa contratada, garantindo a equidade nas relações contratuais.

Acórdãos TCU
Acórdão 719/2018 e Acórdão 983/2011 – Primeira Câmara.

Composição de custos unitários em aditivos

Em aditivos contratuais com a inclusão de novos itens, não apenas os custos, mas também as produtividades, consumos e outros parâmetros presentes na proposta original devem ser importados de forma integral. A formação do custo do novo item deve seguir rigorosamente as condições estabelecidas na licitação original da obra.

Ao acrescentar novos itens de serviços não previstos no contrato original, os preços unitários desses itens devem ser deduzidos dos preços dos itens congêneres originalmente previstos no contrato.

Não são permitidos custos elementares de insumos diferentes dos atribuídos aos mesmos insumos em composições preexistentes. Taxas de consumo ou produtividade em desacordo com as especificadas em composições semelhantes também são inadmissíveis.

Acórdãos TCU
Acórdão 702/2008, Acórdão 1.874/2007 e Acórdão 1.755/2004 – Plenário.

Composições unitárias em pregões

Na modalidade eletrônica do pregão, não é exigida a apresentação de composição unitária dos custos dos serviços a serem contratados. Apesar dessa dispensa, a apresentação do orçamento detalhado é um dos elementos requeridos no processo de pregão eletrônico – outros elementos podem ser exigidos, mas a composição unitária não é uma obrigação nesse contexto.

Acórdãos TCU
Acórdão 158/2015.

Identificação de sobrepreço na ausência de composições

Quando o contratado não apresenta a composição detalhada dos custos na execução do contrato, cria-se uma dificuldade na fiscalização e avaliação da questão do sobrepreço.

Acórdãos TCU
Acórdão 1.860/2014.

Critérios para o desenvolvimento de composições

Na análise de economicidade, a preferência é pela utilização de uma única fonte de referência; contudo, não há proibição do uso simultâneo de diferentes sistemas, desde que as composições sejam compatíveis com as condições da obra e as especificações do projeto.

Dessa forma, é viável a conjugação de composições dos sistemas oficiais, como o Sicro ou o Sinapi, para análise de economicidade em contratos de obras públicas. Essas composições devem ser adaptadas às peculiaridades de cada caso específico com as devidas justificativas para tal adaptação.

A elaboração de orçamento exige mais do que a simples lista de profissionais e salários; é necessário evidenciar a composição detalhada dos encargos sociais, despesas administrativas, operacionais, lucro e tributos incidentes. Quando sistemas como Sinapi ou Sicro não oferecem custos, a administração pode adotar custos de tabela formalmente aprovada, justificando os valores que excedem os limites dos sistemas.

Em licitações para obras de duplicação de rodovias, a escolha entre composições de restauração ou construção rodoviária deve ser embasada em estudo técnico que considere as interferências da via preexistente.

Acórdãos TCU
Acórdão 1.890/2020, Acórdão 304/2020, Acórdão 753/2015, Acórdão 839/2015, Acórdão 1.755/2013, Acórdão 723/2012, Acórdão 1.513/2010 e Acórdão 1.981/2009.

Análise de preço em composições

Algumas considerações podem ser feitas em relação à análise de preços nas composições:

- A exequibilidade da proposta deve ser examinada, considerando que as planilhas são subsidiárias e instrumentais.
- Divergências entre as planilhas do licitante e da administração, incluindo cotação de lucro zero ou negativo, não são motivo automático de desclassificação.
- Desclassificar propostas por divergências entre preços unitários e composições detalhadas, quando os preços global e unitários estão dentro dos limites fixados pela administração, é excessivamente rigoroso. A divergência pode ser resolvida com a retificação das composições, sem alterações nos valores da proposta.
- A escolha de uma patrulha mecânica de menor custo do que a prevista na composição não indica superfaturamento, desde que o preço global contratado seja inferior ao preço referencial de mercado.
- Em contratos sem detalhamento de custos unitários, o superfaturamento pode ser caracterizado com base nos elementos disponíveis, sem precisar da representatividade amostral usualmente adotada pelo TCU.
- Para caracterização de sobrepreço, frações dos valores do Sicro não podem ser consideradas excessivas.
- Não é possível avaliar custos unitários isolados da taxa de BDI; o sobrepreço no preço global do contrato deve ser considerado em relação aos parâmetros do mercado.

- O orçamento detalhado para contratação deve expressar razoável precisão quanto aos valores de mercado e à composição de todos os custos unitários.
- A análise deve verificar os preços unitários e a composição dos custos nas planilhas dos licitantes, buscando valores desarrazoados ou inconsistências em relação ao orçamento.

Acórdãos TCU
Acórdão 906/2020, Acórdão 2.742/2017, Acórdão 800/2016, Acórdão 2.419/2015, Acórdão 3.631/2013, Acórdão 3.237/2012, Acórdão 1.456/2008, Acórdão 62/2007 – Plenário e Acórdão 2.586/2007 – Primeira Câmara.

Composições de custos unitários em contratações diretas

Antes das contratações públicas, incluindo as diretas, é obrigatória a realização de uma pesquisa abrangente de preços, englobando tanto o mercado quanto órgãos da administração pública. Os valores obtidos devem ser fundamentados e detalhados. O objetivo dessa pesquisa é desenvolver orçamentos que expressem de forma clara e completa a composição de todos os custos unitários relacionados ao objeto a ser contratado. Trata-se de uma medida preventiva, visando evitar irregularidades e garantir a economicidade e transparência nas contratações diretas.

Acórdãos TCU
Acórdão 1.996/2011 – Plenário.

5.6 Curva ABC

A curva ABC, ou metodologia de Pareto, é uma ferramenta utilizada para gerenciar estoques e identificar os itens que mais impactam nos custos de uma obra, com base na premissa de que uma pequena parte dos itens de um estoque representa a maior parte do valor financeiro do custo total de um projeto. Assim, o objetivo principal é permitir uma visão macro do orçamento, fornecendo ao administrador a capacidade de discernir os itens mais críticos em termos financeiros e separá--los daqueles menos significativos. A partir dessa análise, a empresa pode aplicar tratamentos diferenciados para cada item ou grupo de materiais, aprimorando a eficiência de suas operações.

Além disso, a curva ABC oferece à empresa uma gestão mais eficiente de seus estoques, identificando os itens que precisam ser mantidos em maior quantidade e os que podem ser reduzidos. Isso ajuda a evitar estoques desnecessários e reduzir custos. Ao concentrar seus esforços nos itens mais críticos, a empresa pode aprimorar sua gestão financeira, tornando-se mais competitiva no mercado.

Para realizar a análise da curva ABC, é preciso coletar dados sobre o valor financeiro de cada item de serviço de uma obra e ordená-los em ordem decrescente. Em seguida, traça-se um gráfico com o valor acumulado dos itens em relação ao número de itens. Esse gráfico revela a percentagem do valor financeiro total dos itens em relação ao número de itens e permite sua segmentação em classes A, B e C, cujos percentuais variam de acordo com o cenário em questão. Toma-se a seguinte análise como exemplo:

- 20% dos itens (classe A) correspondem a 80% do valor investido;
- o maior número de itens (classe C), 50% do total em estoque, representa apenas 5% do valor;
- entre esses limites estão compreendidos 30% dos itens (classe B) que correspondem a 15% das aplicações.

Esses valores formarão a curva ABC mostrada na Fig. 5.2. Um detalhamento analítico da classificação de uma curva ABC está disposto na Tab. 5.2.

Há uma série de vantagens significativas com a aplicação da curva ABC na auditoria de contratos públicos. Em uma obra com milhares de itens de serviço, por exemplo, é possível simplificar a análise e identificar rapidamente os itens que representam a maior parte do custo. Na Tab. 5.2, em uma licitação composta por 1.242 itens de serviço, verificou-se pela curva ABC que 216 (17,39% dos itens de contrato) somam 80% dos custos da obra licitada.

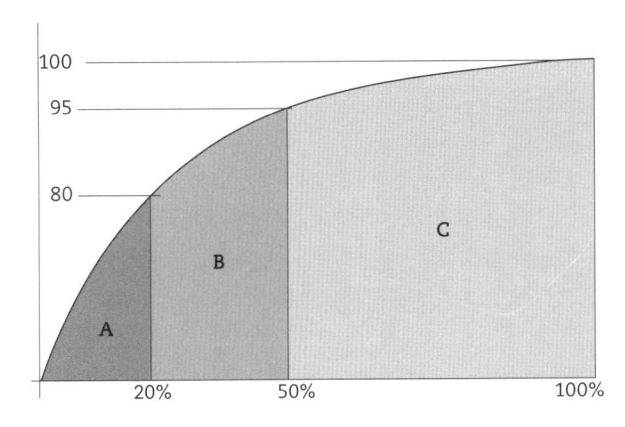

Fig. 5.2 *Demonstrativo esquemático da curva ABC*

Tab. 5.2 Detalhamento analítico da curva ABC

Item	Descrição	Unidade	Quantidade	Valor item (BDI 25,22%)	% item	% acumulada	Faixa ABC
3.01	Equipe de obra – engenheiro residente, mestre, 2	mês	12,00	R$ 540.427,93	4,12%	4,12%	A
32.05	Placa de ACM composto 3 mm diversas cores	m²	1.288,14	R$ 520.443,43	3,97%	8,09%	A
37.05	Porcelanato técnico Panna Plus natural	m²	2.064,65	R$ 407.014,16	3,10%	11,19%	A
37.04	Porcelanato técnico *off white* natural	m²	1.492,78	R$ 306.463,62	2,34%	13,53%	A
31.02	Sinapi 87541 emboço para recebimento de...	m²	5.685,45	R$ 297.363,64	2,27%	15,80%	A
20.95	Sinapi 93002 cabo flexível 0,6/1 kV 300 mm² – diversas	m	1.450,00	R$ 268.570,64	2,05%	17,84%	A
30.01	Forro de gesso acartonado estruturado para...	m²	3.330,72	R$ 245.970,96	1,88%	19,72%	A
35.01	Esquadria – pano de vidro – sistema *grid* em...	m²	263,99	R$ 222.542,85	1,70%	21,42%	A
28.11	Corrimão e/ou guarda-corpo em alumínio com...	m	583,36	R$ 207.799,12	1,58%	23,00%	A
31.06	Cerâmica metro *white* 10×20 cm – Eliane nos...	m²	1.929,41	R$ 189.587,75	1,45%	24,45%	A
38.09	Sinapi 73790/4 reassentamento de paralelepípedo	m²	4.982,06	R$ 183.091,32	1,40%	25,84%	A
26.08	Telha termoacústica em alumínio (0,50 mm)	m²	1.044,39	R$ 172.996,41	1,32%	27,16%	A
16.16	Detector multicritério endereçável – DME 500	un	196,00	R$ 171.304,48	1,31%	28,47%	A
6.01	Seguro geral da obra	un	1,00	R$ 147.559,25	1,13%	29,59%	A
18.53	Duto perfurado perfilado	m	10.326,90	R$ 136.671,68	1,04%	30,63%	A
19.02	Sinapi 91926 cabo de cobre flexível isolado 2.5	m	32.318,12	R$ 119.212,51	0,91%	31,54%	A
38.13	Piso tátil alerta 0,25×0,25 Andaluz ou similar	m	1.640,76	R$ 111.660,94	0,85%	32,39%	A
31.04	Cerâmica forma branco acetinado retificado	m²	1.425,75	R$ 103.620,33	0,79%	33,18%	A
35.02	Sinapi 84959 vidro liso comum transparente	m²	539,62	R$ 101.031,70	0,77%	33,95%	A

Tab. 5.2 (continuação)

Item	Descrição	Unidade	Quantidade	Valor item (BDI 25,22%)	% item	% acumulada	Faixa ABC
19.15	Cabo par trançado malha 14	m	9.500,00	R$ 94.473,62	0,72%	34,67%	A
40.02	Divisória em granito branco natural Ceará	m²	116,50	R$ 92.547,12	0,71%	35,38%	A
26.06	Estrutura madeira de lei para telhado 1 água	m²	1.044,39	R$ 90.376,70	0,69%	36,07%	A
3.02	Técnico em segurança do trabalho	mês	12,00	R$ 89.256,82	0,68%	36,75%	A
40.12	Espelho 5 mm colado sobre feltro industrial	m²	156,78	R$ 89.240,66	0,68%	37,43%	A
30.07	Forro de gesso acartonado estruturado com...	m²	514,58	R$ 86.820,75	0,66%	38,09%	A
32.09	Cerâmica 10×10 cm na cor cinza existente nas...	m²	465,69	R$ 85.657,88	0,65%	38,75%	A
32.08	Recuperação de cerâmica 10×10 cm na cor...	m²	668,47	R$ 85.270,00	0,65%	39,40%	A
25.01	Sinapi 73935/2 alvenaria em tijolo cerâmico furado	m²	1.354,70	R$ 84.933,98	0,65%	40,04%	A
26.01	Estrutura metálica para a cobertura em...	kg	8.014,11	R$ 84.790,47	0,65%	40,69%	A
39.05	Sinapi 88497 aplicação e lixamento de massa látex	m²	8.265,21	R$ 83.909,53	0,64%	41,33%	A
4.01	Sinapi 73804/1 proteção de fachada com tela	m²	3.600,00	R$ 82.382,33	0,63%	41,96%	A
37.01	Porcelanato forma branco acetinado retificado	m²	1.347,79	R$ 81.511,06	0,62%	42,58%	A
42.02	Sinapi 73948/11 limpeza de piso cerâmico interno	m²	4.911,85	R$ 78.711,20	0,60%	43,18%	A
36.01	Sinapi 73762/1 impermeabilização de superfície com...	m²	887,49	R$ 74.609,44	0,57%	43,75%	A
30.06	Forro de gesso acartonado estruturado com...	m²	1.014,38	R$ 70.537,32	0,54%	44,29%	A
39.03	Sinapi 88488 aplicação manual de pintura com tinta	m²	4.958,28	R$ 69.321,77	0,53%	44,81%	A

A partir dessa simplificação, a equipe de auditoria pode concentrar seus esforços e direcionar o processo em itens de contrato com maior relevância na composição dos custos da obra, para então realizar uma verificação detalhada *in loco* e identificar possíveis ilícitos, além de oportunidades de melhoria na qualidade final do produto entregue à sociedade. Com isso, tempo e recursos são economizados, evitando-se análises prolongadas de itens de baixa representatividade para a obra licitada. Em contratos de grande dimensão e alta demanda de trabalho, a curva ABC direciona diretamente as ações da equipe de trabalho, de forma a maximizar a eficiência da equipe de auditoria, tornando a análise mais precisa e efetiva.

Vale ressaltar que os casos de jogo de planilha, superfaturamento de custos e direcionamento de contratos geralmente estão relacionados à curva ABC. Isso ocorre porque essa ferramenta pode ser utilizada para tentar "maquiar" os dados e dificultar a rastreabilidade dos conluios ocorridos. Portanto, é fundamental que a equipe de auditoria esteja ciente desse risco e conduza a análise de forma criteriosa e detalhada, garantindo a integridade e transparência dos contratos públicos.

5.6.1 Entendimento jurídico sobre a curva ABC

Em acórdãos do TCU são encontradas várias observações a respeito da curva ABC. Como seu objetivo é priorizar os itens ou serviços com maior impacto econômico no contexto da obra, essa metodologia é considerada adequada para a aferição de superfaturamento em obras de grande porte.

No entanto, não se recomenda calcular o valor de desconto com base na curva ABC para apurar o valor global do contrato. Esse método não é suficientemente robusto para fundamentar a alegação de sobrepreço e a determinação de retenção cautelar de valores do fluxo de caixa do empreendimento. Ressalta-se que a aferição de superfaturamento devido a sobrepreço contratual requer uma análise prévia dos reflexos das alterações contratuais para atestar o balanço final da equação econômico-financeira.

Para análises de preços de contratos originais, sem alterações por termos aditivos, adota-se a faixa equivalente a 80% do valor da avença, seguindo a curva ABC.

Acórdãos TCU
Acórdão 4.587/2021 – Segunda Câmara, Acórdão 102/2012 e Acórdão 2.126/2010.

5.7 Etapas do orçamento em obras públicas
5.7.1 Primeira etapa
Levantamento dos quantitativos

Nesse início, estude detalhadamente as plantas arquitetônicas para identificar os componentes relevantes, como paredes, pisos, tetos, portas, janelas e elementos especiais, pé-direito e demais detalhes do projeto. Estude também os projetos de engenharia relacionados, como de estrutura, elétrico e hidrossanitário, para destacar os elementos que influenciarão os quantitativos.

Crie uma lista de todos os itens que precisam ser quantificados em cada disciplina; por exemplo: área de pisos, forros, área de paredes internas e externas, dimensões de rodapés e soleira, detalhamento das esquadrias, áreas a impermeabilizar, área de cobertura, levantamento dos quantitativos estruturais, das instalações hidrossanitárias e elétricas, quantidade de luminárias, tomadas, entre outras especificações.

Determine as unidades de medida apropriadas para cada tipo de elemento, como metros quadrados, metros lineares, metros cúbicos, unidades. Reitera-se que não é permitida a utilização de "verba" ou outras unidades genéricas que não permitem a rastreabilidade dos elementos.

Depois, meça com precisão as dimensões e quantidades dos elementos em cada disciplina. Para tal, é possível utilizar ferramentas de CAD (desenho assistido por computador) e BIM (modelagem da informação da construção) para medir áreas, volumes, comprimentos e outros parâmetros diretamente nos projetos, tornando os quantitativos rastreáveis para revisões futuras; além de ser base para o processo de orçamentação, essa aferição irá ajudar diretamente na fiscalização da obra contratada.

É importante manter um registro organizado dos quantitativos, de preferência em uma planilha eletrônica ou em um *software* de gestão de projetos.

A partir desses quantitativos, crie uma lista detalhada de materiais necessários para cada disciplina. Por fim, revise todo o levantamento novamente para garantir a precisão e integridade antes de finalizar os documentos.

Cálculo dos encargos sociais relativos à mão de obra

O próximo passo é a identificação dos encargos sociais concernentes à mão de obra. Comece listando todos os encargos sociais obrigatórios e os benefícios, como INSS, FGTS, férias, 13º salário, vale-transporte, entre outros. Considere os encargos sociais quando eles impactam diretamente nos custos dos materiais, como no caso de benefícios concedidos por hora de trabalho.

Obtenha as taxas e percentuais aplicáveis a cada encargo social junto aos órgãos competentes e leis trabalhistas vigentes. Para uma análise organizada, agrupe os encargos em categorias, como previdenciários, benefícios, rescisórios.

Depois, calcule os encargos individuais para cada funcionário com base nos salários e benefícios, considerando as taxas e percentuais de cada um. Some todos os encargos individuais para obter os encargos totais sobre a folha de pagamento da equipe.

Deve ser feita uma análise dos fatores que podem influenciar os encargos, como o regime de contratação (CLT, terceirizado), a localização geográfica e a legislação específica de cada região. A partir disso, avalie os benefícios adicionais que a administração pode exigir e inclua-os nos encargos sociais, considerando a percentagem ou valor fixo referente a cada um.

Mantenha-se atualizado em relação a mudanças nas leis trabalhistas e taxas de encargos sociais, para garantir que os cálculos sejam precisos. Todos os detalhes de cálculos e fontes de informação devem ser registrados, para fins de referência futura e auditoria.

Desenvolvimento das composições de custos unitários

Para elaborar as composições de custos unitários, organize os quantitativos e as listas de materiais em um formato claro e estruturado, envie-os para fornecedores e subempreiteiros e solicite cotações de preços para os materiais e serviços necessários. Depois, faça uma análise das cotações recebidas para determinar os custos reais dos materiais e serviços. Se houver discrepâncias significativas entre as cotações e o orçamento original, elas devem ser comunicadas à equipe, para discutir as possíveis soluções.

Avalie a quantidade de trabalho necessária para cada etapa do projeto e calcule os custos de mão de obra com base nas taxas de trabalho aplicáveis. Mantenha sempre uma cópia organizada de todos esses quantitativos, listas de materiais e cotações para referência futura e transparência. Para valores de referência, utilize bases de dados confiáveis de preços de materiais e serviços de construção.

Elabore as composições de preços para cada item dos quantitativos, combinando os insumos com suas respectivas quantidades e unidades de medida. Multiplique as quantidades de cada insumo pelas taxas de preço correspondentes para obter o custo direto de cada item, atribuindo códigos únicos a cada composição para facilitar a identificação e organização no futuro. Se possível, é recomendado utilizar *softwares* ou sistemas de gestão de orçamentos para facilitar o processo de criação, organização e cálculo das composições de preços.

Revise todas as composições de preços para garantir que os insumos, quantidades e cálculos estejam corretos e alinhados com os objetivos do projeto. É importante também padronizar o formato das composições de preços, incluindo descrições claras, códigos de referência e unidades de medida consistentes.

Compartilhe as composições de preços com a equipe responsável pelo projeto para revisão e discussão, se necessário. Deve-se manter um registro atualizado dessas composições e de todo o seu processo de desenvolvimento em um banco de dados ou planilha, para facilitar o acesso e a reutilização em futuros projetos e na auditoria. Caso ocorram mudanças nos projetos ou nos preços de mercado, atualize as composições de preços de acordo.

Por fim, combine as composições de preços com os quantitativos para calcular o custo total de cada item e, eventualmente, o custo total do projeto.

5.7.2 Segunda etapa
Cálculo do BDI

Primeiro, liste os componentes do BDI, como administração central, despesas indiretas, tributos, lucro, entre outros. Obtenha as taxas e percentuais aplicáveis a cada um deles, como a taxa de administração, margem de lucro desejada, impostos etc. Depois, detalhe cada componente, descrevendo sua natureza e a forma como ele afeta os custos.

O próximo passo são os cálculos: calcule a taxa de administração central, que consiste em despesas administrativas, como salários de equipes de gerenciamento, escritório, comunicações etc. As despesas indiretas englobam aluguel de equipamentos, despesas com canteiro de obras, logística, segurança e outros itens não diretamente relacionados à produção. Para os tributos incidentes sobre a obra, considere o ISS e outros impostos aplicáveis, conforme a legislação vigente.

Estabeleça também a margem de lucro desejada para o projeto, isto é, o retorno sobre o investimento, em geral expresso em percentagem. Para o cálculo do lucro, multiplique o custo direto (custo dos materiais, mão de obra etc.) pela margem de lucro desejada.

Some os valores calculados para os componentes da administração central, despesas indiretas, tributos e lucro para obter o valor total do BDI. Compare o BDI obtido com valores referenciais do Acórdão do TCU 2.622/2013, que define parâmetros para os percentuais de BDI em contratos públicos. Certifique-se de que os valores obtidos estejam em conformidade com essas diretrizes, considerando o tipo de obra e as especificidades do projeto.

Estudo dos métodos construtivos

Nessa etapa, deve-se identificar os principais elementos construtivos, como paredes, lajes, fundações, estruturas metálicas, entre outros. Estude os projetos arquitetônicos para compreender os métodos construtivos propostos, e explore os projetos de engenharia para se familiarizar com as soluções estruturais, os sistemas elétricos, hidrossanitários e de climatização. Depois, liste os materiais e técnicas específicas mencionados nesses projetos, como concreto armado, tipo de f_{ck}, dosagem esperada, alvenaria estrutural, instalações aparentes, fundações específicas, concreto protendido etc.

Classifique a complexidade dos métodos construtivos, considerando fatores como o tipo de estrutura, instalações especiais e acabamentos. Também é recomendada a consulta de normas técnicas, manuais de boas práticas e literatura especializada para obter diretrizes sobre os métodos construtivos escolhidos.

Detalhe os processos necessários para construir cada elemento identificado, desde a preparação do terreno até os acabamentos, e liste os recursos requeridos em cada método construtivo, incluindo mão de obra, equipamentos, materiais e ferramentas específicas. Em posse desse levantamento, compare diferentes métodos construtivos para os mesmos elementos e avalie a relação custo-benefício e a viabilidade técnica. Considere a eficiência dos métodos, sua compatibilidade com a equipe e a possibilidade de otimização de processos. Por fim, compartilhe as conclusões com a equipe de orçamento, engenheiros e arquitetos envolvidos no projeto.

Reitera-se a importância de registrar todos os métodos construtivos escolhidos, os cálculos de custos, as referências normativas e qualquer outra informação relevante, para consulta futura.

5.7.3 Terceira etapa
Elaboração da planilha de orçamento sintético global

A planilha de custo global sintético deve ser precisa, transparente e refletir fielmente os custos do projeto. Para tanto, certifique-se de reunir os quantitativos, as composições de preços e todas as informações necessárias provenientes dos projetos de arquitetura e engenharia.

É preciso determinar como a planilha será organizada: em geral, ela é dividida em categorias, como materiais, mão de obra, equipamentos, despesas gerais, entre outros. Se o projeto envolver várias disciplinas, crie tópicos separados para cada uma (arquitetura, estrutura, elétrica etc.). Dentro de cada tópico, identifique as categorias de custos relevantes, como materiais, mão de obra direta, equipamentos, serviços de terceiros, despesas gerais e impostos.

Para cada categoria de custo, preencha os quantitativos correspondentes e utilize as composições de preços para calcular os custos individuais. Multiplique as quantidades dos insumos pelos respectivos preços para obter os custos diretos de cada categoria. Para o cálculo do custo total direto, some os custos diretos de todas as categorias e adicione os custos indiretos, como despesas gerais e lucro. Se disponível, utilize *softwares* específicos para a criação e gestão de planilhas de custos, para agilizar o processo.

A planilha deve ser clara e bem formatada, com células bem identificadas, fórmulas corretas e códigos de referência para cada item. É recomendável ainda criar uma aba de resumo para consolidar os custos de todas as disciplinas e categorias, apresentando o custo total do projeto. Caso haja alterações nos projetos, composições de preços ou outros fatores, atualize a planilha de custos.

Revise a planilha para se certificar de que todos os cálculos estão corretos, as fórmulas funcionais e os valores consistentes, e compartilhe o documento com a equipe responsável pelo projeto para revisão e *feedback*. Após todas as revisões e ajustes, finalize a planilha de custo global sintético.

É essencial documentar todas as etapas, com registros detalhados do desenvolvimento da planilha de custos, para referência futura e auditoria.

Elaboração da planilha de custos unitários analíticos

Nessa etapa, utilize as composições de preços desenvolvidas para inserir os custos unitários de cada insumo ou serviço em suas respectivas colunas. Multiplique os custos unitários pelas quantidades para obter os subtotais de cada insumo. Para os custos unitários finais, é preciso adicionar ainda os custos indiretos e o BDI (calculados anteriormente).

Formate a planilha de maneira clara e organizada, garantindo que as fórmulas estejam corretas e as informações sejam de fácil leitura. Antes de finalizar, revise todos os cálculos.

Utilize os custos unitários calculados na planilha para integrar com os quantitativos e desenvolver o orçamento sintético.

Cronograma físico-financeiro

Primeiro, liste todas as atividades necessárias para a execução do projeto, desde o início até a conclusão. Determine a ordem em que elas devem ser realizadas, levando em consideração dependências e interligações entre elas, e estime a duração de cada uma com base na experiência, conhecimento da equipe e complexidade do projeto. Nesse momento, também associe os recursos que cada atividade exige, como mão de obra, equipamentos, materiais e financiamento.

Identifique os marcos importantes no projeto, como início da obra, término de cada etapa, entrega de materiais etc. Observando os prazos de execução, distribua os custos estimados para cada atividade ao longo do cronograma.

Pode-se utilizar um *software* de gerenciamento de projetos para criar um gráfico de Gantt, que contempla as atividades e seus prazos. Faça ajustes no cronograma para otimizar prazos e recursos, considerando possíveis limitações ou alterações, e associe os custos estimados a cada atividade, incluindo os valores a serem gastos em cada período.

É preciso sempre verificar se os prazos e recursos alocados são consistentes com a capacidade da equipe e os objetivos do projeto, e também se o projeto é viável em relação ao fluxo de caixa, considerando as despesas e receitas ao longo do tempo.

Compartilhe o cronograma físico-financeiro com a equipe para revisão, *feedback* e alinhamento. Após ajustes, obtenha a aprovação final da equipe e de partes interessadas.

Deve-se manter o cronograma físico-financeiro atualizado à medida que o projeto avança, registrando desvios e ajustando prazos e recursos conforme necessário. O progresso real em relação ao planejado deve ser monitorado, tomando-se medidas corretivas para resolver atrasos ou problemas. É importante também verificar se o cronograma está alinhado com o orçamento estabelecido para garantir a sustentabilidade financeira do projeto.

Por fim, não esqueça de gerar relatórios periódicos de acompanhamento para avaliar o progresso e a *performance* do projeto em relação ao cronograma e orçamento.

Curva ABC e histograma de insumos (opcionais)

Nessa etapa, comece identificando todos os insumos que serão considerados na análise da curva ABC e do histograma. Multiplique a quantidade de cada insumo por seu custo unitário para obter o custo total, organizando os insumos em ordem decrescente de custo total. Para o cálculo do custo acumulado, some o custo total dos insumos da lista, item a item. Depois, divida o custo acumulado pelo custo total e multiplique por 100 para obter o percentual acumulado.

Para criar a curva ABC, utilize um *software* de planilha ou gráficos para plotar os insumos no eixo X e os percentuais acumulados no eixo Y. Depois, deve ser realizada a análise da curva, de forma a identificar os insumos de maior custo que representam uma parcela significativa dos gastos totais (classe A), os de custo intermediário (classe B) e os de menor custo (classe C). Os insumos que fazem parte da classe A são potencialmente mais críticos para o sucesso financeiro do projeto.

Crie um histograma com os insumos no eixo X e a frequência no eixo Y, isto é, a quantidade de vezes que um insumo aparece em cada intervalo de custo. A análise do histograma visa entender a distribuição dos custos dos insumos, identificando intervalos de custo mais frequentes.

Em posse dos resultados da curva ABC e do histograma, compartilhe-os com a equipe e partes interessadas para alinhamento. Com essas informações, é possível identificar oportunidades de economia e otimização de serviços, além de direcionar a alocação de recursos e tomar decisões financeiras mais informadas durante o desenvolvimento do orçamento.

Periodicamente, atualize a curva ABC e o histograma conforme a disponibilidade de novos dados e a evolução do projeto.

MATRIZES DE CUSTOS REFERENCIAIS 6

6.1 Tabela Sinapi

O Sistema Nacional de Pesquisa de Custos e Índices da Construção Civil (Sinapi) é um sistema criado pelo Governo Federal para coletar e divulgar informações sobre os custos e índices da construção civil em todo o País. Esses valores são atualizados mensalmente e servem como referência para orçamentos de obras públicas e privadas.

A tabela Sinapi é composta por diversos insumos e serviços utilizados na construção civil, como materiais de construção, mão de obra, equipamentos, serviços auxiliares, entre outros. Cada item da tabela possui um código e uma descrição específicos, o que facilita sua identificação. Além disso, esses valores referenciais incluem os custos unitários de cada item, que são definidos por uma pesquisa de preços realizada em todo o território nacional. Tal pesquisa é feita com base em uma amostra representativa de empresas do setor da construção civil, as quais fornecem informações sobre os preços praticados em suas regiões.

Com isso, a tabela Sinapi permite a elaboração de orçamentos mais precisos e realistas a partir de um parâmetro único de referência, contribuindo para a transparência e a padronização dos custos da construção civil em todo o País.

Ressalta-se, porém, que os valores referenciais do Sinapi devem ser utilizados apenas como referência para os orçamentos, e não como uma tabela definitiva. Cada obra possui suas particularidades; é preciso realizar uma análise específica dos custos de cada projeto.

Todo o acervo técnico referente à tabela quanto às composições de custos unitários, metodologia e precificação dos itens atualizados por Estados encontra-se disponível no site da Caixa Econômica Federal (www.caixa.gov.br/poder-publico/modernizacao-gestao/sinapi/), com acesso gratuito para consulta.

6.2 Tabela Sicro

O Sistema Nacional de Custos Rodoviários (Sicro) é um instrumento utilizado pelo Departamento Nacional de Infraestrutura de Transportes (DNIT) para a elaboração e gestão de orçamentos e contratos relacionados a obras e serviços rodoviários.

A tabela Sicro é composta por uma lista de itens que representam os serviços e materiais utilizados na construção, manutenção e conservação de rodovias, como terraplenagem, pavimentação, sinalização, entre outros. Cada item é acompanhado de uma descrição detalhada, unidade de medida e preço referencial, o qual é atualizado periodicamente.

O objetivo dessa tabela é proporcionar maior transparência e padronização nos processos licitatórios e contratuais, evitando distorções e favorecimentos em relação aos preços praticados no mercado. Além disso, a utilização da tabela facilita a elaboração de orçamentos e permite uma melhor gestão financeira dos projetos.

Faz-se necessário destacar que, assim como a tabela Sinapi, a tabela Sicro deve ser utilizada apenas como referência, e não como um preço fixo para os serviços e materiais. Os preços podem variar de acordo com a localização, as condições do terreno, a complexidade da obra, entre outros fatores, e devem ser ajustados de acordo com as especificidades de cada projeto.

6.3 Entendimento jurídico sobre as tabelas Sinapi e Sicro

Algumas considerações sobre a utilização das tabelas Sinapi e Sicro na contratação de obras públicas são apresentadas na sequência, com base em acórdãos do TCU.

6.3.1 Tabelas referenciais em obras de recursos estaduais e municipais

O Acórdão 1.713/2015 estabelece a devida utilização do Sicro como referência para verificação dos preços de obras rodoviárias custeadas com recursos públicos federais transferidos a outros entes da Federação. Eventuais exceções são admitidas, mas devem ser respaldadas por justificativas técnicas e acompanhadas de cálculo analítico para fundamentar a escolha de outras tabelas de órgãos estaduais ou municipais.

Segundo o Acórdão 2.265/2011, os preços contratados de obras e serviços de engenharia devem estar ajustados aos valores referenciais dos sistemas Sinapi ou Sicro, quando aplicável, ou aos preços de mercado. Inclusive, pelo Acórdão 454/2014, a adoção desses dois sistemas como parâmetros de verificação pelo TCU está dentro dos contornos de legalidade e aferição da economicidade da contratação. A adoção de valores divergentes precisa ser fundamentada por justificativas técnicas adequadas.

Por fim, o Acórdão 1.140/2011 reforça a obrigatoriedade da administração em utilizar o Sinapi como referência de custos para os serviços relacionados à construção civil. A administração deve justificar os casos em que julgar inadequada a adoção desse sistema, conforme o art. 127 da Lei nº 12.309/2010.

Acórdãos TCU
Acórdão 1.713/2015, Acórdão 454/2014, Acórdão 2.265/2011 e Acórdão 1.140/2011.

6.3.2 Tabelas referenciais no uso de recursos federais

As regras e critérios para elaboração de orçamentos de referência de obras e serviços de engenharia pela administração pública devem se basear nos sistemas referenciais oficiais de custo, como Sinapi e Sicro. No Acórdão 719/2018 é apontada a previsão legal e regulamentar que respalda a utilização prioritária desses dois sistemas: o Decreto nº 7.983/2013, a Lei nº 12.462/2011 (art. 8º, §§ 3º, 4º e 6º) e a Lei nº 13.303/2016 (art. 31, §§ 2º e 3º). O Acórdão 1.626/2022 reforça a prioridade do Sinapi e Sicro como fonte oficial para a orçamentação de obras e serviços de engenharia em licitações com recursos dos orçamentos da União.

Já o Acórdão 1.176/2012 destaca que o Sinapi é o sistema de referência para obras de edificações, sendo imposto pela Lei de Diretrizes Orçamentárias. Em caso de inexistência de composição ou ausência de balizamento direto no Sinapi, o Sicro deve ser utilizado, adaptado às peculiaridades de cada caso concreto. Se nenhum dos dois sistemas apresentar os valores de referência requeridos, pode-se dispor de outros sistemas de referência.

É considerada irregular a adoção de custos unitários de referência com valores superiores aos do Sinapi ou Sicro em licitações que envolvem recursos da União, sem a devida justificativa técnica.

Acórdãos TCU
Acórdão 719/2018, Acórdão 1.003/2023, Acórdão 1.626/2022, Acórdão 1.713/2015, Acórdão 2.668/2013 e Acórdão 1.176/2012.

6.3.3 Aplicação em obras de grande vulto

O Acórdão 2.984/2013 destaca que os orçamentos de referência para procedimentos licitatórios de obras de grande vulto devem ser fundamentados em pesquisas de mercado. Esse tipo de empreendimento demanda abordagens específicas e cuidadosas na elaboração de orçamentos. Para tanto, recomenda-se a preferência pela utilização da base territorial do Sinapi, de forma apropriada, considerando sobretudo os descontos possíveis em face da escala da obra.

Acórdãos TCU
Acórdão 2.984/2013.

6.3.4 Necessidade de justificativa para utilização de outras fontes

Segundo o Acórdão 595/2017, realizar adaptações no orçamento estimativo, mesmo utilizando composições de preços unitários de sistemas oficiais de referência de custos, exige a demonstração objetiva da imprescindibilidade dessas alterações. A falta de correspondente demonstração objetiva afronta dispositivos regulamentares, incluindo os arts. 3° a 6° do Decreto n° 7.983/2013, além do art. 8°, §§ 3° e 4°, da Lei n° 12.462/2011.

A administração pública, em licitações de obras e serviços de engenharia, deve observar os referenciais oficiais de mercado, com destaque para o Sinapi e o Sicro. A adoção de valores distintos desses sistemas requer justificativa técnica – há possibilidade de adaptação de composições de custos dos sistemas oficiais, desde que devidamente explanada e visando atender a eventuais peculiaridades do empreendimento.

Acórdãos TCU
Acórdão 595/2017, Acórdão 2.056/2015 e Acórdão 753/2015.

6.3.5 Preços superiores aos das tabelas referenciais

Segundo o Acórdão 896/2015, é preciso justificar minuciosamente, no momento da orçamentação, eventuais peculiaridades de uma obra que demandem preços superiores aos normais de mercado ou aos referenciais. Tal justificação deve incluir o estabelecimento dos critérios de aceitabilidade legais, conforme disposto no art. 40, inciso X, da Lei n° 8.666/1993, evitando a postergação dessa análise para depois da contratação.

O Acórdão 3.936/2013, Segunda Câmara, também destaca que a contratação de serviços por preços superiores às referências legais, como Sinapi e Sicro, deve ser devidamente justificada por meio de um relatório técnico circunstanciado, aprovado pela autoridade competente.

Acórdãos TCU
Acórdão 896/2015 e Acórdão 3.936/2013 – Segunda Câmara.

6.3.6 Aquisição de cimento a granel

O Acórdão 908/2015 ressalta a situação específica de aquisições de cimento a granel, especialmente quando o Sicro é utilizado como sistema referencial. Nos casos mencionados, é considerada indevida a inclusão no orçamento estimativo do custo de transporte, uma vez que as composições de preços unitários do Sicro já contemplam essas despesas para o produto em questão, tornando redundante a sua inserção no orçamento estimativo.

Acórdãos TCU
Acórdão 908/2015 – Plenário.

6.3.7 Situações sem elementos comparativos diretos

Os acórdãos destacam a possibilidade de usar valores obtidos em notas fiscais de fornecedores das contratadas como parâmetro de mercado para a apuração de superfaturamento em contratos de obras públicas. Esses valores, acrescidos do BDI, podem ser adotados quando não existirem preços registrados nos sistemas referenciais.

A pesquisa de mercado é considerada supletiva e deve ser utilizada apenas nos casos em que a parametrização com base no Sinapi for inviável, conforme indicado pelo Acórdão 147/2013.

Acórdãos TCU
Acórdão 1.142/2022, Acórdão 1.361/2021, Acórdão 2.109/2016, Acórdão 1.992/2015, Acórdão 2.668/2013 e Acórdão 147/2013.

6.3.8 Sicro em obras ferroviárias

O Sicro é considerado um referencial de preços adequado para serviços de infraestrutura ferroviária, abrangendo tanto custos diretos quanto indiretos, dada a similaridade entre empreendimentos rodoviários e ferroviários. Assim, o Sicro pode ser adotado integralmente, incluindo preceitos, critérios e métodos constantes no Manual de Custos Rodoviários, para serviços como terraplenagem, drenagem, obras de arte correntes e especiais, sinalização vertical, obras complementares, proteção vegetal e demais serviços de infraestrutura ferroviária.

O TCU enfatiza que tal utilização do Sicro como referencial para preços de obras rodoviárias e ferroviárias não depende de previsão legal específica.

Acórdãos TCU
Acórdão 2.046/2022, Acórdão 3.003/2014, Acórdão 1.884/2014, Acórdão 3.061/2011, Acórdão 1.923/2011 e Acórdão 1.922/2011.

6.3.9 Sicro em obras aeroportuárias

O Sicro e o Sinapi são reconhecidos também como referenciais para obras aeroportuárias. A Infraero é orientada a promover ajustes nesses sistemas de preços sempre que necessário, e justificá-los devidamente em cada situação específica.

Acórdãos TCU
Acórdão 1.136/2022.

6.3.10 Utilização de sistemas privados de referências

O uso de sistemas privados como referência de custos para contratação de obras e serviços de engenharia é considerado irregular quando não há avaliação de compatibilidade desses sistemas com os parâmetros de mercado. Além da avaliação prévia de compatibilidade, é necessário realizar pesquisas de preço adequadas para fins comparativos entre os sistemas privados e os parâmetros de mercado.

Acórdãos TCU
Acórdão 2.595/2021 e Acórdão 1.497/2017.

BONIFICAÇÃO E DESPESAS INDIRETAS (BDI) 7

A aplicação da taxa de benefício e despesas indiretas (BDI ou LDI) é um procedimento fundamental para a obtenção do preço final estimado da execução de um empreendimento. A taxa é calculada por uma fórmula específica que considera todos os custos indiretos envolvidos na realização da obra. Dessa forma, além dos custos diretos, a taxa de BDI engloba o lucro da empresa construtora e outros custos como garantia, risco e seguros, despesas financeiras, administração central e tributos.

Devido à complexidade e especificidade dos custos envolvidos em cada obra, o valor da taxa de BDI deve ser avaliado para cada caso específico, visto que seus componentes podem variar em função do local, do tipo de obra e das exigências do contratante. Por isso, é necessário que sejam realizados estudos detalhados e minuciosos para a determinação da taxa de BDI, de forma a garantir que os custos da obra sejam cobertos adequadamente, sem prejudicar a lucratividade da empresa construtora.

No que diz respeito aos tributos, destaca-se que somente aqueles pertinentes devem ser incluídos no cálculo da taxa de BDI. Não devem constar do cálculo tributos de natureza direta e personalística, que oneram pessoalmente o contratado e que, por essa razão, não devem ser repassados à contratante, conforme o entendimento do TCU. A empresa construtora precisa estar atenta às leis e regulamentações tributárias vigentes, a fim de identificar quais tributos devem ser incluídos na taxa de BDI e quais ficam de fora, evitando assim problemas futuros com a fiscalização. O Acórdão 644/2007 – Plenário dispõe que a empresa

> exclua dos seus orçamentos parcelas relativas ao Imposto de Renda Pessoa Jurídica (IRPJ) e Contribuição Social sobre Lucro Líquido (CSLL), bem como faça constar em seus editais orientação aos licitantes de que tais tributos não deverão ser incluídos no Benefícios e Despesas Indiretas (BDI) (Brasil, 2007, item 9.4.5).

Além disso, despesas relativas à administração local de obras, mobilização e desmobilização e instalação e manutenção do canteiro, porque podem ser quantificadas e discriminadas pela simples contabilização de seus componentes, devem constar da planilha orçamentária da obra como custo direto.

Verifica-se a seguir a equação referencial para cálculo do BDI, de acordo com o Acórdão 2.622/2013:

$$\left\{\frac{[(1+AC+R+S+G)(1+DF)(1+L)]}{(1-T)}\right\}-1$$

em que:

AC = taxa de rateio da administração central;

R = taxa correspondente aos riscos;

S = taxa representativa de seguros;

G = taxa representativa do ônus das garantias exigidas em edital;

DF = despesas financeiras;

L = lucro/remuneração bruta do construtor;

T = taxa representativa dos tributos incidentes sobre o preço de venda (PIS, Cofins, CPRB e ISS).

7.1 Administração central

A taxa de administração central consiste na estimativa média de gastos da matriz e filiais da empresa que não são facilmente identificados, como a parte de administração, contábil, recursos humanos etc. Esses custos são rateados entre as obras executadas pela empresa.

Essa taxa é composta por vários setores que desempenham funções específicas dentro da empresa. Por exemplo, a diretoria e as secretarias exercem um papel estratégico no gerenciamento dos recursos da empresa, enquanto o setor de suprimentos e compras é responsável pela aquisição de materiais e equipamentos necessários para a execução da obra. Já o setor financeiro, que inclui tesouraria e contabilidade, é encarregado do controle das finanças da empresa e da gestão dos recursos financeiros substanciais para o empreendimento.

O setor jurídico da administração central tem a função de garantir que a empresa esteja em conformidade com as leis e regulamentos aplicáveis, além de cuidar das questões legais relacionadas à execução da obra. O setor de recursos humanos é responsável pelo gerenciamento do pessoal da empresa, incluindo contratações, treinamentos e gerenciamento de benefícios.

O setor de planejamento e orçamentos se encarrega do planejamento da obra, e cuida da elaboração de cronogramas e orçamentos. Já o setor comercial é responsável pela captação de novos clientes e negociação de contratos, e no setor de apoio e depósito está o pessoal incumbido de manter as instalações da empresa e os equipamentos em bom estado de funcionamento.

Além dos custos com os setores mencionados, a administração central ainda engloba despesas de instalação do escritório central, seguros do escritório central e depósito, taxas para funcionamento, material de consumo (limpeza, higiene, escritório) e consumo de energia, água, telefone etc.

7.2 Riscos

A taxa representativa dos riscos é um componente-base no orçamento de qualquer empreendimento. Isso porque, durante a execução de uma obra, existem diversos fatores que podem afetar o resultado final, como imprevistos, mudanças nas condições climáticas e problemas relacionados a materiais e equipamentos. Esses riscos podem gerar custos extras e atrasos na conclusão da obra, o que acaba impactando o orçamento e o prazo estipulado para a entrega.

Por isso, é necessário que a empresa executora do projeto faça uma análise criteriosa dos riscos envolvidos em cada etapa da obra, buscando identificar as possíveis fontes de problemas e traçar um plano para minimizá-los ou solucioná-los de forma rápida e eficiente. Nesse contexto, a taxa representativa dos riscos surge como uma medida de proteção financeira para a empresa, já que permite cobrir eventuais custos extras sem comprometer a rentabilidade ou a qualidade do trabalho realizado pela empresa.

Vale ressaltar que a taxa representativa dos riscos pode variar de acordo com as características do empreendimento em questão, como a complexidade da obra, o tipo de projeto, as condições climáticas locais e o perfil dos profissionais envolvidos na execução dos serviços.

7.3 Seguros

Os seguros são uma forma de gerenciamento de riscos bastante utilizada no setor da construção civil, dada a grande variedade de perigos que envolvem a execução de uma obra. Os gestores públicos aplicam essa ferramenta com o objetivo de garantir que eventuais danos ou prejuízos decorrentes desses riscos sejam cobertos, minimizando assim os impactos financeiros e legais para a empresa executora da obra e para a administração pública.

Para tanto, a taxa de seguros é calculada com base em uma estimativa do risco inerente às atividades de construção civil, considerando fatores como erros de execução, explosões, incêndios, roubos e furtos, quebra de equipamentos e ocorrência de fatores climáticos atípicos, como vendaval, inundação, geadas e outros. Esse cálculo exige precisão e reúne todas as variáveis que possam afetar o risco envolvido na execução da obra, entre elas o tipo de obra, o local onde será realizada, o prazo de execução, o histórico de acidentes na região, a frequência de eventos climáticos atípicos e a qualidade dos equipamentos e materiais utilizados na construção.

7.4 Garantias

A taxa de garantia é o componente da taxa de BDI (ou LDI) responsável por garantir a execução do contrato e proteger a administração pública contra eventuais prejuízos causados pela empresa contratada em caso de descumprimento das obrigações pactuadas.

As garantias podem assumir diversas formas, tais como fiança bancária, seguro-garantia, caução em dinheiro ou títulos da dívida pública. Independente da modalidade escolhida, o objetivo é o mesmo: assegurar à administração pública o direito de reaver os valores investidos na obra em caso de inadimplência contratual por parte da empresa contratada.

7.5 Despesas financeiras

A taxa representativa das despesas financeiras se refere à necessidade de capital de giro da empresa, levando em conta a defasagem entre as datas de desembolso e de recebimento pela medição dos serviços executados. Na prática, isso significa que a empresa precisa desembolsar recursos para pagar as despesas do empreendimento, como salários, materiais e equipamentos, antes de receber pelos serviços prestados. Esse período de defasagem pode ser significativo, o que exige que a empresa tenha recursos financeiros disponíveis para fazer frente às despesas.

As despesas financeiras incluem, por exemplo, os juros pagos em empréstimos bancários ou em financiamentos obtidos pela empresa para obter capital de giro, além de outros gastos associados à gestão financeira, como taxas bancárias e tarifas.

7.6 Lucros

O lucro representa o montante que a empresa espera receber como remuneração pelos serviços prestados e pelo risco assumido na execução da obra. É com o lucro que a empresa poderá cobrir seus investimentos e garantir sua sustentabilidade financeira.

Todavia, o lucro não pode ser fixado arbitrariamente pela empresa. É preciso avaliar a competitividade do mercado e o nível de risco envolvido na execução da obra para determinar uma taxa de lucro adequada. A margem de lucro deve ser justa e equilibrada, de modo a não onerar excessivamente o cliente final.

Vale lembrar que o lucro não é um elemento separado dos demais custos envolvidos na concepção da obra; ele está intrinsecamente ligado às despesas indiretas, como riscos, seguros, garantias e despesas financeiras. Uma taxa de lucro muito elevada pode suscitar um aumento exagerado no preço final da obra, o que pode prejudicar a competitividade da empresa no mercado.

7.7 Impostos (tributos)

Mesmo constituindo um dos elementos previstos no BDI, apenas tributos específicos são passíveis de inclusão. Não devem ser considerados no cálculo os tributos de natureza direta e personalística, como o Imposto de Renda para Pessoa Jurídica (IRPJ) e a Contribuição Social sobre o Lucro Líquido (CSLL), que incidem diretamente sobre o contratado e não podem ser transferidos para a contratante.

Conforme destaca o Acórdão 2.622/2013 do TCU, os tributos que impactam o faturamento de uma obra pública englobam o Imposto sobre Serviços (ISS), o Programa de Integração Social (PIS) e a Contribuição para o Financiamento da Seguridade Social (Cofins). Destaca-se que a inclusão desses tributos no cálculo do BDI não exime a empresa construtora da obrigação de recolhê-los separadamente, em conformidade com a legislação tributária vigente.

7.8 Contribuição Previdenciária sobre a Receita Bruta (CPRB)

A Contribuição Previdenciária sobre a Receita Bruta (CPRB) é uma contribuição social prevista na Lei nº 12.546/2011 que incide sobre a receita bruta de empresas que exerçam atividades relacionadas à construção civil, entre outras. Essa contribuição se equipara à contribuição previdenciária patronal de 20% sobre a folha de salários – a empresa licitante pode escolher com qual dos dois custos arcar.

No contexto das obras, a CPRB deve ser considerada no cálculo do BDI – como a contribuição incide diretamente sobre a receita bruta da empresa, ela afeta o lucro e, consequentemente, o percentual a ser aplicado no BDI. Por isso, é necessário que a empresa construtora avalie com cuidado a incidência da CPRB na obra em questão e inclua somente os tributos pertinentes no cálculo do BDI.

De acordo com a legislação vigente, algumas atividades da construção civil sujeitas à incidência de CPRB são obras de construção civil, empreitada de obras, serviços de instalação, montagem e manutenção de sistemas e equipamentos etc. O percentual de contribuição varia de acordo com a atividade econômica desenvolvida pela empresa e pode ser consultado na legislação específica.

De início, foi proposta uma alíquota de 2% sobre o faturamento da empresa; posteriormente, em 2018, ela foi majorada para 4,5% do faturamento bruto da empresa. Assim, há duas opções de BDI:

- Encargos sociais de INSS em 20% sobre o grupo A (Cap. 8) sem alteração do valor referencial do tributo no BDI médio do TCU;
- CPRB, com incidência de encargos sociais de INSS nula (0%) nos custos diretos, mas com incidência de uma alíquota adicional aos tributos equivalente a 4,5%, majorando assim o valor referencial médio do TCU.

Reitera-se que essa é uma decisão discricionária da empresa licitante, a qual deverá manifestar junto à formalização das propostas.

O Sinapi apresenta tabelas específicas para a ocorrência da opção NÃO DESONERADO, com INSS de 20% sobre insumo de mão de obra no custo direto, e da opção DESONERADO, com INSS de 0% sobre insumos de mão de obra no custo direto somado do tributo de 4,5% aos impostos previstos no BDI paradigma.

Destaca-se que, ao utilizar os custos desonerados da tabela referencial paradigma, é preciso fazer o recálculo do BDI médio estabelecido pelo TCU, porque a desoneração pode influenciar diretamente nos custos da obra, afetando a composição do BDI.

7.9 Simulação de cálculo do BDI

A título de exemplo, considere a composição e cálculo de um dado BDI na Tab. 7.1.

Tab. 7.1 Valores esquemáticos de simulação

Variável	Descrição	%
Equação	Valor referencial BDI = $\left\{\dfrac{[(1+AC+R+S+G)(1+DF)(1+L)]}{(1-T)}\right\} - 1$	
AC	Taxa de rateio da administração central	4,07%
R	Taxa correspondente aos riscos	1,00%
S	Taxa representativa de seguros	0,10%
G	Taxa representativa do ônus das garantias exigidas em edital	0,08%
DF	Despesas financeiras	0,59%
L	Lucro/remuneração bruta do construtor	4,50%
T	Taxa representativa dos tributos incidentes sobre o preço de venda (PIS, Cofins, CPRB e ISS)	8,65%
Valor referencial BDI		21,11%

Destaca-se a necessidade de que a demonstração do cálculo do percentual de BDI utilizado em cada orçamento faça parte da documentação do processo licitatório. Despesas como administração local, mobilização e desmobilização e instalação e manutenção do canteiro devem estar na planilha dos custos diretos do orçamento, pois podem ser quantificadas e discriminadas através da contabilização dos seus componentes.

7.10 Valores referenciais do BDI

Para obras com custos não desonerados pela CPRB, o Acórdão 2.622/2013 recomenda a utilização dos parâmetros referenciais de BDI detalhados nas Tabs. 7.2 a 7.5.

7.11 Entendimento jurídico sobre BDI

Em diversos acórdãos do TCU podem ser encontradas considerações a respeito do BDI. A seguir, são exploradas algumas delas.

7.11.1 Componentes previstos no BDI

O BDI é destinado a cobrir despesas classificadas como custo indireto, não diretamente relacionadas à execução do objeto contratado. Alguns dos elementos específicos que compõem a taxa de BDI são administração central, riscos eventuais ou imprevisíveis, seguros, garantias, despesas financeiras, remuneração do particular e tributos incidentes sobre a receita auferida pela execução da obra.

Tab. 7.2 Valores referenciais médios de BDI

Tipo de obra	1º quartil	Médio	3º quartil
Construção de edifícios	20,34%	22,12%	25,00%
Construção de rodovias e ferrovias	19,60%	20,97%	24,23%
Construção de redes de abastecimento de água, coleta de esgoto e construção correlata	20,76%	24,18%	26,44%
Construção e manutenção de estações e redes de distribuição de energia elétrica	24,00%	25,84%	27,86%
Obras portuárias, marítimas e fluviais	22,80%	27,84%	30,95%
BDI para itens de mero fornecimento de materiais e equipamentos	11,10%	14,02%	16,80%

Fonte: Brasil (2013e).

Tab. 7.3 Valores referenciais médios para os componentes individuais do BDI

Tipos de obra	Administração central			Seguro + garantia			Risco			Despesa financeira			Lucro		
	1º quartil	Médio	3º quartil	1º quartil	Médio	3º quartil	1º quartil	Médio	3º quartil	1º quartil	Médio	3º quartil	1º quartil	Médio	3º quartil
Construção de edifícios	3,00%	4,00%	5,50%	0,80%	0,80%	1,00%	0,97%	1,27%	1,27%	0,59%	1,23%	1,39%	6,16%	7,40%	8,96%
Construção de rodovias e ferrovias	3,80%	4,01%	4,67%	0,32%	0,40%	0,74%	0,50%	0,56%	0,97%	1,02%	1,11%	1,21%	6,64%	7,30%	8,69%
Construção de redes de abastecimento de água, coleta de esgoto e construção correlata	3,43%	4,93%	6,71%	0,28%	0,49%	0,75%	1,00%	1,39%	1,74%	0,94%	0,99%	1,17%	6,74%	8,04%	9,40%
Construção e manutenção de estações e redes de distribuição de energia elétrica	5,29%	5,92%	7,93%	0,25%	0,51%	0,56%	1,00%	1,48%	1,97%	1,01%	1,07%	1,11%	8,00%	8,31%	9,51%
Obras portuárias, marítimas e fluviais	4,00%	5,52%	7,85%	0,81%	1,22%	1,99%	1,46%	2,32%	3,16%	0,94%	1,02%	1,33%	7,14%	8,40%	10,43%

Fonte: Brasil (2013e).

Tab. 7.4 Percentuais referenciais da administração local

1º quartil	Médio	3º quartil
3,49%	6,23%	8,87%
1,98%	6,99%	10,68%
4,13%	7,64%	10,89%
1,85%	5,05%	7,45%
6,23%	7,48%	9,09%

Fonte: Brasil (2013e).

Tab. 7.5 BDI para itens de mero fornecimento de materiais e equipamentos

BDI diferenciado	1º quartil	Médio	3º quartil
Administração central	1,50%	3,45%	4,49%
Seguro + garantia	0,30%	0,48%	0,82%
Riscos	0,56%	0,85%	0,89%
Despesas financeiras	0,85%	0,85%	1,11%
Lucros	3,50%	5,11%	6,22%

Fonte: Brasil (2013e).

No orçamento-base para licitação de obras, todos os fatores de risco do empreendimento devem ser previstos no BDI como um item único e próprio, não sendo considerados como custo direto na planilha orçamentária. Incluir elementos relacionados aos riscos eventuais do construtor como custo direto caracteriza infração ao disposto no art. 7º, § 4º, da Lei nº 8.666/1993.

Itens como canteiro de obras, mobilização/desmobilização e elementos relacionados à administração local, como despesas de escritórios, água, luz, gás e telefonia, não devem compor o BDI, sendo exclusivos da planilha de custos diretos.

Tanto o BDI quanto as composições de custos unitários e o detalhamento de encargos sociais devem integrar o orçamento, compor o projeto básico da obra, e constar dos anexos do edital de licitação e das propostas dos licitantes. Na sua especificação, não é permitido o uso da expressão "verba" ou unidades genéricas.

Acórdãos TCU
Acórdão 648/2016, Acórdão 3.034/2014, Acórdão 2.622/2013, Súmula TCU 258, Acórdão 3.637/2013, Acórdão 1.733/2014 e Acórdão 873/2011.

7.11.2 Elementos não previstos no BDI

Há alguns grupos de itens que não devem constar do BDI, e sim da planilha de custo direto, alocados diretamente ao empreendimento. O primeiro grupo relaciona-se à administração local, e inclui os salários do engenheiro residente, mestre de obras, encarregado administrativo e encarregados de áreas específicas, como carpinteiro, armador e pedreiro. Também devem ser considerados na planilha de custo direto os custos do apontador ou almoxarife, da equipe de segurança da obra, vigia ou porteiro, e da serventia para manutenção do canteiro.

O segundo grupo refere-se aos elementos do canteiro da obra. Nessa categoria, encontram-se os custos de implantação do canteiro, a construção complementar, as vias e circulação interna, a desmobilização, além dos equipamentos de pequeno porte e ferramentas, como betoneiras, magotes, carrinhos de mão, giricas, furadeiras, entre outros. Ainda são alocados na planilha de custo direto os custos com equipamentos maiores, como gruas, torres, serras circulares, máquinas de cortar ferro, além dos equipamentos de proteção individual (EPIs) e de combate a incêndio.

Além disso, é necessário incluir na planilha de custo direto as despesas com o consumo de energia, água e combustível ou lubrificante, as despesas com comunicação, os gastos com materiais de consumo para escritório, limpeza e higiene, e os custos de transporte e alimentação. Outro aspecto a ser destacado é o entendimento do TCU sobre a exclusão do IRPJ e da CSLL do BDI, já mencionados anteriormente.

Acórdãos TCU
Acórdão 1.142/2022, Acórdão 2.905/2018, Acórdão 38/2018, Acórdão 740/2017, Acórdão 648/2016, Acórdão 1.010/2014, Acórdão 2.447/2012, Acórdão 1.765/2012, Acórdão 11.196/2011 – Segunda Câmara, Acórdão 1.678/2011, Acórdão 3.239/2011, Súmula TCU 254, Acórdão 625/2010, Acórdão 2.509/2010 e Acórdão 2.063/2008.

7.11.3 BDI referencial para obras de engenharia

As taxas referenciais de BDI estabelecidas no Acórdão 2.622/2013 – Plenário são aplicáveis em análises técnicas do TCU elaboradas a partir da data de publicação do julgado (4 de outubro de 2013).

Acórdãos TCU
Acórdão 1.923/2016 e Acórdão 2.622/2013 – Plenário.

7.11.4 BDI diferenciado para equipamento e materiais (mero fornecimento) em obra

Nas licitações para contratação de obras, a administração deve adotar BDI diferenciado para a prestação de serviços e o fornecimento de materiais e/ou equipamentos. Portanto, quando não for possível adjudicar por item e houver fornecimento de materiais e equipamentos de grande materialidade em relação ao orçamento de obra pública, é necessária a diferenciação entre o BDI de fornecimento de materiais e o dos serviços de engenharia.

A administração deve aplicar no BDI da obra uma alíquota de ISS proporcional, levando em conta que o imposto não incide sobre despesas com materiais e fornecimento de equipamentos. Assim, na aquisição de equipamentos hidromecânicos, eletromecânicos, elétricos e hidráulicos, é preciso realizar adaptações nas planilhas de composição de preços unitários de contrato, eliminando do BDI o percentual relativo ao ISS.

Sobre os custos de fornecimento de tubulação e de fornecimento e montagem de estações de bombeamento em obra de irrigação, o BDI deve ser inferior ao aplicável aos demais itens da obra.

Além disso, a inclusão, por meio de aditivo, de equipamentos em contrato de obra com pagamento indevido de BDI sujeita o gestor a multa.

Acórdãos TCU
Acórdão 906/2012, Acórdão 2.532/2012, Acórdão 1.932/2012, Acórdão 1.514/2011, Acórdão 1.746/2009, Acórdão 2.158/2008 e Acórdão 1.988/2008.

7.11.5 Necessidade de detalhamento do BDI

É ilegal a ausência das composições de custos unitários, do detalhamento dos encargos sociais e do BDI nos orçamentos de referência de licitações, assim como a falta de previsão nos editais da obrigatoriedade dessas informações nas propostas dos licitantes. Portanto, nos editais de contratações de obras e serviços de engenharia, deve constar o critério de aceitabilidade de preços unitários, exigindo que os licitantes apresentem as composições dos preços unitários dos serviços e o detalhamento do BDI e dos encargos sociais.

Em licitações para contratações de obras, o edital deve conter cláusula exigindo a apresentação detalhada da taxa de BDI adotada pelos participantes, com os subcomponentes e percentuais para cada grupo. Os licitantes habilitados precisam, então, entregar uma proposta com composições analíticas de preços, encargos sociais e BDI, juntamente com outros documentos necessários ao julgamento da licitação.

Ao elaborar as planilhas de referência, a administração deve discriminar todos os custos unitários envolvidos, explicitar a composição da taxa de BDI e exigir que os licitantes façam o mesmo em relação às suas propostas.

Acórdãos TCU
Acórdão 2.123/2017, Acórdão 2.823/2012, Acórdão 2.360/2011, Acórdão 2.504/2010, Acórdão 220/2007, Acórdão 62/2007 e Acórdão 219/2004.

7.11.6 Riscos e imprevistos

Valores destinados à cobertura de riscos eventuais ou imprevisíveis são parte integrante da taxa de BDI, e não dos custos diretos. A recomendação está em conformidade com o Acórdão 3.637/2013 – Plenário, que estabelece essa orientação para a correta alocação de recursos destinados à cobertura de riscos.

> **Acórdãos TCU**
> Acórdão 3.637/2013.

7.11.7 Casos de BDI acima dos valores de referência

A definição de metodologia para o cálculo da taxa de BDI busca uniformizar procedimentos, levando em consideração as peculiaridades e a realidade de mercado. O licitante pode apresentar a taxa de BDI que melhor se adequar, desde que os preços propostos estejam dentro dos limites estabelecidos.

No entanto, considera-se irregular a desclassificação de um licitante apenas por apresentar taxa de BDI acima do percentual previsto no edital. Os limites percentuais para os componentes da taxa de BDI são referenciais e não desconstituem taxas superiores consideradas corretas ou compatíveis com os fundamentos das deliberações.

Assim, o percentual elevado de BDI não representa automaticamente superfaturamento, sobrepreço ou dano ao erário, desde que o preço global (custo + BDI) esteja compatível com os padrões de mercado. De qualquer modo, a majoração do BDI pode ser compensada pela subavaliação de custos diretos, alinhando o preço final ao mercado.

A desclassificação de propostas com BDI acima dos limites do TCU deve ocorrer apenas quando o preço global ofertado também for excessivo, isto é, quando a majoração do BDI não for compensada por subavaliação de custos.

Além disso, não é possível avaliar custos unitários dissociados da taxa de BDI; portanto, se não há sobrepreço no preço global do contrato, não há necessidade de redução do BDI do contratado.

> **Acórdãos TCU**
> Acórdão 2.460/2022, Acórdão 220/2018, Acórdão 1.511/2018, Acórdão 2.452/2017, Acórdão 1.134/2017, Acórdão 1.466/2016, Acórdão 648/2016, Acórdão 2.738/2015, Acórdão 2.827/2014, Acórdão 2.440/2014, Acórdão 207/2013, Acórdão 1.804/2012, Acórdão 3.237/2012, Acórdão 1.330/2009 e Acórdão 2.641/2007.

7.11.8 Valor referencial do ISS

Na composição do BDI, os órgãos e entidades da administração pública federal devem utilizar o percentual de ISS compatível com a legislação tributária do(s) município(s) onde serão prestados os serviços. O ISS deve ser excluído da composição da taxa de BDI sobre o fornecimento de equipamentos, devido à ausência de fato gerador para a incidência desse tributo nessa situação específica.

Excessos em valores de itens componentes da parcela BDI identificados em contrato de obra podem ser relevados, desde que o percentual total esteja abaixo do limite admitido pelo Tribunal.

Acórdãos TCU
Acórdão 2.622/2013, Acórdão 2.582/2012 e Acórdão 1.851/2009.

7.11.9 BDI em aditivos

Na celebração de aditivos em contratos de obras públicas para a inclusão de novos serviços, o preço desses serviços deve ser calculado considerando o custo de referência e a taxa de BDI de referência especificada no orçamento-base da licitação. Para o cálculo, subtrai-se desse custo de referência a diferença percentual entre o valor do orçamento-base e o valor global do contrato obtido na licitação. Esse processo visa garantir o equilíbrio econômico-financeiro do contrato e a manutenção do percentual de desconto oferecido pelo contratado, em especial quando a taxa de BDI adotada pela contratada for injustificadamente elevada.

Os preços dos serviços novos acrescidos por termo aditivo devem ser parametrizados pelos preços referenciais da administração vigentes à época da licitação, como sistemas oficiais de custos e taxa de BDI do orçamento-base. Assim, a administração deve limitar os preços dos insumos, serviços e o percentual de BDI aos valores constantes do Sicro ou, quando inexistentes nesse sistema, aos do Sinapi. Isso se aplica mesmo quando há prévio acordo entre as partes – a manutenção do mesmo percentual de desconto entre o valor global do contrato original e o obtido a partir dos preços referenciais da época da licitação é crucial. Essa prática atende ao cumprimento do art. 40, inciso X, da Lei nº 8.666/1993 e visa garantir uma gestão financeiramente equilibrada do contrato.

Acórdãos TCU
Acórdão 2.699/2019, Acórdão 467/2015, Acórdão 2.440/2014, Acórdão 2.622/2013 e Acórdão 1.663/2008.

7.11.10 Casos que demandam revisão do BDI

Nos casos em que os custos de mobilização e desmobilização representam uma parcela significativa do valor final estimado da obra, em especial nas obras de dragagem, deve-se aplicar um BDI reduzido, para garantir uma abordagem equitativa e proporcional na formação dos custos.

Independente do regime de execução contratual, se a empresa deixar de recolher determinado tributo embutido em seu BDI devido a um regime tributário diferenciado ou benefício legal, essa desoneração deve ser repassada ao contrato. O objetivo é garantir o pagamento apenas por tributos que representam gastos efetivamente incorridos pela contratada, promovendo uma distribuição justa dos encargos tributários.

Na hipótese de extinção de um tributo que foi considerado na composição de preço que constou do contrato da administração, é necessário promover o expurgo dos valores correspondentes. Além disso, deve ser determinada a devolução das quantias pagas a mais. Essa medida visa ajustar os valores contratados de acordo com a nova realidade tributária, evitando pagamentos indevidos e assegurando a adequação financeira do contrato.

Acórdãos TCU
Acórdão 179/2017, Acórdão 2.440/2014 e Acórdão 2.500/2010.

7.11.11 Empresas optantes pelo Simples Nacional

Nos editais de licitação, é necessário incluir uma previsão específica para as empresas optantes pelo Simples Nacional, a qual abrange a apresentação dos percentuais de ISS, PIS e Cofins discriminados na composição do BDI de forma compatível com as alíquotas a que as empresas optantes estão obrigadas a recolher. Isso garante a transparência na formação dos preços e a adequação aos regimes tributários específicos dessas empresas.

A composição dos encargos sociais das empresas optantes pelo Simples Nacional não deve incluir os gastos relativos às contribuições que essas empresas estão dispensadas de recolher. Essa medida visa evitar a inclusão indevida de encargos sociais dispensados para essas empresas, promovendo uma adequada discriminação dos custos apresentados nos editais de licitação.

Acórdãos TCU
Acórdão 2.622/2013.

7.11.12 Valores particulares de BDI por empresa

Tanto os custos unitários quanto as taxas de BDI podem variar entre empresas, e o TCU não define valores específicos. Essa variação é justificada pelas particularidades de cada entidade e pelas diferentes situações em que estão envolvidas.

Cabe ao TCU a responsabilidade de averiguar se o preço final apresentado é justo, a partir da análise do conjunto formado pelos custos unitários acrescidos do percentual de BDI, conhecido como preço de referência. Para essa análise, são utilizados como referência valores cotados em sistemas oficiais de preços.

As peculiaridades na estrutura de cada empresa são fatores cruciais para a definição dos percentuais que compõem a taxa de BDI, visto que elas influenciam nos custos indiretos que a contratada precisa absorver, assim como na remuneração do capital investido na empresa.

Acórdãos TCU
Acórdão 3.237/2012 e Acórdão 207/2013.

7.11.13 Impossibilidade de desconto sobre BDI em licitações

Em licitações destinadas ao registro de preços, não existe respaldo legal para a escolha da melhor proposta com base no maior desconto aplicado sobre o BDI. O art. 9º, § 1º, do Decreto nº 7.892/2013 estabelece que o critério de desconto deve incidir sobre a tabela de preços praticados no mercado, sem definir descontos específicos. Assim, o critério adequado para escolher a melhor proposta em licitações para registro de preços é fundamentado nos descontos oferecidos sobre os preços praticados no mercado, não sobre o BDI.

Acórdãos TCU
Acórdão 7.990/2017.

7.11.14 BDI referencial em obras rodoviárias

Nas obras realizadas em vias urbanas ou rodovias financiadas, total ou parcialmente, com recursos da União, o Sicro deve ser utilizado como referencial para os preços dos serviços a serem contratados. O Sicro abrange não apenas os custos diretos dos serviços rodoviários, mas também o BDI relacionado a esses serviços.

Tanto o orçamento de referência da administração quanto as propostas dos licitantes devem conter um detalhamento vinculado dos encargos indiretos, incluindo o BDI. Qualquer custo direto ou indireto que exceda os valores estabelecidos pelo Sicro precisa de justificativa em um memorial próprio, com uma explicação adequada para a divergência.

Acórdãos TCU
Acórdão 2.329/2011.

7.11.15 BDI referencial em obras ferroviárias

Os valores indicados no Sicro para o BDI também são aplicáveis a obras ferroviárias, devido à similaridade entre esses empreendimentos. O Sicro serve como referência adequada de preços não apenas para o BDI, mas também para as composições de custo de diversos serviços relacionados a obras ferroviárias, como terraplenagem, drenagem, obras de arte correntes e especiais, sinalização vertical, obras complementares, proteção vegetal, entre outros.

Acórdãos TCU
Acórdão 1.946/2021, Acórdão 1.884/2014, Acórdão 3.061/2011 e Acórdão 462/2010.

7.12 Administração local

O Acórdão 2.622/2013 do TCU delineia que a administração local engloba pessoal técnico, administrativo e de apoio, como supervisores, engenheiros responsáveis pela obra, engenheiros setoriais, mestres de obra, encarregados, técnicos de produção, apontadores, almoxarifes, motoristas, porteiros, equipes de escritório, vigias, serventes de canteiro, mecânicos de manutenção, equipes de topografia, equipe de medicina e segurança do trabalho, entre outros.

De acordo com o referido Acórdão, a administração local faz parte do custo direto da obra e não deve ser incluída no BDI. Além disso, o TCU estabelece alguns parâmetros que devem ser seguidos pelas empresas contratadas, conforme a Tab. 7.4 e as seções na sequência.

7.12.1 Pagamento proporcional ao avanço físico-financeiro

Editais de licitação de obras públicas precisam estabelecer um critério objetivo de medição para a administração local. É recomendado evitar a previsão de custeio com valor mensal fixo, para evitar desembolsos indevidos por causa de atrasos ou prorrogações injustificadas do prazo de execução contratual.

Os itens de despesas, incluindo a administração local, devem ser quantificáveis e discriminados em planilhas orçamentárias. Pagamentos devem estar associados à mensuração do que foi efetivamente executado, de forma proporcional, conforme boletins de medição de obra. Um pagamento em descompasso com a execução dos serviços contratados configura liquidação irregular de despesas, o que é considerado uma afronta aos dispositivos legais pertinentes, como os arts. 62 e 63 da Lei nº 4.320/1964.

> **Acórdãos TCU**
> Acórdão 845/2021, Acórdão 2.512/2019, Acórdão 1.695/2018, Acórdão 1.555/2017, Acórdão 1.002/2017 e Acórdão 2.440/2014.

7.12.2 Parâmetro de referência

O preço associado à administração local deve, em regra, ser compatível com os referenciais estabelecidos no Acórdão 2.622/2013 – Plenário, com o pagamento proporcional ao percentual de execução física da obra. Isso estabelece uma relação direta entre a remuneração da administração local e o progresso real da obra.

> **Acórdãos TCU**
> Acórdão 1.247/2016 e Acórdão 2.622/2013 – Plenário.

7.12.3 Situações que não permitem pagamentos da administração local

Em aditivos contratuais, não é permitido realizar acréscimo nos valores dos serviços "administração local" e "operação e manutenção do canteiro". Essa restrição se aplica sobretudo em casos de atraso na execução da obra, quando o motivo do atraso é exclusivamente atribuído à contratada.

Portanto, situações em que a contratada é responsável pelo atraso não justificam reequilíbrio econômico-financeiro do contrato. Tal entendimento está alinhado com o art. 65, inciso II, alínea d, da Lei nº 8.666/1993, que trata das situações que não ensejam reequilíbrio econômico-financeiro. O objetivo é preservar o equilíbrio contratual, evitando pagamentos adicionais quando a empresa licitante não tem relação com os atrasos e contribuindo para a justa execução dos contratos públicos.

> **Acórdãos TCU**
> Acórdão 178/2019.

7.12.4 Componentes previstos da administração local

Os custos relativos à administração local compreendem uma variedade de despesas, incluindo escritórios, água, luz, gás, telefonia, vale-transporte, material de escritório, despesas administrativas, alimentação, seguro de acidentes pessoais e assistência médica e odontológica de dependentes.

Esses custos não devem ser incluídos na taxa de BDI, visto que podem ser alocados diretamente ao empreendimento. A medida visa proporcionar maior transparência e rastreabilidade aos custos, evitando a diluição dessas despesas na taxa de BDI.

Acórdãos TCU
Acórdão 873/2011.

ENCARGOS SOCIAIS E CONVENÇÕES COLETIVAS

8.1 Encargos sociais

Na construção civil, os encargos sociais são uma parte significativa do custo total da obra, e representam todas as contribuições e impostos que uma empresa deve pagar sobre os salários e benefícios dos funcionários. Isso inclui itens como INSS, FGTS, férias, décimo terceiro, vale-transporte e vale-refeição.

O Instituto Nacional do Seguro Social (INSS) é um encargo social obrigatório, calculado como uma percentagem do salário bruto e destinado a financiar benefícios previdenciários como aposentadoria, pensão por morte e auxílio-doença. O Fundo de Garantia do Tempo de Serviço (FGTS), também obrigatório e calculado como uma percentagem do salário bruto, visa formar um fundo que pode ser utilizado pelos trabalhadores em situações como demissão sem justa causa, aposentadoria ou compra de casa própria.

Além desses dois encargos, a Consolidação das Leis do Trabalho (CLT) prevê que os trabalhadores tenham direito a férias remuneradas, que correspondem a um salário a mais por ano de trabalho. O décimo terceiro salário é outra obrigação prevista pela CLT, e equivale a um salário extra pago aos funcionários no final do ano.

Os encargos sociais também incluem benefícios como vale-transporte e vale-refeição, que são obrigatórios em algumas situações. O vale-transporte é um benefício que deve ser fornecido aos funcionários que utilizam transporte público para chegar ao trabalho, enquanto o vale-refeição pode ser fornecido aos funcionários para auxiliar nas despesas com alimentação.

Como resultado, os encargos sociais na construção civil acabam configurando um valor substancial do custo total da obra. A Caixa Econômica Federal (CEF) divide esses encargos em grupos, que são explicados na sequência.

8.1.1 Grupos componentes dos encargos sociais

Com o objetivo de determinar os percentuais referentes aos encargos sociais, o Sinapi separou-os em quatro grupos. Ressalta-se que o conjunto dos elementos dos encargos é formado pelas resultantes de tributos estabelecidos pela legislação vigente e os Acordos Coletivos.

> GRUPO A – Encargos sociais básicos, derivados de legislação específica ou convenção coletiva de trabalho, que concedem benefícios aos empregados, como Previdência Social, Seguro Contra Acidente de Trabalho, Salário Educação e Fundo de Garantia do Tempo de Serviço; ou que instituem fonte fiscal de recolhimento para instituições de caráter público, tais como Incra, Sesi, Senai e Sebrae;
>
> GRUPO B – Encargos sociais que recebem incidência do Grupo A e caracterizam-se por custos advindos da remuneração devida ao trabalhador sem que exista a prestação do serviço correspondente, tais como o repouso semanal remunerado, feriados e 13º salário;
>
> GRUPO C – Encargos sociais que não recebem incidência do Grupo A, os quais são predominantemente indenizatórios e devidos na ocasião da demissão do trabalhador, como aviso prévio, férias (quando vencidas) e outras indenizações;
>
> GRUPO D – Reincidências de um grupo sobre outro. (Sinapi, 2019).

O Grupo D, assim como na memória de cálculo dos encargos para a mão de obra horista, trata da reincidência de um encargo, ou grupo de encargos, sobre outros.

Destaca-se que a apropriação dos percentuais de encargos sociais varia de acordo com o regime de contratação do empregado (horista ou mensalista) e a localidade em que será realizada a obra, por causa de fatores externos como rotatividade da mão de obra, quantidade média de dias de chuvas, acordos locais e incidência de feriados. Como exemplo, a Tab. 8.1 mostra os valores de referência de encargos sociais no Estado de São Paulo.

Tab. 8.1 Encargos sociais sobre a mão de obra

Código	Descrição	Com desoneração		Sem desoneração	
		Horista (%)	Mensalista (%)	Horista (%)	Mensalista (%)
Grupo A					
A1	INSS	0,00	0,00	20,00	20,00
A2	Sesi	1,50	1,50	1,50	1,50
A3	Senai	1,00	1,00	1,00	1,00
A4	Incra	0,20	0,20	0,20	0,20
A5	Sebrae	0,60	0,60	0,60	0,60

Tab. 8.1 (continuação)

Código	Descrição	Com desoneração		Sem desoneração	
		Horista (%)	Mensalista (%)	Horista (%)	Mensalista (%)
		Grupo A			
A6	Salário Educação	2,50	2,50	2,50	2,50
A7	Seguro Contra Acidentes de Trabalho	3,00	3,00	3,00	3,00
A8	FGTS	8,00	8,00	8,00	8,00
A9	Seconci	1,00	1,00	1,00	1,00
A	Total	17,80	17,80	37,80	37,80
		Grupo B			
B1	Repouso semanal remunerado	17,97	Não incide	17,97	Não incide
B2	Feriados	4,69	Não incide	4,69	Não incide
B3	Auxílio enfermidade	0,87	0,66	0,87	0,66
B4	13º salário	11,01	8,33	11,01	8,33
B5	Licença paternidade	0,07	0,05	0,07	0,05
B6	Faltas justificadas	0,73	0,56	0,73	0,56
B7	Dias de chuvas	1,34	Não incide	1,34	Não incide
B8	Auxílio acidente de trabalho	0,11	0,08	0,11	0,08
B9	Férias gozadas	10,91	8,26	10,91	8,26
B10	Salário maternidade	0,04	0,03	0,04	0,03
B	Total	47,74	17,97	47,74	17,97
		Grupo C			
C1	Aviso prévio indenizado	4,81	3,64	4,81	3,64
C2	Aviso prévio trabalhado	0,11	0,09	0,11	0,09
C3	Férias indenizadas	2,90	2,19	2,90	2,19
C4	Depósito rescisão sem justa causa	2,82	2,14	2,82	2,14
C5	Indenização adicional	0,40	0,31	0,40	0,31
C	Total	11,04	8,37	11,04	8,37
		Grupo D			
D1	Reincidência de Grupo A sobre Grupo B	8,50	3,20	18,05	6,79

Tab. 8.1 (continuação)

Código	Descrição	Com desoneração		Sem desoneração	
		Horista (%)	Mensalista (%)	Horista (%)	Mensalista (%)
Grupo D					
D2	Reincidência de Grupo A sobre aviso prévio trabalhado e reincidência do FGTS sobre aviso prévio indenizado	0,40	0,31	0,43	0,33
D	Total	8,90	3,51	18,48	7,12
Total (A + B + C + D)		85,48	47,65	115,06	71,26

Fonte: Sinapi (2022).

8.2 Entendimento jurídico sobre encargos sociais

Algumas considerações encontradas em acórdãos do TCU a respeito de encargos sociais são apresentadas na sequência.

8.2.1 Revisão dos custos pagos nos encargos sociais

É necessária a revisão de contrato com a empresa beneficiada pela desoneração da folha de pagamento durante a execução contratual, independente do regime de execução adotado. A medida, portanto, é abrangente para diferentes contextos contratuais. As implicações da desoneração devem ser consideradas desde o início do contrato, com destaque para os efeitos retroativos à data de início da desoneração.

O órgão ou entidade contratante deve atentar para o ressarcimento dos valores pagos a mais durante a execução contratual, com possível reajuste de custos pagos nos encargos sociais.

Acórdãos TCU
Acórdão 2.530/2020.

8.2.2 Discricionariedade da empresa ao optar pela folha desonerada

A Lei nº 13.161/2015 reforça a natureza facultativa da utilização da desoneração da folha de pagamento: as empresas podem escolher essa sistemática, mas não são obrigadas a fazê-lo. Caso optem pela folha desonerada, às empresas é concedida discricionariedade. Assim, não é permitido obrigar os licitantes a apresentar a planilha de encargos sociais. A fundamentação legal consta do art. 7º, *caput*, da Lei nº 12.546/2011.

> **Acórdãos TCU**
> Acórdão 421/2018.

8.2.3 Inadequação na fixação dos percentuais mínimos de encargos sociais

Nos editais de licitação, é considerada indevida a fixação de percentuais mínimos para encargos sociais e trabalhistas, conforme ressaltam os Acórdãos 720/2016 e 2.646/2007. Um engessamento de percentual mínimo não encontra respaldo na legislação ou jurisprudência do TCU; na verdade, essa prática é considerada prejudicial ao caráter competitivo do certame licitatório e à obtenção de melhores preços, de acordo com o Acórdão 9.036/2011. Apesar disso, é admitida a fixação de um limite máximo de valor para contratação.

O Acórdão 5.151/2014 destaca ainda que a administração pública não está vinculada ao cumprimento de cláusulas de convenções coletivas de trabalho, exceto as relacionadas às obrigações trabalhistas.

> **Acórdãos TCU**
> Acórdão 720/2016, Acórdão 5.151/2014, Acórdão 9.036/2011 e Acórdão 2.646/2007.

8.2.4 Compatibilização com as composições de encargos do Sinapi

O Acórdão 2.642/2014 destaca que a taxa de encargos sociais de mão de obra horista acima da prevista no Sinapi não é, por si só, suficiente para desclassificar um licitante. Isso porque o art. 3º do Decreto nº 7.983/2013 estabelece limites para os preços unitários, mas não para as parcelas que compõem esses preços.

Assim, apesar da necessidade de compatibilização com as composições de encargos do Sinapi, a mera divergência na taxa de encargos sociais não deve ser o único critério para desclassificar um licitante – é preciso considerar o contexto mais amplo da licitação, com uma análise mais abrangente dos limites estabelecidos para os preços unitários.

> **Acórdãos TCU**
> Acórdão 2.642/2014.

8.2.5 Empresas optantes pelo Simples Nacional

O Acórdão 2.622/2013 destaca a obrigação de constar nos editais de licitação uma previsão específica relacionada às empresas optantes pelo Simples Nacional que devem apresentar os percentuais de ISS, PIS e Cofins discriminados na composição do BDI.

Exige-se que esses percentuais estejam em compatibilidade com as alíquotas a que a empresa optante do Simples Nacional está obrigada a recolher. A composição de encargos sociais não deve incluir os gastos relativos às contribuições das quais essas empresas estão dispensadas de recolhimento.

Tal orientação busca promover transparência nos processos licitatórios e assegurar a adequação das composições de custos ao regime tributário das empresas optantes pelo Simples Nacional.

Acórdãos TCU
Acórdão 2.622/2013.

8.2.6 Obrigatoriedade de detalhamento

Os licitantes são obrigados a apresentar propostas de preços contendo todos os encargos trabalhistas, previdenciários, fiscais e comerciais resultantes da execução do contrato, explicitando em detalhes a sua composição, para proporcionar uma compreensão clara dos custos relacionados à mão de obra. A ausência do detalhamento dos custos unitários, do BDI e dos encargos sociais é considerada irregular, por impossibilitar a compreensão dos critérios utilizados na formação do preço admissível.

Empresas contratadas no regime de contratação integrada devem apresentar, durante a entrega dos projetos básico e executivo, um orçamento detalhado. A Súmula 258 do TCU ainda reforça que as composições de custos unitários e o detalhamento de encargos sociais e BDI integram o projeto básico da obra; essas informações precisam constar nos anexos do edital de licitação e nas propostas dos licitantes.

Acórdãos TCU
Acórdão 2.136/2017, Acórdão 2.123/2017, Acórdão 2.433/2016, Acórdão 1.755/2013, Acórdão 2.823/2012, Acórdão 2.157/2012, Acórdão 11.197/2011 – Segunda Câmara, Acórdão 2.360/2011, Acórdão 2.272/2011, Acórdão 1.762/2011, Súmula TCU 258, Acórdão 1.350/2010, Acórdão 2.504/2010, Acórdão 4.740/2009 – Segunda Câmara, Acórdão 608/2008 e Acórdão 1.941/2006.

8.2.7 Não obrigatoriedade de retenção de alíquotas

O Acórdão 242/2013 estabelece que, em contratos de obra e serviço de engenharia, o ente público contratante não é obrigado a proceder à retenção da parcela referente à contribuição previdenciária. Com isso, não é necessário exigir da contratada, como condição para o pagamento da nota fiscal após cada etapa/medição, a comprovação do recolhimento das contribuições previdenciárias do pessoal utilizado na obra. A responsabilidade previdenciária da administração pública se restringe à hipótese de contratação de serviços prestados mediante cessão de mão de obra, especificamente em contratos de obra e serviço de engenharia.

Acórdãos TCU
Acórdão 242/2013.

8.2.8 Solicitação da comprovação de pagamentos pela empresa contratada

A administração deve demandar das empresas contratadas para execução de obra a apresentação de diversos documentos comprobatórios relacionados aos encargos previdenciários e trabalhistas. É preciso informá-las, ainda, de que o descumprimento total ou parcial das responsabilidades, sobretudo em relação aos encargos sociais e trabalhistas, pode resultar na aplicação de sanções administrativas.

A matrícula da obra no Cadastro Específico do INSS (CEI) precisa ser apresentada até 30 dias após o início da execução. O recolhimento mensal do INSS e do FGTS, bem como a relação nominal dos empregados com diversas informações, devem ser entregues no ato do recebimento do boletim de medição e da entrega dos relatórios mensal e final.

Além disso, a empresa contratada deve evidenciar detalhes específicos nos salários de cada categoria de profissionais, incluindo a composição dos encargos sociais aplicáveis, encargos complementares, despesas administrativas e operacionais, lucro e tributos incidentes sobre o total dos custos.

Essas exigências estão em conformidade com a Súmula 331 do TST, que trata da responsabilidade solidária da administração pública quanto às obrigações trabalhistas e previdenciárias.

Acórdãos TCU
Acórdão 581/2013, Acórdão 1.755/2013 e Acórdão 5.962/2009.

8.3 Acordos coletivos

Os acordos coletivos da construção civil são estabelecidos entre os sindicatos patronais e dos trabalhadores da categoria para regulamentar as condições de trabalho, salários, benefícios e outras questões relacionadas às relações de trabalho na construção civil. Esses acordos têm influência direta nos custos de obras e serviços na área, incluindo os custos definidos pelas tabelas Sinapi e Sicro.

No caso do Sinapi, referente à elaboração de orçamentos de obras públicas, os acordos coletivos da construção civil podem afetar os preços dos insumos utilizados na construção, como os materiais de construção e os salários dos trabalhadores. Assim, a atualização periódica dos custos do Sinapi deve levar em conta os acordos coletivos da categoria, a fim de garantir a adequação dos preços à realidade do mercado.

Quanto à tabela Sicro, relativa ao desenvolvimento de orçamentos e contratos para obras e serviços rodoviários, a influência dos acordos coletivos do setor pode ser ainda mais evidente. Isso porque quase todos os serviços e materiais pertinentes à construção de rodovias são realizados por empresas da construção civil e, portanto, estão sujeitos aos valores referenciais estabelecidos pelos acordos.

Assim, ao utilizar a tabela Sicro ou Sinapi, é preciso considerar não apenas os preços referenciais da tabela, mas também as normas estabelecidas pelos acordos coletivos da construção civil. Os gestores públicos precisam estar atentos às atualizações desses acordos e repassá-las aos custos das obras e serviços, a fim de garantir a adequação dos preços e a transparência na gestão dos recursos públicos.

ELEMENTOS ESSENCIAIS EM LICITAÇÕES DE OBRAS PÚBLICAS 9

9.1 Memorial descritivo

O memorial descritivo, documento que deve constar de projetos de engenharia e arquitetura, conforme o art. 6º, inciso XXIV, da Lei nº 14.133/2021, é responsável por detalhar e explicar todas as características do projeto, desde a especificação dos materiais e equipamentos até as etapas de construção e a metodologia de execução da obra. Ele abrange a conceituação inicial até o acabamento final, seguindo rigorosamente as normas adotadas e as premissas básicas estabelecidas durante o desenvolvimento.

O objetivo desse documento é apresentar as soluções técnicas adotadas e suas justificativas para o pleno entendimento do projeto, de forma complementar aos desenhos. Ele exige uma descrição completa de todos os componentes envolvidos, incluindo a parte arquitetônica, estrutural e as instalações hidrossanitárias e complementares, além da especificação de cada material que será necessário para a obra.

Nesse detalhamento, busca-se explicitar as informações mais importantes que constam do projeto completo. No caso de uma obra de construção civil, o memorial descritivo reúne dados sobre a localização da obra, o proprietário e o detalhamento de cada etapa da construção, da fundação ao acabamento. O documento desenvolvido deve ser claro e objetivo, com informações suficientes para que o projeto seja compreendido por todos os envolvidos, desde os profissionais de engenharia e arquitetura até os responsáveis pela execução da obra.

9.2 Especificação técnica

As especificações técnicas detalham as características técnicas dos materiais, equipamentos e serviços a serem utilizados, visando garantir o desempenho e a qualidade técnica da obra ou serviço. Esse documento deve ser elaborado de acordo com normas técnicas e práticas específicas e abranger todos os elementos previstos no projeto.

Em termos mais simples, pode-se entender que as especificações técnicas são um conjunto de regras e condições que orientam a execução da obra ou serviço de engenharia, descrevendo individualmente os materiais, equipamentos, sistemas construtivos previstos no projeto e o modo como cada um dos serviços deve ser executado, incluindo os critérios para sua medição. Buscando maior eficácia, elas devem ser redigidas de forma clara e discriminada, para assegurar o desempenho esperado.

É essencial que o documento permita alternativas de fornecimento de materiais ou equipamentos, não podendo se restringir a um único fabricante ou fornecedor. Apesar disso, se for indispensável para a caracterização do componente, a especificação poderá incluir a referência a uma marca ou modelo específico, desde que seja seguida da expressão "ou equivalente". Dessa forma, a especificação poderá ser atendida por outros materiais ou equipamentos de características semelhantes, ampliando as possibilidades de fornecimento.

9.3 Cronograma físico-financeiro

O cronograma físico-financeiro é uma ferramenta de gestão de projetos de engenharia que permite uma visualização clara e objetiva do desenvolvimento dos serviços ao longo do período de duração da obra. Esse documento, previsto no art. 45, § 9º, da Lei nº 14.133/2021, deve ser elaborado em conformidade com normas técnicas e práticas específicas, abrangendo todos os elementos delineados no projeto, para garantir que a obra seja executada dentro do prazo estabelecido e com os recursos financeiros exigidos.

No projeto básico, é imprescindível constar o cronograma com as despesas mensais previstas ao longo da execução da obra ou serviço. Essa tabela auxiliará na estimativa dos recursos orçamentários necessários em cada exercício financeiro. Com isso, é possível planejar de forma estratégica o uso dos recursos financeiros, evitando desperdícios e assegurando a conclusão da obra ou serviço.

Vale ressaltar que o cronograma físico-financeiro deve ser elaborado de tal forma que possa ser utilizado como um balizador na análise das propostas apresentadas por empresas participantes do processo licitatório, para compará-las com base em critérios objetivos e escolher a melhor opção de acordo com as necessidades do projeto.

Urge enfatizar que, após o início das obras, sempre que o prazo e as respectivas etapas de execução forem alteradas, há a necessidade de adequar o cronograma para refletir as condições reais do empreendimento. Essa atualização é fundamental para que o projeto seja gerenciado de forma eficiente e possa ser concluído dentro dos prazos e com os recursos previstos.

Em relação ao conteúdo, o cronograma deve apresentar a especificação de cada atividade e seu respectivo desembolso mês a mês, o prazo da obra e sua data de início e término, a data de início e término de cada atividade, a quantidade em percentagem de atividade que será executada por mês, o resumo do desembolso por mês em moeda indexada, o valor de cada atividade e o valor total da obra.

9.3.1 Etapas no desenvolvimento do cronograma físico-financeiro

A elaboração de um cronograma físico-financeiro em obras é um processo técnico essencial para o planejamento, acompanhamento e controle de empreendimentos de construção civil. Esse documento interliga os aspectos físicos e financeiros do projeto, permitindo a gestão eficiente de recursos, prazos e custos. A seguir, é apresentada a sequência de procedimentos envolvidos no seu desenvolvimento.

- *Levantamento de dados iniciais*: o primeiro passo envolve a coleta de informações detalhadas sobre o projeto, incluindo desenhos, especificações técnicas, quantitativos, orçamento e contrato. Esses dados são fundamentais para uma base sólida de planejamento.
- *Identificação das atividades*: as atividades que compõem a obra devem ser identificadas e esmiuçadas. Cada tarefa deve ser claramente definida e mensurável para garantir um planejamento preciso.
- *Sequenciamento das atividades*: deve-se estabelecer a ordem lógica em que as atividades serão executadas, assegurando a inexistência de sobreposição ou dependência inadequada entre elas.
- *Estimativa de duração*: a atribuição de prazos para cada atividade leva em consideração a capacidade da equipe de trabalho, os recursos disponíveis e as características específicas do projeto.
- *Alocação de recursos*: determinar os recursos necessários para cada atividade, como mão de obra, materiais, equipamentos e subcontratações.
- *Orçamentação*: a cada atividade deve ser associado um custo, com base no orçamento do projeto. Isso envolve o cálculo dos custos diretos e indiretos.
- *Uso de* softwares: *softwares* de gerenciamento de projetos, como o Microsoft Project, Primavera, entre outros similares, são utilizados para integrar informações de duração, sequenciamento, alocação de recursos e orçamentação em um cronograma unificado.
- *Diagrama de Gantt*: um diagrama de Gantt é criado para representar graficamente o cronograma físico-financeiro, exibindo a distribuição das

atividades ao longo do tempo, com datas de início e término, recursos alocados e custos associados.
- *Análise de caminho crítico*: é preciso identificar o caminho crítico, ou seja, as atividades que determinam a duração total do projeto. Qualquer atraso nas atividades do caminho crítico afeta diretamente o prazo de conclusão da obra.
- *Acompanhamento e controle*: durante a execução da obra, o progresso real é comparado com o cronograma planejado. Ajustes são realizados conforme necessário para lidar com desvios e assegurar que o projeto siga dentro do prazo e do orçamento.
- *Análise de valor agregado* (earned value analysis, EVA): avalia-se o desempenho financeiro do projeto em relação ao planejado, identificando se os custos e prazos estão em conformidade com as expectativas.

9.3.2 Determinação da duração prevista para os itens de serviço

O processo de atribuição de prazos começa com a extração dos quantitativos de cada atividade do projeto. Isso envolve a análise das especificações técnicas, desenhos e outros documentos para determinar a quantidade de materiais, mão de obra e equipamentos necessários.

Comece analisando todas as atividades que compõem o projeto; cada uma delas deve estar bem definida e ser mensurável. Depois, procure o conhecimento de especialistas, engenheiros, técnicos ou outros profissionais que tenham experiência na execução das atividades em questão e possam fornecer *insights* valiosos sobre a duração estimada. Caso haja projetos semelhantes concluídos anteriormente, use o histórico desses projetos para obter uma estimativa de duração, para servir como um ponto de referência. Considere também a disponibilidade de recursos, incluindo mão de obra, equipamentos e materiais, que afetarão a velocidade com que cada atividade pode ser executada.

Com os quantitativos em mãos, é possível associar os coeficientes de produtividade média disponíveis nas tabelas referenciais, como a tabela para composição de preços para orçamento (TCPO) e o Sinapi, aos itens de serviço correspondentes. Esses coeficientes representam a velocidade média esperada com que uma determinada tarefa pode ser realizada. Já o efetivo médio em geral aplicado é calculado considerando o pessoal médio necessário para a realização das atividades, levando em conta a produtividade média esperada para cada item de serviço.

Em posse dos coeficientes de produtividade média e o efetivo médio em geral aplicado, é possível calcular a duração estimada de cada atividade, dividindo-se a quantidade de trabalho pelo efetivo médio e pelos coeficientes de produtividade média. Para computar as durações, decomponha cada atividade em tarefas menores e, em seguida, estime o tempo necessário para concluir cada tarefa (estimativa *bottom-up*). Some esses tempos para obter a duração total da atividade. Use uma abordagem de estimativa *top-down* para fornecer uma estimativa inicial de alto nível. Em seguida, refine-a à medida que mais informações se tornarem disponíveis.

Alguns projetos podem se beneficiar de modelos matemáticos ou algoritmos para prever a duração com base em variáveis específicas. Por exemplo, o método do caminho crítico (CPM) usa cálculos matemáticos para estimar a duração de um projeto. O PERT (*program evaluation and review technique*), por outro lado, adota uma abordagem diferente, aplicando três estimativas distintas (otimista, mais provável e pessimista) para calcular uma estimativa de duração que considere a incerteza.

Todas as estimativas iniciais podem ser ajustadas e refinadas à medida que o projeto avança e novas informações são obtidas. Fatores como as condições reais do canteiro de obras, variações climáticas e imprevistos podem influenciar a duração das atividades. Em alguns casos, a experiência e o julgamento de especialistas são a principal fonte de estimativa – dependendo do grau de experiência, a estimativa pode ser bastante precisa.

Registre todas as estimativas de duração, documentando as fontes de informação e os métodos utilizados. Quando possível, submeta as estimativas a uma revisão por pares ou colegas, para verificar a validade e a razoabilidade dos valores alcançados.

As estimativas de duração calculadas com base nas tabelas referenciais de produtividade são, então, integradas ao cronograma global do projeto. Isso ajuda a criar um planejamento detalhado e realista, permitindo o acompanhamento e controle adequados. Durante a execução do projeto, o andamento real das atividades é comparado com as estimativas de duração, assegurando ajustes e a tomada de medidas corretivas, caso ocorram desvios significativos.

9.4 Tratamento de impacto ambiental

Ao planejar e elaborar um projeto de empreendimento, devem ser considerados não apenas aspectos técnicos e financeiros, mas também os ambientais. Nesse sentido, é preciso verificar se a realização do empreendimento requer licenciamento ambiental, conforme estabelecido pelas resoluções do Conama nº 01/1986 e nº 237/1997, pela Lei nº 6.938/1981 e pelo art. 45, incisos I e II, da Lei nº 14.133/2021.

Caso o empreendimento necessite de licenciamento ambiental, é preciso elaborar um estudo de impacto ambiental (EIA) e um relatório de impacto ambiental (RIMA) como parte do projeto básico. O objetivo do EIA/RIMA é avaliar os possíveis impactos ambientais que a obra poderá gerar e propor medidas mitigadoras e compensatórias.

O Anexo 1 da Resolução nº 237/1997 do Conama apresenta uma lista de atividades ou empreendimentos que estão sujeitos a licenciamento ambiental. Por sua vez, o art. 2º da Resolução nº 01/1986 do mesmo conselho define as atividades modificadoras do meio ambiente que dependem da elaboração e aprovação de EIA/RIMA para o licenciamento.

Entre as principais obras que demandam o RIMA, podem ser citadas estradas de rodagem com duas ou mais faixas de rolamento, ferrovias, portos e terminais de minério, petróleo e produtos químicos, aeroportos, obras hidráulicas para exploração de recursos hídricos e aterros sanitários, processamento e destino final de resíduos tóxicos ou perigosos, além de projetos urbanísticos acima de 100 hectares ou em áreas consideradas de relevante interesse ambiental a critério dos órgãos municipais e estaduais competentes.

No caso de o empreendimento demandar licença ambiental, é preciso observar a necessidade de licença prévia (antes da licitação), licença de instalação (antes do início da execução da obra) e licença de operação (antes do início de funcionamento do empreendimento).

9.5 Anotação de responsabilidade técnica (ART) de projeto, orçamento, fiscalização e execução

Em qualquer trabalho técnico desenvolvido na engenharia, seja ele um estudo, projeto, laudo, perícia, orçamento, fiscalização, execução, consultoria ou outra atividade realizada por um profissional habilitado, deve ser emitida sua respectiva anotação de responsabilidade técnica (ART).

De acordo com a Lei nº 6.496/1977, que instituiu a ART, esta é um documento que define, para efeitos legais, os responsáveis técnicos pelo empreendimento de engenharia, arquitetura e agronomia. Assim, toda vez que houver um contrato, escrito ou verbal, para a execução de obras ou prestação de serviços profissionais relacionados à engenharia, arquitetura ou agronomia, é necessário que se faça a anotação de responsabilidade técnica.

A emissão da ART busca garantir a qualidade e segurança das atividades de engenharia, pois assegura que um profissional habilitado e responsável esteja à frente do trabalho. Além disso, a ART proporciona a responsabilização dos profissionais envolvidos, no caso de possíveis problemas ou irregularidades.

A necessidade de emissão da ART é validada não apenas pela Lei nº 6.496/1977, mas também pela Súmula 260/2010 do TCU. De acordo com a súmula, é dever do gestor exigir a apresentação da ART referente a projeto, execução, supervisão e fiscalização de obras e serviços de engenharia, com a indicação do responsável pela elaboração de plantas, orçamento-base, especificações técnicas, composições de custos unitários, cronograma físico-financeiro e outras peças técnicas.

9.5.1 Entendimento jurídico sobre ART

Segundo os acórdãos consultados, o gestor deve exigir a apresentação de anotação de responsabilidade técnica (ART) relacionada a projeto, execução, supervisão e fiscalização de obras e serviços de engenharia.

Nesse documento, a administração deve identificar cada peça técnica que compõe o projeto básico/executivo, como plantas, orçamento-base, composições de custos unitários, cronograma físico-financeiro etc., e os respectivos responsáveis por sua autoria, conforme regulamentações específicas e legislação pertinente.

As ARTs devem ser atualizadas junto ao Conselho Regional de Engenharia, Arquitetura e Agronomia (CREA) competente a cada modificação de projeto, para permitir a identificação e imputação de responsabilidade.

O desenvolvimento da ART é obrigatório em todo contrato para prestação de serviços técnicos de engenharia. Além disso, a ART genérica de contrato para execução de serviços de assessoramento e elaboração de projetos não substitui a ART exigida para cada projeto específico.

O aproveitamento de projetos de outra obra similar requer autorização detalhada quanto à repetição do projeto, adaptações e definição de profissionais autorizados, com a devida atualização das ARTs correspondentes.

Em empreendimentos financiados com recursos federais, a administração deve proceder à ART dos autores dos projetos básicos, conforme normativas. A ausência de assinatura das ARTs pelos técnicos responsáveis pelos projetos constitui impropriedade em processos de contratação de obras.

Acórdãos TCU

Súmula TCU 260, Acórdão 1.524/2010, Acórdão 1.535/2023, Acórdão 2.759/2019, Acórdão 2.349/2011, Acórdão 1.309/2014, Acórdão 1.515/2010, Acórdão 1.981/2009, Acórdão 2.581/2009 e Acórdão 2.617/2008.

9.6 Planilhas de medições

A planilha de medições tem como objetivo registrar os serviços e obras realizados pelo contratado, bem como as respectivas quantidades, para que possam ser devidamente remunerados.

Para que haja transparência e justiça na medição e pagamento dos serviços, a fiscalização deve acompanhar de perto todas as etapas da obra ou serviço contratado, desde a elaboração do projeto básico até a entrega final. É necessário que a fiscalização verifique se o contratado está executando as atividades de acordo com o projeto e com as modificações aprovadas pelo contratante, garantindo que somente os serviços efetivamente executados sejam considerados para efeito de medição e pagamento.

Para tanto, o contratado deve elaborar relatórios periódicos registrando todos os levantamentos, cálculos e gráficos necessários à discriminação e determinação das quantidades dos serviços efetivamente executados. A discriminação e quantificação dos serviços e obras considerados na medição devem respeitar rigorosamente as planilhas de orçamento anexas ao contrato, incluindo os critérios de medição e pagamento. Recomenda-se que o contratado mantenha uma comunicação clara e frequente com a fiscalização para que os relatórios sejam elaborados de forma adequada e todas as informações sejam registradas de maneira precisa para a medição dos serviços e obras.

É responsabilidade do contratante efetuar os pagamentos das faturas emitidas pelo contratado com base nas medições de serviços aprovadas pela fiscalização, obedecendo as condições estabelecidas no contrato. Faz-se necessário que o contratante execute os pagamentos dentro do prazo estipulado, evitando atrasos e prejuízos para todas as partes envolvidas.

9.6.1 Elementos necessários para estabelecer critérios de medição em obras de engenharia

- As *especificações técnicas* detalhadas precisam ser fornecidas para cada tipo de serviço ou obra envolvida no projeto. Isso inclui informações sobre materiais a serem utilizados, normas aplicáveis, métodos construtivos, padrões de qualidade e outros detalhes técnicos relevantes.
- Cada serviço ou item de obra deve ter suas *unidades de medição* claramente estabelecidas. Tais unidades devem ser precisas e uniformes, permitindo medições consistentes ao longo do projeto.

- É preciso definir os *critérios de aceitação* de maneira objetiva e mensurável; trata-se dos critérios para aceitar ou rejeitar serviços e obras, bem como parâmetros de qualidade a serem atendidos.
- A *metodologia de medição* deve ser descrita minuciosamente, englobando os instrumentos de medição que serão utilizados, os procedimentos a serem seguidos e a frequência das medições.
- Quando necessário, fornecer as *fórmulas e equações* para calcular as quantidades de serviços executados.
- Indica-se que *valores de referência*, como custos unitários ou preços de mercado, sejam estabelecidos para auxiliar no cálculo dos pagamentos.
- O *termo de referência* prevê a transparência no processo de medição e pagamento, permitindo auditorias independentes quando necessário.
- Deve estar claro no termo de referência quais são as *responsabilidades das partes envolvidas* no projeto: do contratante, do executor da obra, do fiscal do contrato e de qualquer terceiro envolvido no processo de medição e pagamento.
- É essencial manter registros detalhados de todas as medições e pagamentos realizados ao longo do projeto. O termo de referência precisa estabelecer requisitos específicos para a *documentação adequada*, com a manutenção de registros por um período determinado após a conclusão do projeto.
- Em projetos de longa duração, é necessário considerar a inflação e as variações de mercado. O termo de referência pode incluir cláusulas que permitem *a indexação e a atualização dos preços* ao longo do tempo, garantindo que os valores permaneçam justos e atualizados.
- A *padronização da terminologia* utilizada nos critérios e referenciais é crucial para evitar ambiguidades e confusões. O documento deve definir claramente os termos técnicos.

9.6.2 Entendimento jurídico sobre medições

Acórdãos do TCU estabelecem algumas diretrizes para as medições em obras de engenharia, dispostas na sequência.

Obrigação do desenvolvimento da medição

Na execução de contrato administrativo, é imprescindível a existência de um documento específico para o controle dos serviços prestados, visando o pagamento à contratada. Esse documento precisa conter a definição e especificação dos serviços a serem realizados, além das métricas precisas utilizadas para avaliar o volume de serviços solicitados e efetivamente concluídos.

> **Acórdãos TCU**
> Acórdão 1.545/2008.

Responsabilidade dos agentes públicos

A atestação da execução de serviços de engenharia desacompanhada de boletins de medição e apenas com base em documentos produzidos pela própria empresa contratada, sem verificação rigorosa e efetiva dos quantitativos, caracteriza erro grosseiro. Esse erro é considerado passível de responsabilização do fiscal do contrato, conforme o art. 28 do Decreto-Lei nº 4.657/1942 (Lei de Introdução às Normas do Direito Brasileiro, Lindb), mesmo que não configure dano ao erário. A autorização de pagamento sem os boletins também atrai a responsabilidade do ordenador de despesas.

Ao assinar os boletins de medição, mesmo sem a *expertise* necessária, o subscritor assume a responsabilidade pelos serviços medidos e liquidados. Nas medições de obras, a contratação de terceiros para auxiliar a fiscalização do representante da administração não exclui a responsabilidade desse agente, conforme o art. 67, §§ 1º e 2º, da Lei nº 8.666/1993.

Os agentes públicos assumem os riscos de suas decisões ao escolher métodos menos confiáveis para quantificar determinados serviços de obras. Essa escolha pode ter repercussões na correção das estimativas de quantitativos e custos, ou incorrer no risco de favorecer fraudes em medições.

> **Acórdãos TCU**
> Acórdão 3.972/2023 – Segunda Câmara, Acórdão 4.447/2020, Acórdão 5.902/2016 – Primeira Câmara, Acórdão 1.925/2015 e Acórdão 2.607/2012.

Critérios previstos na medição

Recomenda-se que os editais de licitação de obras públicas incluam um critério objetivo de medição, com pagamentos proporcionais à execução financeira, a cada etapa concluída da obra ou serviço, evitando custos mensais fixos.

O edital tem que prever a metodologia de mensuração dos serviços prestados, incluindo critérios de controle e remuneração. Sugere-se que a contratação seja pautada em resultados a serem atingidos, sempre que possível.

Os pagamentos devem ser condicionados à verificação detalhada da realização efetiva dos serviços e dos quantitativos faturados pela empresa executora; a administração não pode realizar pagamentos a partir de boletins de medição imprecisos.

O registro da fiscalização é ato vinculado e necessário para procedimentos de liquidação e pagamento dos serviços, porque propicia informações sobre o cumprimento do cronograma, quantidade e qualidade dos serviços contratados e executados.

A assinatura em atestos de medição implica declaração formal de que os serviços foram executados conforme contratados, gerando responsabilidade. Como já mencionado, a atestação da execução de serviços de engenharia desacompanhada de boletins de medição constitui irregularidade.

Há necessidade de cláusula contratual, tanto no edital quanto no contrato, que preveja diminuição ou supressão da remuneração da contratada em casos de enfraquecimento do ritmo das obras ou paralisação total, com o objetivo de manter o equilíbrio econômico-financeiro durante toda a execução do empreendimento.

Exige-se ainda a apresentação de documentos comprobatórios do recolhimento mensal do INSS e FGTS antes das medições. A responsabilidade previdenciária da administração restringe-se à contratação de serviços mediante cessão de mão de obra.

Por fim, é obrigatória a revisão de contrato para reduzir preços de insumos superiores aos indicados pelo sistema Sicro; quando isso ocorrer, os pagamentos devem ser revistos para apurar quantias pagas a maior.

Acórdãos TCU
Acórdão 1.686/2023, Acórdão 2.512/2019, Acórdão 1.695/2018, Acórdão 8.920/2017 – Segunda Câmara, Acórdão 1.555/2017, Acórdão 3.291/2014, Acórdão 2.442/2014, Acórdão 1.516/2013, Acórdão 581/2013, Acórdão 242/2013, Acórdão 1.051/2012 – Primeira Câmara, Acórdão 173/2012, Acórdão 4.593/2010 – Segunda Câmara, Acórdão 1.330/2009, Acórdão 1.227/2009, Acórdão 226/2009, Acórdão 4.665/2008 – Primeira Câmara, Acórdão 2.038/2008, Acórdão 2.261/2006, Acórdão 1.998/2008, Acórdão 1.945/2006 e Acórdão 786/2006.

Exigência de memória de cálculo

A memória de cálculo detalhada é exigida como requisito legal e configura condição para o pagamento das medições em contratos rodoviários. Essa prática visa garantir a transparência e eficácia na execução dos serviços, assegurando que as quantidades medidas sejam devidamente discriminadas e fundamentadas. Isso se alinha aos preceitos da Lei nº 8.666/1993, que destaca a importância de fundamentar, de maneira minuciosa, os cálculos referentes à execução dos serviços contratados.

Para o acompanhamento eficiente da execução contratual, são necessários mecanismos de fiscalização e supervisão robustos. As medições devem conter a localização exata das estacas e volumes efetivamente executados, sendo autorizada apenas a execução de serviços previamente definidos pela administração.

Os relatórios de fiscalização precisam ser acompanhados por arquivos de fotos digitais que retratem a execução dos serviços, enquadrando a localização onde foram obtidas, de forma a proporcionar evidências visuais datadas para garantir a transparência e o registro inequívoco da realização das atividades.

Na execução de contratos de conservação e restauração rodoviária, a administração deve exigir o detalhamento georreferenciado dos quantitativos medidos em relatórios de fiscalização. Esses relatórios devem identificar estacas, a posição geográfica inicial e final de cada serviço, e junto deles precisam constar as fotos digitais datadas, com precisão mínima de uma centena de metros, para evidenciar a situação dos trechos antes e depois dos trabalhos.

Acórdãos TCU
Acórdão 3.157/2011, Acórdão 2.012/2011, Acórdão 585/2009, Acórdão 103/2007, Acórdão 829/2004, Acórdão 1.614/2023, Acórdão 992/2023, Acórdão 2.889/2021, Acórdão 845/2021, Acórdão 3.260/2020, Acórdão 1.262/2020, Acórdão 508/2018, Acórdão 434/2016, Acórdão 5.157/2015 – Primeira Câmara, Acórdão 1.151/2015, Acórdão 1.606/2015, Acórdão 332/2015, Acórdão 942/2014, Acórdão 2.062/2012, Acórdão 860/2012, Acórdão 1.631/2011, Acórdão 608/2011, Acórdão 2.619/2008 e Acórdão 304/2006.

Medições em administração local

Custos de administração local, canteiro de obras e mobilização/desmobilização devem estar discriminados na planilha orçamentária de custos diretos. Essa discriminação é essencial para a identificação, mensuração e controle efetivo desses custos, permitindo pagamento individualizado pela administração pública.

Com isso, os editais de licitação de obras públicas devem incluir critérios objetivos de medição para a administração local. Exige-se que os pagamentos sejam proporcionais à execução financeira da obra, evitando a previsão de custeio como valor mensal fixo dissociado do cumprimento do cronograma físico-financeiro. Assim, os custos associados devem ser quantificados e discriminados em planilha orçamentária, com pagamento vinculado à mensuração efetiva, conforme boletins de medição.

> **Acórdãos TCU**
> Acórdão 1.235/2019, Acórdão 1.002/2017, Acórdão 2.440/2014 e Acórdão 2.622/2013.

Irregularidades nas medições

A existência de prova de ingerência da empresa contratada na elaboração das medições é identificada como uma irregularidade grave. Outro problema possível é a constatação de inconsistências entre as medições de alguns serviços e os quantitativos efetivamente executados. Além disso, destaca-se a ausência de documentos fundamentais, como diário de obras, memória de cálculo dos serviços executados, relatório semanal de atividades e registro de fiscalizações por equipes externas à obra.

Todo esse conjunto de irregularidades, incluindo a ingerência e as inconsistências, é considerado suficiente para fundamentar a aplicação de multa ao fiscal da obra.

> **Acórdãos TCU**
> Acórdão 1.731/2009.

Recomendações de especificações nas notas fiscais

As notas fiscais relacionadas a obras devem conter identificação clara da medição, contrato e convênio a que se referem. Essa prática visa assegurar a rastreabilidade e a correta vinculação das transações financeiras com os serviços contratados.

Também é recomendado que as medições constantes nas notas fiscais sejam conferidas pelo fiscal do contrato designado pela administração, de forma a garantir a veracidade e conformidade das informações prestadas.

Exige-se ainda a descrição detalhada em preços unitários nas notas fiscais, prezando a transparência na execução dos contratos. Dessa forma, tanto a administração quanto a fiscalização podem compreender e verificar adequadamente os custos associados a cada serviço. Ao incorporar essas recomendações, a administração busca estabelecer um controle mais efetivo sobre a execução dos contratos.

> **Acórdãos TCU**
> Acórdão 1.296/2015, Acórdão 1.978/2013 e Acórdão 534/2011.

Serviços de supervisão e gerenciamento de obras

Em processos licitatórios destinados à contratação de serviços de supervisão e gerenciamento de obras, destaca-se a necessidade de apresentação de justificativas para a escolha do critério de medição. A motivação adequada dos atos administrativos é enfatizada, particularmente quando se opta por critérios de medição que não se baseiam na entrega de produtos ou em resultados alcançados.

Acórdãos TCU
Acórdão 2.527/2021.

Serviços de consultoria

Destaca-se a importância de estabelecer mecanismos de medição na execução de contratos de serviços de consultoria. A ênfase está na necessidade de que esses mecanismos permitam o acompanhamento e a aferição do trabalho efetivamente realizado, com o objetivo de assegurar uma relação equitativa e proporcional entre os serviços de consultoria e os pagamentos correspondentes.

Acórdãos TCU
Acórdão 2.369/2006.

9.7 Aditivos contratuais

Os aditivos contratuais são instrumentos que buscam garantir a flexibilidade e a adaptabilidade dos contratos em face das mudanças no ambiente em que a obra ou o serviço está sendo executado.

Como as circunstâncias que envolvem a execução de um projeto podem mudar significativamente ao longo do tempo, os aditivos contratuais permitem que os termos do contrato sejam modificados para que as partes envolvidas sejam tratadas de forma justa e equitativa.

Os processos de aditamento podem ser feitos de diferentes maneiras, conforme previsto na legislação e no próprio contrato. Uma delas é a alteração unilateral pela administração, em casos como a modificação do projeto ou das especificações para melhor adequação técnica aos seus objetivos. A alteração também pode ser feita quando for necessária a modificação do valor contratual em decorrência de acréscimo ou diminuição quantitativa do objeto contratado.

Além disso, os aditivos podem ser realizados por acordo entre as partes, quando for exigida a modificação do regime de execução da obra ou serviço ou do modo de fornecimento em face de verificação técnica da inaplicabilidade dos termos contratuais originais. Outra hipótese para aditamento é a necessidade de alteração da forma de pagamento por imposição de circunstâncias supervenientes.

Os aditivos contratuais também podem ser utilizados para restabelecer a relação que as partes pactuaram inicialmente entre os encargos do contratado e a retribuição da administração para a justa remuneração da obra, objetivando a manutenção do equilíbrio econômico-financeiro inicial do contrato.

Por fim, os aditivos podem ser aplicados na hipótese de ocorrência de fatos imprevisíveis, ou previsíveis porém de consequências incalculáveis, retardadores ou impeditivos da execução do objeto ajustado.

9.8 Matrícula CEI e CNO

A matrícula CEI (Cadastro Específico do INSS) e o CNO (Cadastro Nacional de Obras) são documentos necessários para a regularização fiscal de obras na construção civil. A substituição do CEI pelo CNO foi estabelecida pela Instrução Normativa nº 1.845 da Receita Federal.

O CNO é um cadastro eletrônico que deve ser acessado pelo site da Receita Federal, e a inscrição pode ser feita tanto por pessoa física quanto jurídica (Fig. 9.1).

Fig. 9.1 *Comprovante de inscrição de obra no CNO*
Fonte: Brasil (2022).

A principal função do CNO é reunir informações cadastrais sobre obras na construção civil e seus responsáveis. Essas informações são necessárias para cumprir obrigações tributárias, como a entrega de declarações e o pagamento de tributos. O responsável pela obra deve fazer a inscrição no CNO no prazo máximo de 30 dias contados a partir do início das atividades de construção.

Para obras que possuem matrícula CEI ativa, é preciso migrar os dados para o CNO, para garantir a regularização da obra e a obtenção da certidão de regularidade fiscal ao final da construção, a qual é exigida para a averbação da obra no registro de imóveis.

9.8.1 Entendimento jurídico sobre matrícula CEI e CNO

Segundo os Acórdãos 2.044/2016 e 581/2013 do TCU, o gestor é responsável por exigir da empresa contratada o comprovante da matrícula da obra junto ao INSS (matrícula CEI), exigência fundamentada no art. 49, § 1º, da Lei nº 8.212/1991.

A cada pagamento, a empresa contratada deve comprovar a regularidade previdenciária e trabalhista, nos termos do art. 219, §§ 5º e 6º, do Decreto nº 3.048/1999.

Entre os recursos e documentos exigidos, destacam-se a matrícula da obra no CEI em até 30 dias após o início da execução e documentos que comprovem o recolhimento mensal do INSS e do FGTS. No recebimento do boletim de medição e na entrega dos relatórios mensal e final, a relação nominal dos empregados deve ser apresentada, com informações detalhadas.

> **Acórdãos TCU**
> Acórdão 2.044/2016 e Acórdão 581/2013.

9.9 Relatório GFIP

A Guia de Recolhimento do FGTS e de Informações à Previdência Social (GFIP) é um documento utilizado pelas empresas para recolher as contribuições previdenciárias e do FGTS, que também reúne informações sobre vínculos empregatícios e remunerações dos funcionários. Esses dados são gerados pelo aplicativo SEFIP, que é um sistema eletrônico desenvolvido pela Caixa Econômica Federal.

A Lei Federal nº 9.528, de 10 de dezembro de 1997, estabeleceu a obrigatoriedade de as empresas prestarem informações ao INSS sobre os fatos geradores de contribuições previdenciárias e outros dados que compõem a base de cálculo e concessão de benefícios previdenciários. O Decreto nº 3.048, de 06 de maio de 1999, por sua vez, determinou normas e instruções acerca da obrigação de apresentação da GFIP.

Pela legislação, a GFIP é obrigatória para empresas e órgãos públicos e deve ser apresentada mesmo que não haja recolhimento para o FGTS. Nesse caso, a GFIP será declaratória, contendo todas as informações cadastrais e financeiras de interesse da previdência social, isto é, até mesmo as empresas que não possuem funcionários com carteira assinada devem apresentá-la.

Além disso, essas entidades devem gerar e transmitir a GFIP "com movimento", correspondente aos seus CNPJs, por meio da Conectividade Social (sistema do Governo Federal), contendo a relação dos servidores celetistas, temporários e exclusivamente comissionados vinculados ao Regime Geral de Previdência Social (RGPS), assim como dos prestadores de serviços – pessoa física que envolva recolhimento do INSS.

As empresas e órgãos públicos que utilizam a GFIP devem manter arquivadas as guias e os respectivos protocolos de envio dos arquivos na Conectividade Social, tanto em meio eletrônico quanto em papel, para assegurar a rastreabilidade e a segurança das informações enviadas ao INSS.

Vale destacar que a não apresentação da GFIP ou seu envio com informações incorretas pode gerar multas e outras sanções legais para a empresa ou órgão público. Por isso, é importante que os responsáveis pela elaboração e envio da GFIP estejam atentos às normas e instruções que regem esse documento.

9.10 Termo de recebimento provisório e definitivo de obras

Os termos de recebimento provisório e definitivo de obras públicas de engenharia são emitidos após a execução do contrato. A obra será recebida provisoriamente pelo responsável por seu acompanhamento e fiscalização mediante termo circunstanciado, assinado pelas partes, no prazo de até quinze dias da comunicação escrita do contratado de que a obra foi encerrada.

A partir do recebimento provisório, inicia-se um prazo de observação hábil, que pode variar de 15 a 90 dias, dependendo das especificidades do projeto, para que a obra seja analisada em detalhes e avaliada se está em conformidade com as diretrizes do contrato.

Se forem encontrados vícios, defeitos ou incorreções, o contratado tem a obrigação de repará-los, corrigi-los, remover, reconstruir ou substituir o objeto do contrato onde foram verificados os problemas, às suas próprias expensas. Caso a administração pública verifique que a obra foi executada em desacordo com o contrato e com a legislação pertinente, ela poderá rejeitar, no todo ou em parte, a obra ou serviço.

Após o decurso do prazo de observação ou da vistoria que comprove a adequação do objeto aos termos contratuais, a obra será recebida definitivamente pelo servidor ou comissão designada pela autoridade competente, mediante termo circunstanciado, assinado pelas partes.

Destaca-se que, antes do recebimento da obra, a empresa responsável por sua execução deve providenciar as ligações definitivas das utilidades previstas no projeto, tais como água, esgoto, gás, energia elétrica e telefone.

Além disso, é de responsabilidade da empresa o agendamento, junto aos órgãos federais, estaduais e municipais e concessionárias de serviços públicos, de uma vistoria a fim de obter licenças e regularização dos serviços e obras concluídos.

9.10.1 Entendimento jurídico sobre termos de recebimento provisório e definitivo

Os acórdãos do TCU estabelecem algumas considerações a respeito desses documentos, expostas na sequência.

Procedimento recomendado

É mandatório que o engenheiro responsável por assinar o termo de recebimento definitivo acompanhe o desenvolvimento da obra. A presença constante do engenheiro durante a obra é considerada uma condição crucial para uma avaliação técnica precisa, porque garante que o engenheiro esteja apto a emitir uma opinião técnica fundamentada no momento do recebimento definitivo.

Acórdãos TCU
Acórdão 8.106/2014 – Primeira Câmara.

Qualificação do autor do termo

Há uma ênfase na importância de o agente responsável pelo termo de recebimento ser devidamente qualificado ou designado pela autoridade competente. O termo de recebimento de obra é considerado inválido se for assinado por um agente que não cumpra essa premissa.

Acórdãos TCU
Acórdão 1.723/2008 – Segunda Câmara.

Responsabilidade dos gestores

Em relação ao compromisso do gestor sucessor para com a obra em questão, ressalta-se que o prefeito sucessor é responsável pela apresentação do termo de aceitação definitiva de obra conveniada. Se o termo de aceitação definitiva contiver uma declaração falsa de plena e correta execução do objeto, a responsabilidade recai sobre o prefeito sucessor.

Destaca-se ainda que o prefeito sucessor é responsável não apenas pela movimentação de saldo da conta específica do ajuste em sua gestão, mas também pela inexecução do objeto, caso deixe de adotar as medidas a seu cargo para resguardar o patrimônio público. Em caso de inexecução de uma obra abrangendo um período que envolve diretamente dois mandatos, ambos estarão correlacionados na responsabilidade, isto é, o prefeito sucessor é solidário com o prefeito anterior por todo prejuízo ao erário decorrente da inexecução do objeto.

Acórdãos TCU
Acórdão 2.179/2018 – Primeira Câmara.

Responsabilidade do autor do termo

A assinatura do termo de aceitação de obra e da declaração de sua conclusão sem que a obra esteja efetivamente terminada configura má-fé por parte dos responsáveis.

Além disso, aceitar um equipamento diferente daquele constante na proposta do licitante e com características técnicas inferiores às especificações definidas no termo de referência viola:

- o princípio da vinculação ao instrumento convocatório (arts. 3º e 41 da Lei nº 8.666/1993);
- o princípio da isonomia, considerando que as diferenças técnicas podem afetar não apenas o valor das propostas, mas também a intenção de potenciais licitantes em participar do certame.

Acórdãos TCU
Acórdão 716/2012 – Segunda Câmara e Acórdão 1.033/2019.

Responsabilidade da empresa executante

Empresas construtoras são objetivamente responsáveis por vícios relacionados à solidez e estrutura das obras. Elas também são consideradas responsáveis quando prejuízos graves à habitabilidade das construções são identificados após a entrega do objeto. É necessário notificar a empresa licitante ou contratada imediatamente após a identificação dos problemas, com um prazo de até 180 dias para reparação, conforme art. 618 do Código Civil.

Em relação ao prazo, a responsabilidade da empresa executante perdura por até cinco anos a partir da data do termo de recebimento da obra.

Acórdãos TCU
Acórdão 2.499/2014.

CONSIDERAÇÕES JURÍDICAS NA CONTRATAÇÃO DE OBRAS

10.1 Responsabilidade técnica do autor do projeto básico

A responsabilidade técnica é uma questão-base no exercício das profissões de engenharia, arquitetura e agronomia. A Lei nº 5.194/1966 estabelece que apenas profissionais habilitados de acordo com a legislação em vigor podem elaborar estudos, plantas, projetos, laudos e outros trabalhos técnicos relacionados a essas áreas.

O autor do projeto básico em obras de engenharia deve estar devidamente habilitado para realizar suas atividades. Isso porque, além de ser responsável por elaborar projetos que atendam às normas técnicas e às especificações do contratante, ele também deve garantir que as obras executadas estejam em conformidade com o projeto.

A anotação de responsabilidade técnica (ART) é um instrumento legal que formaliza a responsabilidade técnica do profissional pela elaboração do projeto, obrigatória para todos os serviços ou obras que envolvam a execução de atividades técnicas nas áreas de engenharia, arquitetura e agronomia. Ao emitir a ART, o autor do projeto assume a responsabilidade técnica por seu desenvolvimento e pela supervisão das atividades relacionadas à obra. Ressalta-se que a ART não é apenas um documento burocrático, e sim um instrumento de segurança técnica e jurídica para todos os envolvidos no processo, como contratante, contratado, autor do projeto e órgãos públicos.

Destaca-se ainda que o autor do projeto básico tem responsabilidade técnica sobre a obra desde a sua elaboração até a sua conclusão, mesmo que haja outros profissionais envolvidos no processo. Assim, ele deve assegurar que todas as etapas da obra estejam de acordo com o projeto, as especificações técnicas e as normas aplicáveis, a fim de evitar prejuízos ou acidentes futuros.

10.2 Modalidades de licitação para obras e serviços de engenharia

A Lei nº 8.666/1993, a antiga Lei de Licitações, estabelecia as modalidades de licitação para a contratação de obras e serviços de engenharia: a concorrência, a tomada de preços, o convite, o concurso e o leilão.

Com a publicação da nova Lei de Licitações (Lei nº 14.133/2021), as modalidades de convite e tomada de preço foram revogadas, e a modalidade de diálogo competitivo foi criada com o objetivo de promover a interação entre a administração pública e os licitantes, de forma a obter uma solução que atenda às necessidades da administração de forma mais eficiente e adequada. O diálogo competitivo é especialmente indicado para obras e serviços de engenharia complexos, que exijam soluções técnicas diferenciadas.

Dessa forma, as modalidades de licitação previstas na Lei nº 14.133/2021, em vigor desde abril de 2023, são: concorrência, pregão, leilão, concurso e diálogo competitivo. A modalidade pregão não deve ser utilizada para contratações de obras e serviços de engenharia, exceto para os serviços de engenharia de que trata o art. 6º, inciso XXI, alínea a, da mesma lei.

A concorrência é a modalidade mais utilizada para a contratação de obras e serviços de engenharia, em geral para obras e serviços de grande vulto e valor estimado, acima de R$ 3,3 milhões para a União e R$ 1,43 milhão para os demais entes da Federação. Já o pregão é uma modalidade mais simples e ágil, usada principalmente para a contratação de bens e serviços comuns, como materiais de escritório, equipamentos de informática, entre outros. O leilão é aplicado na venda de bens inservíveis para a administração pública, como veículos e equipamentos, e o concurso é utilizado para a escolha de trabalhos técnicos, científicos ou artísticos, como projetos urbanísticos e arquitetônicos.

Cada modalidade possui suas particularidades e requisitos específicos, que devem ser observados pelos licitantes e pela administração pública para garantir uma contratação adequada e eficiente.

10.3 Modalidades de contratação

A seleção adequada da modalidade de contratação e a definição clara de seus critérios de julgamento são essenciais para assegurar uma condução imparcial e transparente do processo licitatório, com o objetivo de selecionar a proposta mais vantajosa para a administração pública. O edital de licitação deve especificar o tipo de procedimento a ser adotado, considerando as peculiaridades do objeto a ser contratado.

A modalidade de contratação mais utilizada é o menor preço, cujo critério único de julgamento é o valor da proposta apresentada pelos licitantes. O fato de o preço ser o único critério não significa que a qualidade do serviço prestado ou a adequação às especificações técnicas possam ser ignoradas. A empresa vencedora deverá cumprir todas as condições estabelecidas no edital, sob pena de rescisão do contrato e aplicação de sanções.

Nos casos em que a qualidade técnica é fundamental, as modalidades de melhor técnica e técnica e preço podem ser adotadas. Na de melhor técnica, o critério de julgamento é a avaliação das propostas técnicas apresentadas pelos licitantes com base em critérios objetivos previamente estabelecidos no edital. Já na modalidade de técnica e preço, a proposta técnica é avaliada em conjunto com a proposta de preço, e a pontuação obtida na avaliação técnica é multiplicada pelo valor da proposta de preço para determinar a pontuação final.

Destaca-se que o edital precisa determinar critérios objetivos para a avaliação das propostas, de modo a assegurar a isonomia e a transparência do processo. Além disso, deve ser previsto um prazo razoável para a apresentação das propostas, para permitir que as empresas interessadas se preparem adequadamente.

Por fim, ressalta-se que o edital de licitação também deve definir em qual regime se dará a contratação: empreitada por preço global, empreitada por preço unitário, tarefa, ou empreitada integral. No caso de empreitada por preço global, a administração obrigatoriamente deverá fornecer, junto com o edital, todos os elementos e informações necessários para que os licitantes possam elaborar suas propostas de preços com total e completo conhecimento do objeto da licitação.

10.4 Parcelamento e fracionamento

Parcelamento de uma licitação é a divisão do seu objeto em itens ou lotes sempre que, com isso, for possível identificar um aumento substancial da competitividade sem o comprometimento dos aspectos técnicos ou prejuízo à economia de escala.

Em seu Acórdão 1.544/2006 – Primeira Câmara, o TCU determinou à administração que proceda ao parcelamento do objeto "sempre que a natureza da obra, serviço ou compra for divisível, com vistas a propiciar a ampla participação dos licitantes, devendo as exigências quanto à habilitação dos mesmos ser proporcionais ao parcelamento" (Brasil, 2006b). Porém, sempre que isso ocorrer, a modalidade a ser adotada na licitação deve considerar todas as parcelas reunidas, ou seja, o montante do conjunto das contratações.

Já o fracionamento é a divisão da aquisição do objeto para que o procedimento aconteça em uma modalidade com menos exigências e formalidades ou até mesmo em modalidade que dispense o procedimento licitatório. Esse desmembramento do objeto para utilizar modalidade de licitação mais simples do que se o objeto fosse licitado em sua totalidade não é permitido.

10.5 Restrição ao caráter competitivo da licitação

Realizar uma licitação exige uma série de cuidados e procedimentos a serem seguidos pelo órgão licitante. Um deles é a entrega de documentos que comprovem a qualificação das empresas que pretendem concorrer à execução da obra. Essa medida busca garantir que o órgão contratante receba a melhor proposta e um serviço de qualidade.

Para tanto, o órgão licitante deve ser criterioso na elaboração dos editais e das especificações das obras e serviços a serem executados. As exigências técnicas devem ser razoáveis e estar em sintonia com a dimensão e a complexidade da obra a ser realizada. Caso contrário, pode-se correr o risco de estabelecer cláusulas restritivas que afetem o caráter competitivo da licitação. Exigências técnicas desproporcionais podem limitar a participação de empresas, em violação ao princípio da isonomia, o que pode levar à escolha de uma empresa que não necessariamente apresenta a melhor qualidade de serviço, mas que apenas conseguiu cumprir todas as exigências do edital.

Dessa forma, o órgão licitante precisa buscar um equilíbrio entre a exigência de qualificação técnica e o caráter competitivo da licitação, para assegurar a execução de obras e serviços de qualidade, com a participação de empresas capacitadas e em condições justas de competição.

10.6 Critérios de aceitabilidade

No contexto da contratação de obras de engenharia, a definição dos critérios de aceitabilidade de preços globais e unitários é uma responsabilidade da administração pública. A Lei das Licitações determina que o edital do certame traga em seu corpo os critérios a serem utilizados no julgamento das propostas, com disposições claras e parâmetros objetivos. Eles também devem ser claramente delineados nos termos de referência ao projeto básico, estabelecendo uma base sólida para o processo licitatório.

A recomendação técnica DAF nº 04/2019, emitida pelo DNIT, enfatiza a importância da Súmula 259 do TCU, que torna obrigatória a definição de critérios de aceitabilidade de preços em contratações de obras e serviços de engenharia. O Decreto nº 7.983 de 2013, emitido pelo Governo Federal, estabelece o custo unitário de referência, derivado de sistemas de referência de custos ou pesquisa de mercado. Além disso, são mencionadas as Leis de Diretrizes Orçamentárias (LDO), que determinam o patamar máximo dos preços unitários e globais, com referência à mediana nos sistemas de pesquisa de custos e execução civil, como o Sinapi.

A recomendação técnica do DNIT também destaca que os critérios de aceitabilidade dos custos unitários devem ser aplicados nas diversas modalidades de contratação pública. Nos pregões, por exemplo, o pregoeiro examinará a proposta após as etapas de lances, classificando-a com base no preço, na exequibilidade e no cumprimento das especificações do projeto. A desclassificação pode ser estabelecida se o valor for superior ao preço máximo fixado ou se o preço for manifestamente inexequível.

No contexto do Regime Diferenciado de Contratações (RDC), durante a verificação da conformidade da melhor proposta, esta pode ser desclassificada se houver vícios insanáveis, não atendimento a especificações técnicas, ou preço manifestamente inexequível ou acima do orçamento estimado.

O critério mais comum de julgamento é a avaliação do preço global da proposta. No entanto, ela não é suficiente para garantir a escolha da proposta mais vantajosa para a administração. Para isso, o edital deve prever o controle dos preços unitários de cada item da planilha e estabelecer o critério de aceitabilidade desses valores.

Nas concorrências, pode haver desclassificação de propostas com preço global ou de etapas do cronograma físico-financeiro superior aos preços de referência no projeto. Os critérios podem ser estabelecidos por faixas percentuais, por exemplo, definir que o preço global da proposta não pode ultrapassar 10% do valor total do contrato.

Para regimes de empreitada por preço unitário ou tarefa, a desclassificação pode ocorrer, por exemplo, se os custos unitários superarem os correspondentes custos de referência fixados pela administração.

O estabelecimento dos critérios de aceitabilidade de preços unitários, com a fixação de preços máximos, é obrigação do gestor e não faculdade própria, entendimento pacificado por reiteradas deliberações da Corte de Contas: Decisões 60/1999-1C, 879/2001-P, 1.090/2001-P, 253/2002-P; e Acórdãos 244/2003-P, 267/2003-P, 515/2003-P, 583/2003-P, 1.564/2003-P, 1.414/2003-P, 296/2004-P e 1.891/2006-P. A ausência desses critérios pode causar problemas após a contratação, como o jogo de planilha.

Para reforçar a importância do controle de preços unitários, transcreve-se um trecho do voto do Ministro-Relator Marcos Vinicios Vilaça na Decisão 253/2002 do Plenário do TCU:

> [...] o fato de os processos licitatórios terem sido realizados em regime de preço global não exclui a necessidade de controle dos preços de cada item. É preciso ter em mente que, mesmo nas contratações por valor global,

o preço unitário servirá de base no caso de eventuais acréscimos contratuais, admitidos nos limites estabelecidos no Estatuto das Licitações. Dessa forma, se não houver a devida cautela com o controle de preços unitários, uma proposta aparentemente vantajosa para a administração pode se tornar um mau contrato. (Brasil, 2002b).

Portanto, esse controle deve ser objetivo e se dar por meio da prévia fixação de critérios de aceitabilidade dos preços unitário e global, tendo como referência os valores praticados no mercado e as características do objeto licitado.

Além disso, para a completa verificação da proposta, é necessária a análise detalhada da taxa de BDI, pois nela podem estar incluídas parcelas indevidas ou itens em duplicidade, isto é, as mesmas despesas contidas na planilha orçamentária e repetidas nessa taxa, o que leva ao superfaturamento.

10.6.1 Entendimento jurídico sobre critérios de aceitabilidade

Conforme estabelecido pela Súmula 259 do TCU, a obrigação do gestor de definir critérios de aceitabilidade para preços unitários e globais em editais de contratação de obras visa mitigar riscos, evitar interpretações díspares e assegurar transparência, com justificação e demonstração dos preços máximos aceitáveis.

Assim, tanto em licitações de menor preço unitário quanto de menor preço global, é indispensável constar critérios de aceitabilidade para preços unitários e globais, com fixação de valores máximos. Em obras executadas por empreitada global, é preciso analisar a adequabilidade dos custos unitários em cada etapa, considerando a taxa de BDI para garantir a correta execução do cronograma físico-financeiro, evitando desvantagens à administração e servindo como base para acréscimos contratuais.

Além dos critérios de aceitabilidade, os editais devem exigir a apresentação de composições detalhadas de preços unitários, incluindo BDI e encargos sociais, para promover a transparência na licitação. Para materiais e serviços de obras, ao estabelecer critérios de aceitabilidade de preços unitários máximos, é crucial que a administração respeite os valores constantes no Sinapi ou utilize o custo unitário básico (CUB) em casos não abrangidos.

Acórdãos TCU
Acórdão 1.695/2018, Acórdão 2.440/2014, Acórdão 2.857/2013, Acórdão 6.441/2011 – Primeira Câmara, Acórdão 4.465/2011 – Segunda Câmara, Súmula TCU 259, Acórdão 1.380/2010, Acórdão 2.588/2010, Acórdão 2.504/2010, Acórdão 1.695/2018, Acórdão 597/2008 e Acórdão 296/2004.

10.7 Equipamentos e mobiliário

A aquisição de mobiliários e equipamentos em obras públicas é uma atividade muito comum, principalmente quando se trata de edificações como escolas, hospitais e prédios administrativos. Esses itens são fundamentais para o funcionamento adequado do espaço e devem ser adquiridos de forma a buscar melhor qualidade e menor preço.

Apesar disso, a aquisição de mobiliário e equipamentos não deve fazer parte da planilha de orçamento para os serviços de engenharia. Isso porque esses itens não são considerados parte da obra em si, e sim como bens de consumo para a utilização da edificação.

Dessa forma, a aquisição de mobiliário e equipamentos precisa ser realizada através de uma licitação separada, seguindo as mesmas regras e procedimentos estabelecidos para a contratação de serviços de engenharia. O edital de licitação tem de especificar as características dos equipamentos e mobiliários a serem obtidos, além de estabelecer critérios para a escolha do fornecedor, como preço, qualidade e prazo de entrega.

10.8 Mobilização e desmobilização em obras

No âmbito da execução de obras de engenharia, o processo de mobilização em geral está associado à necessidade do estabelecimento de canteiros de obras de grandes dimensões e ao transporte e implementação de equipamentos de grande porte. O Acórdão 2.369/2011 do TCU destaca que a parcela de mobilização abrange despesas relacionadas ao transporte de recursos humanos, equipamentos e instalações específicas (como usinas de asfalto, centrais de britagem e centrais de concreto) desde a sua origem até o local de implantação do canteiro.

As despesas associadas à mobilização e desmobilização, conforme estabelecido no referido acórdão, devem estar restritas aos custos de transporte, carga e descarga para disponibilizar equipamentos e mão de obra às frentes de serviço. Também é salientado que os itens administração local, instalação de canteiro e acampamento, e mobilização e desmobilização devem constar na planilha orçamentária, não no BDI, promovendo assim maior transparência no processo. Esses itens devem ser detalhados e devidamente justificados na planilha.

A determinação do dimensionamento dessas despesas considera o porte, a localização, a complexidade, o prazo de execução e os requisitos de qualidade da obra, além de seguir as normativas específicas de medicina e segurança do trabalho. Os limites para pagamento de instalação e mobilização devem ser especificados separadamente das demais parcelas, etapas ou tarefas.

O gestor é incumbido de estabelecer critérios de aceitabilidade e condições de pagamento para a mobilização, baseando-se na premissa de que esse item abrange unicamente as despesas com transporte, carga e descarga necessários. O pagamento deve ser proporcional à execução física dos serviços, conforme o cronograma de desembolso da obra, buscando eliminar qualquer possibilidade de antecipação.

10.8.1 Entendimento jurídico sobre mobilização e desmobilização em obras

Detalhamento no custo direto

Como já mencionado, os itens relacionados à administração local, canteiro de obras e mobilização/desmobilização devem estar presentes de maneira detalhada na planilha de custos diretos do orçamento de referência das licitações. Tais itens não compõem a taxa de BDI, sendo discriminados devido à identificação, mensuração e controle pela administração pública, permitindo medição e pagamento individualizados.

> **Acórdãos TCU**
> Acórdão 3.034/2014, Acórdão 2.622/2013, Acórdão 2.447/2012, Acórdão 883/2011, Acórdão 1.119/2010 e Acórdão 2.029/2008.

Situações de vantagem competitiva e obrigações contratuais

A utilização de equipamentos já mobilizados em decorrência de contrato anterior configura uma vantagem competitiva para a contratada, a qual tem o direito de ser remunerada pelas despesas de mobilização e desmobilização, conforme previsto na planilha orçamentária do contrato. O pagamento está condicionado à conformidade do preço orçado com as especificações do projeto e os custos de referência.

Fora esse caso, não é permitido o pagamento de despesas de transporte ou ferramentas como mobilização e desmobilização, a menos que a alocação direta à obra seja especificamente comprovada.

> **Acórdãos TCU**
> Acórdão 477/2015 e Acórdão 1.368/2010.

Aplicação obrigatória em obras rodoviárias

A obrigatoriedade ou não de certas rubricas leva em conta as particularidades das obras rodoviárias; devem ser considerados o contexto e as especificidades de cada projeto ao definir as categorias de custos aplicáveis.

Em obras rodoviárias, a rubrica "mobilização e desmobilização" é categorizada como obrigatória, pela natureza inerente desses elementos específicos em obras dessa categoria.

Acórdãos TCU
Acórdão 1.993/2013.

Utilização de BDI reduzido na mobilização

Recomenda-se a aplicação de BDI reduzido especificamente aos custos relacionados à mobilização e desmobilização, quando estes representarem uma parcela considerável do valor final estimado da obra.

O acórdão destaca o caso específico de obras de dragagem como exemplo, nas quais os custos de mobilização e desmobilização frequentemente constituem uma parte significativa do orçamento total.

Essa recomendação visa assegurar uma abordagem mais racional na aplicação do BDI, considerando as características e particularidades de cada obra, para que seja proporcional e alinhada com a realidade financeira da mobilização e desmobilização, evitando distorções nos custos indiretos.

Acórdãos TCU
Acórdão 179/2017.

10.9 Canteiro de obras

A execução de obras de engenharia demanda a criação de canteiros de obras para suporte e desenvolvimento das atividades pertinentes ao setor. Conforme estabelecido pela Norma Regulamentadora da Construção Civil, NR 18/2013, o canteiro de obras é definido como uma área de trabalho fixa e temporária onde ocorrem as operações de apoio e execução da obra.

Consoante a NBR 1367/1991, que versa sobre as características das áreas de vivência necessárias para o efetivo de trabalhadores alocados no empreendimento, o canteiro de obras é subdividido em áreas operacionais e áreas de vivência, abarcando os locais destinados tanto à realização das operações da construção quanto às necessidades dos trabalhadores.

A complexidade de um canteiro de obras está intrinsecamente relacionada à complexidade do objeto licitado. O planejamento e a estruturação adequada do canteiro são, portanto, essenciais para assegurar o bom desenvolvimento das atividades ao longo do projeto.

Os custos associados à mobilização e desmobilização do canteiro de obras são determinados pela mensuração da força de trabalho a ser deslocada e pelo custo de mobilização dos equipamentos envolvidos. Esses custos são passíveis de identificação em orçamentos analíticos, fornecendo uma base sólida para a composição de preços durante a licitação.

O Acórdão 2.369/2011 estabelece que o item "instalação de canteiro de obra" remunera diversas despesas, incluindo a infraestrutura física necessária ao desenvolvimento da obra, composta por construções provisórias compatíveis com o uso, tais como escritórios da obra, sanitários, oficinas, centrais de fôrma e armação, instalações industriais, cozinha/refeitório, vestiários, alojamentos, tapumes, bandejas salva-vidas, estradas de acesso, placas da obra e instalações temporárias de água, esgoto, telefone e energia.

10.9.1 Entendimento jurídico sobre canteiro de obras

Vedação de acréscimo

O Acórdão 178/2019 estabelece que, nos aditivos contratuais, não é permitido acréscimo nos valores dos serviços de administração local e operação e manutenção do canteiro quando houver atraso na execução da obra por culpa exclusiva da contratada. Nesses casos, a possibilidade de reequilíbrio econômico-financeiro do contrato por meio desses serviços é afastada. O acórdão também estabelece medidas para evitar acréscimos indevidos nesses serviços.

Acórdãos TCU
Acórdão 178/2019.

Não obrigatoriedade em obras rodoviárias

A rubrica "instalação de canteiro e acampamento" não é considerada obrigatória em obras rodoviárias; em vez disso, é condicionada às especificidades e demandas particulares de cada empreendimento. A decisão ressalta a importância de levar em consideração as características e requisitos específicos de cada obra rodoviária.

Acórdãos TCU
Acórdão 1.993/2013.

Particularidades em obras de pontes

O Acórdão 2.061/2008 estabelece que as obras destinadas à construção de pontes devem obedecer a requisitos específicos. Antes do início dessas obras, é imprescindível a obtenção de licenças prévias junto aos órgãos competentes, como a licença de instalação de canteiro de obras e usinas de concreto, para assegurar que as obras de pontes sejam iniciadas em condições adequadas e em conformidade legal, evitando danos ao meio ambiente.

Além da licença de instalação de canteiro de obras, destaca-se a necessidade de emissão da licença para supressão de vegetação, o que evidencia a preocupação com a preservação ambiental e a legalidade das ações durante o processo de construção de pontes. Dado o impacto das obras de pontes no ambiente circundante, é crucial que elas sejam realizadas de maneira sustentável, cumprindo as normas e regulamentos ambientais estabelecidos para a proteção do ecossistema.

Acórdãos TCU
Acórdão 2.061/2008.

Aplicação nos custos diretos

Os acórdãos do TCU destacam que os custos relacionados à administração local, instalação/manutenção de canteiro de obras e mobilização/desmobilização devem estar discriminados na planilha orçamentária de custos diretos, inclusão respaldada pela possibilidade de identificação, mensuração e controle desses custos. Portanto, esses itens não devem compor o BDI, em vez disso sendo transferidos para o orçamento-base, de forma a garantir que sejam medidos e pagos como custos diretos.

A substituição de composições indicadas em sistemas referenciais de preços de obras públicas por outras é admitida apenas em casos específicos. Isso se justifica quando a obra ou serviço apresenta características únicas que se diferenciam significativamente da situação padrão considerada nos sistemas referenciais.

Acórdãos TCU
Acórdão 1.235/2019, Acórdão 1.352/2015, Acórdão 3.034/2014, Acórdão 2.447/2012, Acórdão 2.842/2011, Acórdão 2.152/2010, Acórdão 1.119/2010 e Acórdão 2.029/2008.

Incidência de ISS em materiais produzidos no canteiro

Se os materiais são produzidos pelo prestador no canteiro de obras, a incidência de Imposto sobre Circulação de Mercadorias e Serviços (ICMS) é inexistente. Nesse caso, os valores desses materiais devem ser mantidos na base de cálculo do ISS (Imposto sobre Serviços).

Já quando os materiais são produzidos pelo prestador fora do local onde os serviços são prestados, ocorre a incidência de ICMS. A tributação é determinada pelo local de produção, e não pela localidade onde os serviços são efetivamente prestados.

No caso de aquisição de materiais de terceiros, também não há a incidência de ICMS; seus valores devem ser considerados na base de cálculo do ISS.

Acórdãos TCU
Acórdão 679/2009.

10.10 Anexos do edital

O primeiro anexo previsto pelo § 2º do art. 40 da Lei nº 8.666/1993 é o projeto básico e/ou executivo. Esse projeto deve conter todas as informações necessárias para a compreensão do objeto da licitação, como desenhos, especificações técnicas, cálculos estruturais, entre outros. Recomenda-se que o projeto seja claro e completo, porque servirá como base para o desenvolvimento dos trabalhos da empresa vencedora.

O segundo anexo obrigatório é o orçamento estimado em planilhas de quantitativos e preços unitários. Essa planilha deve conter os preços unitários dos itens da obra, incluindo materiais e mão de obra, bem como a quantidade necessária de cada item. A elaboração dessa planilha é de responsabilidade do órgão licitante e deve estar em conformidade com o mercado e as condições financeiras da administração pública.

A terceira obrigação é a minuta do contrato a ser firmado entre a administração e o licitante vencedor. A minuta precisa conter todas as cláusulas e condições exigidas para a contratação, com a determinação de prazos, valores, condições de pagamento e garantias.

Por fim, o edital deve incluir as especificações complementares e as normas de execução pertinentes à licitação, para assegurar que os licitantes compreendam todas as exigências técnicas e legais do projeto. As especificações complementares devem englobar, por exemplo, as características dos materiais a serem utilizados, as técnicas construtivas adotadas e as normas de segurança e saúde ocupacional a serem respeitadas.

10.11 Dispensa ou inexigibilidade de licitação

A dispensa e a inexigibilidade de licitação são modalidades previstas em lei que permitem a contratação direta de empresas pela administração pública, sem precisar de processo licitatório. Essas modalidades são excepcionais e só podem ser utilizadas em situações específicas dispostas na lei.

No caso de obras e serviços de engenharia, a Lei nº 14.133/2021 dispõe que são dispensáveis as licitações para contratações com valores inferiores a R$ 100.000,00. Isso significa que, se o valor da obra ou serviço for igual ou inferior a esse limite, a administração pública poderá realizar a contratação direta sem a necessidade de licitação.

Já a inexigibilidade de licitação corresponde aos casos em que é inviável a competição, ou seja, quando existe apenas um fornecedor capaz de atender às exigências da administração pública. Essa modalidade é aplicável quando a contratação envolve aquisição de bens ou serviços que sejam exclusivos de um determinado fornecedor, por exemplo, a contratação de serviços de um profissional de renome reconhecido pela administração.

De acordo com a Lei nº 14.133/2021, o procedimento para esse tipo de contratação deve ser instruído com a documentação prevista em seu art. 72, que inclui o documento de formalização da demanda, a estimativa de despesa, o parecer jurídico e técnico, a comprovação da compatibilidade da previsão de recursos orçamentários com o compromisso a ser assumido, a comprovação de que o contratado preenche os requisitos de habilitação e qualificação mínima, a justificativa da escolha do contratado e da razão do preço, entre outros.

Ocorre que, mesmo nas modalidades de dispensa e inexigibilidade de licitação, a administração pública deve justificar a contratação direta, explicando as razões que a levaram a optar por essa modalidade. Além disso, a contratação direta indevida, realizada com dolo, fraude ou erro grosseiro, pode gerar responsabilidade solidária do contratado e do agente público responsável pelo dano causado ao erário.

10.11.1 Entendimento jurídico sobre inexigibilidade, contratação direta e dispensa de licitações

Notória especialização

Os acórdãos destacam que a contratação direta por inexigibilidade, fundamentada no art. 25, inciso II, da Lei nº 8.666/1993 exige a presença simultânea de três requisitos fundamentais: a inclusão no rol de serviços técnicos especializados conforme o art. 13, a natureza singular do serviço e a notória especialização do contratado. Qualquer ausência desses requisitos configura irregularidade na contratação.

Há uma ênfase na ideia de que a inexigibilidade de licitação para serviços técnicos com notória especialização é adequada somente quando se trata de um serviço de natureza singular. Além disso, a seleção do executor deve envolver um grau de subjetividade que não pode ser mensurado por critérios objetivos, conforme a Lei nº 8.666/1993. Sublinha-se a importância de demonstrar, de maneira inequívoca, tal singularidade do objeto e que somente a empresa ou profissional escolhido possui a devida especialização.

Finalmente, destaca-se a necessidade de os órgãos públicos adotarem medidas cautelares ao receber atestados de exclusividade, visando assegurar a veracidade das declarações prestadas pelos emitentes.

Acórdãos TCU
Acórdão 497/2012, Acórdão 2.762/2011, Súmula TCU 39, Acórdão 1.437/2011, Acórdão 1.038/2011, Acórdão 5.903/2010 – Segunda Câmara, Acórdão 1.247/2008, Acórdão 3.860/2007 – Primeira Câmara, Acórdão 2.142/2007, Acórdão 1.062/2007 e Acórdão 223/2005.

Inviabilidade de competição/singularidade/exclusividade

O conceito de singularidade, conforme o art. 25, inciso II, da Lei nº 8.666/1993, não está vinculado à unicidade, mas sim à complexidade e especificidade do objeto. A singularidade não significa ausência de outros sujeitos capazes de executar o objeto – trata-se de uma situação diferenciada que demanda alto nível de segurança e cuidado.

No caso de exclusividade de fabricação do produto por determinada empresa, comprovada conforme o art. 25, inciso I, da lei mencionada, ressalta-se que a condição de comerciante único pode ser demonstrada por meio de contrato de exclusividade entre fabricante e comerciante, mesmo que pertençam ao mesmo grupo.

É enfatizado que a mera demonstração de exclusividade de marca não é suficiente para justificar a inexigibilidade de licitação, sendo essencial comprovar a inviabilidade de competição e apresentar o orçamento detalhado de custos; a falta desses requisitos implica responsabilização do gestor perante o TCU. Para atestados de exclusividade de fornecimento, são necessárias medidas para assegurar a veracidade das declarações, incluindo consulta ao fabricante, pois a exclusividade de marca comercial não preenche os requisitos legais. Além disso, destaca-se que a exigência de contrato de exclusividade, em vez de carta, para a contratação de artistas não é apropriada quando o período de vigência do convênio já transcorreu.

Fica esclarecido que, mesmo diante da falta de planejamento, a situação fática pode exigir a dispensa, sendo indevido o gestor deixar de adotá-la para evitar danos decorrentes de sua inércia.

Por fim, os acórdãos postulam que a contratação direta por inexigibilidade de serviços técnicos especializados não está restrita ao art. 25, inciso II, da Lei nº 8.666/1993; outras situações que justifiquem a inviabilidade de competição podem embasar a contratação direta.

> **Acórdãos TCU**
> Acórdão 1.397/2022, Acórdão 6.875/2021 – Segunda Câmara, Acórdão 2.993/2018, Acórdão 4.178/2017 – Segunda Câmara, Acórdão 2.503/2017, Acórdão 3.661/2016 – Primeira Câmara, Acórdão 2.616/2015, Acórdão 7.840/2013 – Primeira Câmara, Acórdão 1.785/2013, Acórdão 1.074/2013, Acórdão 659/2012, Acórdão 497/2012, Acórdão 9.554/2011 – Primeira Câmara, Acórdão 5.347/2011 – Primeira Câmara, Acórdão 207/2011, Acórdão 5.903/2010 – Segunda Câmara, Acórdão 5.504/2010 – Segunda Câmara, Acórdão 2.569/2010 – Primeira Câmara, Acórdão 1.971/2010, Acórdão 1.378/2010 – Segunda Câmara, Acórdão 658/2010, Súmula TCU 252, Acórdão 618/2010, Acórdão 17/2010, Acórdão 2.724/2009, Acórdão 568/2009 – Primeira Câmara, Acórdão 1.667/2008, Acórdão 1.886/2007 – Segunda Câmara, Acórdão 1.796/2007, Acórdão 1.331/2007 – Primeira Câmara, Acórdão 1.062/2007 e Acórdão 1.630/2006.

Emergência ou calamidade pública

A contratação emergencial é considerada um ato de gestão, e a sua ratificação não está entre as atribuições legais e constitucionais do TCU – a avaliação da conveniência e oportunidade desses atos cabe ao gestor. Há uma ênfase na responsabilidade do gestor que não toma as providências necessárias no tempo adequado.

Nos casos de contratação emergencial, os gestores devem comprovar a urgência em não aguardar um processo licitatório devido ao risco iminente de prejuízos ou à segurança de pessoas e bens, tanto públicos quanto privados. A contratação direta é aceitável mesmo quando a situação de emergência é causada pela falta de planejamento, desídia administrativa ou má gestão de recursos públicos. A lei não faz distinção quanto à origem da emergência.

Contratos emergenciais não devem resultar em encargos ou custos mais elevados do que contratações provenientes de procedimentos licitatórios, a menos que haja justificativa adequada. A ausência de imprevisibilidade nos eventos também caracteriza irregularidade.

A escolha do fornecedor e o preço acordado na contratação direta precisam ser devidamente justificados pelo gestor. Além disso, a contratação emergencial de uma empresa sem comprovação prévia de sua capacidade técnica para a execução do contrato vai contra o disposto na lei.

Mesmo em situações de emergência, é preciso elaborar um projeto básico com elementos indicados na Lei nº 8.666/1993; a dispensa de licitação não exclui a necessidade de especificação precisa do produto a ser adquirido e justificativa de preços.

> **Acórdãos TCU**
> Acórdão 119/2021, Acórdão 4.051/2020, Acórdão 1.130/2019 – Primeira Câmara, Acórdão 2.260/2017 – Primeira Câmara, Acórdão 1.580/2017 – Primeira Câmara, Acórdão 1.122/2017, Acórdão 2.504/2016, Acórdão 1.312/2016 – Primeira Câmara, Acórdão 27/2016, Acórdão 6.439/2015 – Primeira Câmara, Acórdão 2.240/2015 – Primeira Câmara, Acórdão 1.987/2015, Acórdão 4.570/2014, Acórdão 2.988/2014, Acórdão 1.217/2014, Acórdão 1.162/2014, Acórdão 2.055/2013 – Segunda Câmara, Acórdão 1.022/2013, Acórdão 513/2013, Acórdão 3.656/2012 – Segunda Câmara, Acórdão 3.065/2012, Acórdão 425/2012, Acórdão 10.057/2011 – Primeira Câmara, Acórdão 2.614/2011, Acórdão 2.190/2011, Acórdão 1.599/2011, Acórdão 1.457/2011, Acórdão 1.138/2011, Acórdão 504/2011 – Primeira Câmara, Acórdão 7.557/2010 – Segunda Câmara, Acórdão 3.521/2010 – Segunda Câmara, Acórdão 3.238/2010, Acórdão 3.076/2010, Acórdão 1.192/2008 – Primeira Câmara, Acórdão 798/2008 – Primeira Câmara, Acórdão 1.030/2008, Acórdão 3.083/2007 – Primeira Câmara, Acórdão 1.876/2007, Acórdão 645/2007 e Acórdão 224/2007.

Responsabilidade do gestor público

A contratação emergencial devido à falta de planejamento, desídia administrativa ou má gestão de recursos públicos pode levar à responsabilização do gestor que contribuiu para essa situação, pela omissão no dever de agir a tempo.

A constatação de que a proposta contratada por dispensa de licitação possui escopo menor em relação ao objeto da licitação pode configurar irregularidade no procedimento adotado. Ademais, a realização sistemática e contínua de procedimentos de contratação direta, sem o preenchimento dos requisitos legais, pode resultar em penalidades para os responsáveis.

É obrigatório comprovar a regularidade fiscal do contratado em situações de dispensa e inexigibilidade de licitação. Nas contratações em que o objeto só pode ser fornecido por produtor, empresa ou representante comercial exclusivo, é dever do agente público confirmar a veracidade da documentação comprobatória da condição de exclusividade.

Os gestores são responsáveis perante o TCU por decisões de contratação direta baseadas em pareceres técnico e jurídico superficiais e insuficientes para justificar a excepcionalidade da dispensa de licitação. Agentes que emitem esses pareceres sem o preenchimento dos requisitos legais também podem ser responsabilizados solidariamente com o administrador.

> **Acórdãos TCU**
> Acórdão 1.842/2017, Acórdão 1.122/2017, Acórdão 5.847/2012 – Segunda Câmara, Acórdão 1.061/2012 – Primeira Câmara, Acórdão 6.165/2011 – Primeira Câmara, Acórdão 2.255/2011, Acórdão 1.872/2010 – Primeira Câmara, Súmula TCU 255, Acórdão 633/2010 e Acórdão 2.753/2008 – Segunda Câmara.

Fracionamento de licitações

O uso de dispensas de licitação, em preterição à consideração do valor total estimado do objeto, configura fracionamento de despesa e evasão ao devido procedimento licitatório. O fracionamento deliberado de despesas até o limite de dispensa previsto em lei, com a intenção de evitar licitação, pode resultar na aplicação de multa ao gestor.

Assim, não devem ser contratados serviços ou realizadas compras semelhantes por dispensa de licitação quando o total das despesas anuais não estiver dentro do limite estabelecido pela lei. A dispensa de licitação por valor está condicionada a que o valor-limite não seja parte de um mesmo serviço, compra ou alienação de maior vulto que possa ser realizado de uma só vez.

Dificuldades orçamentárias devidamente comprovadas podem justificar exceções ao fracionamento, mas isso deve ser corretamente documentado. No mais, o uso indiscriminado e vicioso de dispensas de licitação é proibido, e é mandatório seguir o procedimento licitatório adequado. A administração deve planejar adequadamente compras e selecionar modalidades de licitação apropriadas, evitando o desvirtuamento da dispensa de licitação por valor, através do fracionamento indevido de despesas semelhantes.

Acórdãos TCU
Acórdão 4.509/2020 – Primeira Câmara, Acórdão 2.726/2012 – Segunda Câmara, Acórdão 3.153/2011 – Plenário, Acórdão 2.255/2011, Acórdão 2.157/2011, Acórdão 1.604/2011 – Primeira Câmara, Acórdão 4.748/2009 – Primeira Câmara, Acórdão 743/2009, Acórdão 3.550/2008 – Primeira Câmara, Acórdão 2.643/2008, Acórdão 2.636/2008 – Primeira Câmara, Acórdão 2.195/2008 – Primeira Câmara, Acórdão 578/2008, Acórdão 1.193/2007 – Primeira Câmara, Acórdão 706/2007 – Primeira Câmara, Acórdão 409/2007 – Primeira Câmara e Acórdão 3.548/2006 – Primeira Câmara.

Justificativa de preços

Realizar cotação de preços junto a possíveis prestadores de serviços é essencial para justificar a compatibilidade dos preços contratados com os praticados no mercado, afastando a possibilidade de inexigibilidade de licitação.

A justificativa de preço em contratações por inexigibilidade pode ser feita através da comparação dos valores ofertados com aqueles praticados pelo contratado em acordos semelhantes com outros entes públicos ou privados. No entanto, a falta de verificação da economicidade dos preços em processos de dispensa ou inexigibilidade não exime a empresa contratada da responsabilidade por eventual sobrepreço no contrato.

Mesmo sem sobrepreço ou superfaturamento, a ausência de pesquisa de mercado em contratações diretas representa uma irregularidade grave, sujeita à aplicação de multa pelo TCU. Ainda nas contratações diretas, a escolha do contratado é discricionária, mas deve atender aos requisitos legais, incluindo justificativa de preço e razão da escolha.

Tal justificativa de preço deve ser realizada preferencialmente com a apresentação de pelo menos três cotações válidas, ou, na impossibilidade, uma justificativa circunstanciada. O fato de o preço ser o mesmo para qualquer empresa não justifica, por si só, a contratação direta por inexigibilidade, uma vez que o procedimento licitatório busca a melhor proposta e igualdade de condições.

A apresentação de cotações junto ao mercado é a forma preferencial de justificar preços em contratações sem licitação, mas é permitido o uso de outros meios quando necessário. Em processos de dispensa, inexigibilidade e também licitação, é essencial incluir elementos que comprovem a compatibilidade dos preços com o mercado, órgãos oficiais ou sistemas de registro de preços – essa consulta prévia é obrigatória.

> **Acórdãos TCU**
> Acórdão 2.280/2019 – Primeira Câmara, Acórdão 4.984/2018 – Primeira Câmara, Acórdão 2.993/2018, Acórdão 1.392/2016, Acórdão 1.565/2015, Acórdão 2.585/2014, Acórdão 1.607/2014, Acórdão 522/2014, Acórdão 2.380/2013, Acórdão 1.157/2013, Acórdão 2.724/2012 – Segunda Câmara, Acórdão 10.057/2011 – Primeira Câmara, Acórdão 2.673/2011, Acórdão 1.996/2011, Súmula TCU 265, Acórdão 1.602/2011, Acórdão 1.038/2011, Acórdão 1.403/2010, Acórdão 3.855/2009 – Primeira Câmara, Acórdão 2.545/2008 – Primeira Câmara, Acórdão 792/2008 e Acórdão 1.434/2007 – Segunda Câmara.

Planilha de custos

Mesmo em contratações diretas por inexigibilidade de licitação, o gestor é obrigado a elaborar um orçamento detalhado em planilhas que expressem todos os custos unitários do objeto, documento essencial para avaliação dos preços propostos. Também é exigida a demonstração da inviabilidade de competição. A ausência desses requisitos pode implicar responsabilização do gestor perante o TCU.

Nas contratações para terceirização de mão de obra, é recomendável que parcelas referentes a gastos com reserva técnica não sejam incluídas nos orçamentos básicos, formulários de propostas de preços, justificativas de preços da contratante e propostas de preços da contratada, mesmo nos casos de dispensa e inexigibilidade de licitação.

> **Acórdãos TCU**
> Acórdão 2.547/2015, Acórdão 3.289/2014, Acórdão 690/2012 – Segunda Câmara, Acórdão 9.554/2011 – Primeira Câmara e Acórdão 645/2009.

Justificativa técnico-jurídica

Nos processos de inexigibilidade de licitação, é necessário explicitar os requisitos de singularidade do objeto, notória especialização do contratado e inviabilidade fática e jurídica de competição. A simples uniformidade de preço entre diferentes empresas não justifica a contratação direta por inexigibilidade. A busca pela melhor proposta e a igualdade de condições para os interessados devem ser consideradas no procedimento licitatório.

A contratação direta emergencial deve se restringir à parcela mínima necessária para evitar dano ou perda de serviços, exigindo justificativas técnicas e jurídicas que respaldam o procedimento excepcional, enquanto a solução definitiva sujeita-se a licitação formal.

Cada ato de prorrogação equivale a uma renovação contratual, exigindo planejamento e motivação adequada, incluindo a indicação da hipótese legal ensejadora da dispensa ou inexigibilidade de licitação. Pareceres jurídicos devem ser emitidos em relação às minutas dos editais de licitação, dispensa ou inexigibilidade, bem como dos contratos, e devem constar dos processos licitatórios.

A administração deve formalizar contratos nos casos de tomada de preços, concorrência, dispensa ou inexigibilidade de licitação, considerando os limites das modalidades e as obrigações futuras.

> **Acórdãos TCU**
> Acórdão 75/2022, Acórdão 1.473/2019, Acórdão 213/2017, Acórdão 6.439/2015 – Primeira Câmara, Acórdão 2.585/2014, Acórdão 1.964/2012 – Segunda Câmara, Acórdão 11.907/2011 – Segunda Câmara, Acórdão 1.403/2010, Acórdão 952/2010, Acórdão 589/2010 – Primeira Câmara, Acórdão 3.266/2008 – Segunda Câmara, Acórdão 2.545/2008 – Primeira Câmara, Acórdão 792/2008 e Acórdão 1.434/2007 – Segunda Câmara.

Etapa remanescente de obra/serviço

Caso a contratada não tenha interesse em prorrogar o contrato, é permitida a dispensa de licitação para contratação do remanescente, desde que seja atendida a ordem de classificação da licitação anterior e aceitas as mesmas condições oferecidas pelo licitante vencedor. Quando há rescisão contratual, a contratação direta do remanescente exige a preservação das condições oferecidas pelo licitante vencedor, incluindo os preços unitários, devidamente corrigidos, e não apenas a adoção do mesmo preço global.

Contratar diretamente o remanescente de serviço por um prazo superior ao efetivamente remanescente do contrato rescindido vai contra as disposições legais. Além disso, a contratação direta não é permitida se a licitação original estiver comprometida por vícios.

Na situação de remanescente de obra e falta de interessados nas mesmas condições do licitante vencedor, o administrador deve realizar um novo certame em vez de optar pela contratação direta.

A ausência de interesse da contratada em prorrogar o contrato não autoriza a dispensa de licitação para a contratação do remanescente, nem a convocação, conforme previsto em legislação específica.

Acórdãos TCU
Acórdão 1.443/2018, Acórdão 7.979/2017 – Segunda Câmara, Acórdão 1.134/2017, Acórdão 379/2017 – Plenário, Acórdão 2.830/2016, Acórdão 2.132/2016, Acórdão 819/2014, Acórdão 552/2014, Acórdão 3.075/2012 e Acórdão 412/2008.

Locação/aquisição de imóveis (procedimento regular)

A exigência de um único imóvel apto não é um requisito para a contratação por dispensa de licitação. São relevantes outros critérios, como a comprovação da destinação do imóvel às finalidades primordiais da administração, a escolha condicionada às necessidades de instalação e localização, e a compatibilidade do preço com o valor de mercado. Deve-se evitar destinações para atividades acessórias.

Adquirir um imóvel por dispensa de licitação requer justificativas baseadas em pareceres técnicos e econômicos. A ausência desses documentos sujeita o responsável a penalidades do TCU.

A compra de imóvel por dispensa de licitação é irregular se não for comprovado que é o único capaz de atender às necessidades da administração. Quando não existirem imóveis específicos e insubstituíveis, a administração deve seguir o princípio da obrigatoriedade geral de licitar, proporcionando igualdade de condições aos particulares.

A obtenção de imóvel para uso institucional sem licitação, com dispensa, também é considerada irregular quando não há um chamamento público prévio, violando o princípio da publicidade.

É permitida a contratação direta de locação sob medida (*built to suit*), por meio de licitação dispensável, conforme previsto no art. 24, inciso X, da Lei n° 8.666/1993. A exceção à regra de licitação exige que o terreno no qual o imóvel será construído seja de propriedade do particular que atuará como locador no futuro contrato de locação sob medida.

Acórdãos TCU
Acórdão 702/2023, Acórdão 3.083/2020, Acórdão 5.244/2017 – Primeira Câmara, Acórdão 5.948/2014 – Segunda Câmara, Acórdão 1.816/2013 – Segunda Câmara, Acórdão 1.301/2013, Acórdão 6.259/2011 – Segunda Câmara, Acórdão 549/2011 – Segunda Câmara, Acórdão 1.894/2008 e Acórdão 444/2008.

Licitação deserta

Considera-se irregular a contratação direta com base em licitação fracassada se não for concedido o prazo adequado de oito dias úteis para que as empresas participantes possam apresentar novas propostas corrigindo falhas anteriores.

A tese de ausência de interessados para contratação direta se aplica quando todos os licitantes são inabilitados ou suas propostas são desclassificadas. No entanto, essa tese não é válida quando a inabilitação resulta de equívoco da administração devido à não apresentação de documento facilmente obtido na internet. A desclassificação de todos os licitantes pela falta de documentos facilmente obtidos, aliada à ausência de demonstração da impossibilidade de repetição do certame, torna irregular a contratação por dispensa de licitação.

A licitação deserta deve ser repetida ou a inviabilidade de sua repetição deve ser justificada, sendo necessário demonstrar que tal repetição pode acarretar prejuízo à administração, com exposição de motivos constantes no processo de contratação. Se os requisitos característicos da licitação deserta estiverem ausentes e não forem demonstrados os possíveis prejuízos, a contratação direta é considerada ilegal.

Acórdãos TCU
Acórdão 756/2022, Acórdão 6.786/2012 – Primeira Câmara, Acórdão 3.233/2012 – Primeira Câmara, Acórdão 6.440/2011 – Primeira Câmara, Acórdão 342/2011 – Primeira Câmara, Acórdão 7.049/2010 – Segunda Câmara e Acórdão 2.648/2007.

Permuta de imóvel por unidades imobiliárias

A troca de terreno pertencente à entidade da administração pública por unidades imobiliárias a serem construídas no futuro não se encaixa na exceção de dispensa de licitação prevista em lei. Portanto, ela deve ser precedida por um procedimento licitatório, especialmente na modalidade concorrência.

> **Acórdãos TCU**
> Acórdão 2.853/2011.

Subcontratações

A contratação direta com base no art. 24, inciso VIII, da Lei n° 8.666/1993 exige que a entidade contratada possua qualificação técnica e operacional para realizar integralmente o objeto do contrato. A subcontratação total dos serviços nesses casos é considerada irregular.

A subcontratação ainda é vedada nos casos de contratos firmados com inexigibilidade de licitação e com dispensa de licitação baseada na experiência da contratada, no corpo técnico ou quando a identidade do contratado é a razão que fundamenta a escolha para celebrar o contrato.

> **Acórdãos TCU**
> Acórdão 448/2017 – Primeira Câmara, Acórdão 275/2010 – Primeira Câmara, Acórdão 1.183/2010, Acórdão 2.644/2009, Acórdão 2.324/2008, Acórdão 662/2008 e Acórdão 1.705/2007.

Projeto básico

Quando o projeto básico é contratado por um órgão diferente daquele responsável pela licitação, o recebimento pelo primeiro órgão não dispensa a aprovação pelo segundo. Os conceitos de recebimento e aprovação do projeto são distintos.

A contratação do vencedor de anteprojeto arquitetônico para a execução do "projeto completo" é irregular por inexigibilidade de licitação, a menos que a administração demonstre de maneira inequívoca a capacidade exclusiva desse escritório para realizar o projeto escolhido. Nas contratações de projetos de arquitetura e urbanismo com inexigibilidade de licitação, os projetos de instalações e serviços complementares devem ser obrigatoriamente licitados, a não ser que a inviabilidade técnica ou econômica da dissociação seja claramente demonstrada.

Na dispensa de licitação respaldada pelo art. 24, inciso IV, da Lei n° 8.666/1993, podem ser utilizados projetos básicos que não abranjam todos os elementos previstos na norma, contanto que a contratação direta esteja restrita à parcela mínima necessária para evitar danos ou perdas nos serviços.

Em geral, é exigido o projeto básico mesmo para as obras contratadas sem licitação. A homologação da dispensa de licitação e a assinatura do contrato sem a existência de projeto básico podem ser caracterizadas como erro grosseiro, constituindo violação ao art. 7º, §§ 2º, inciso I, e 9º da Lei nº 8.666/1993.

Acórdãos TCU
Acórdão 2.783/2022 – Segunda Câmara, Acórdão 3.213/2014, Acórdão 3.361/2011 – Segunda Câmara, Acórdão 1.183/2010, Acórdão 943/2011 e Acórdão 224/2007.

Autor do projeto

A Lei nº 5.194/1966, especialmente o art. 22, não confere ao autor do projeto o direito subjetivo de ser automaticamente contratado para os serviços de supervisão da obra correspondente. Isso é reforçado pela Súmula 185 do TCU, a qual destaca que a legislação não dispensa a licitação para a adjudicação desses serviços. Admite-se, quando houver recursos suficientes, realizar a supervisão diretamente, por delegação a outro órgão público, ou incluir nos processos licitatórios para elaboração de projetos a prestação de serviços de supervisão, com remuneração adicional. Caso o certame para elaboração do projeto não inclua os serviços de supervisão em seu objeto, o projetista vencedor não pode se eximir da competição licitatória prevista na lei e na Constituição.

Acórdãos TCU
Súmula TCU 185, Acórdão 2.368/2009 e Acórdão 2.290/2007.

Prorrogações de contrato

A contratação de serviços de prestação continuada com base na hipótese de dispensa de licitação prevista no art. 24, inciso XXXV, da Lei nº 8.666/1993 é considerada ilegal, pois esses serviços não constituem um aprimoramento intrínseco das instituições penais.

Cada ato de prorrogação é equivalente a uma renovação contratual, portanto, a decisão de prorrogar uma contratação direta deve ser devidamente planejada e motivada. Isso inclui a indicação da hipótese legal que ensejou a dispensa ou inexigibilidade de licitação válida no momento da prorrogação contratual.

Contratos celebrados mediante inexigibilidade de licitação não devem ser prorrogados sem uma avaliação da manutenção da inviabilidade de competição; é necessário realizar pesquisas suficientes para demonstrar que nenhuma outra solução ou fornecedor atende aos objetivos da contratação.

As limitações impostas às contratações por emergência devem ser interpretadas em face do interesse público, sem fim próprio e autônomo. Contratos emergenciais para parcelas de obras e serviços devem limitar-se aos casos em que possam ser concluídos no prazo máximo de 180 dias consecutivos e ininterruptos (art. 24, inciso IV, da Lei nº 8.666/1993). É possível a prorrogação contratual emergencial acima de 180 dias em casos restritos, resultantes de fato superveniente, desde que a duração do contrato se estenda por um período razoável e suficiente para enfrentar a situação emergencial. Os casos restritos devem preencher as seguintes condições: (i) urgência de atendimento de situação que possa ocasionar prejuízo ou comprometer a segurança de pessoas, obras, serviços, equipamentos e outros bens, públicos ou particulares, e (ii) somente para os bens necessários ao atendimento da situação emergencial ou calamitosa.

Assim, é possível, em casos excepcionais, firmar um termo aditivo para prorrogar um contrato proveniente de dispensa por emergência, por um período adicional estritamente necessário à conclusão da obra ou serviço além do prazo máximo fixado em lei, desde que essa medida esteja fundamentada na ocorrência de fato excepcional ou imprevisível, estranho à vontade das partes, que impossibilite a execução contratual no tempo inicialmente previsto.

Serviços de natureza contínua, cuja contratação pode ser prorrogada por até 60 meses (art. 57, inciso II, da Lei nº 8.666/1993), não podem ser considerados como de natureza singular. Para a contratação de serviço técnico especializado mediante inexigibilidade de licitação (art. 25, inciso II, da Lei nº 8.666/1993), serviço singular deve ser compreendido como um serviço específico, pontual, individualizado, precisamente definido em sua extensão e objetivo, diferenciador em relação a outros do mesmo gênero, e limitado no tempo.

> **Acórdãos TCU**
> Acórdão 1.473/2019, Acórdão 213/2017, Acórdão 555/2016, Acórdão 1.801/2014, Acórdão 8.110/2012 – Segunda Câmara, Acórdão 2.190/2011, Acórdão 1.833/2011, Acórdão 106/2011, Acórdão 3.238/2010, Acórdão 6.469/2009 – Primeira Câmara, Acórdão 1.901/2009, Acórdão 2.024/2008 e Acórdão 1.941/2007.

Publicidade do ato

Nos casos de dispensa de licitação com base no art. 32 da Lei nº 9.074/1995, é necessário seguir os princípios gerais da administração pública, em especial os de isonomia, publicidade e moralidade. Além disso, a Lei das Estatais (Lei nº 13.303/2016) exige a divulgação das razões para a escolha do fornecedor ou prestador de serviços, acompanhadas da justificativa para o preço acordado.

Nessa situação de dispensa de licitação, a publicidade do ato deve acontecer após a assinatura do contrato definitivo. Isso se deve ao risco de insucesso de uma entidade na licitação para a outorga de concessão de serviços públicos, em que pré-contratos não teriam efeito, e a divulgação de informações sobre esses ajustes antes da licitação poderia prejudicar a entidade no procedimento licitatório.

Acórdãos TCU
Acórdão 2.533/2021, Acórdão 1.789/2011 e Acórdão 1.336/2006.

Quantidade mínima de empresas

No caso de dispensa de licitação, não há imposição de regras objetivas em relação à quantidade de empresas chamadas para apresentar propostas e ao método de seleção da contratada. A escolha da empresa contratada deve ser devidamente justificada, conforme estabelecido no parágrafo único do art. 26 da Lei nº 8.666/1993.

Acórdãos TCU
Acórdão 2.186/2019.

Condições gerais

Segundo o art. 32 da Lei nº 9.074/1995, o processo administrativo nas dispensas de licitação deve respeitar os princípios gerais da administração pública, como isonomia, publicidade e moralidade, já mencionados. É ilegal contratar, por dispensa de licitação (Lei nº 8.666/1993, art. 24, inciso XI), o remanescente de um contrato com base em condições diferentes daquelas oferecidas pelo licitante vencedor.

O art. 64, § 2º, da Lei nº 8.666/1993, por analogia, pode fundamentar a contratação de licitante remanescente, desde que este desista do contrato após a assinatura, observando-se igual prazo e condições propostas pelo primeiro classificado.

A dispensa de licitação com base no art. 24, inciso XIII, da Lei nº 8.666/1993 requer comprovação da inquestionável reputação ético-profissional e da capacidade de execução do objeto sem subcontratação. A verificação da documentação de regularidade jurídica e fiscal das empresas também é obrigatória. A apresentação de amostra, quando prevista no edital, não deve ser dispensada, preservando os princípios da isonomia e impessoalidade.

Os dirigentes de instituição pública contratante não podem participar da licitação, direta ou indiretamente, sendo agravante quando a contratação ocorre por dispensa de licitação.

Veda-se a contratação por dispensa de licitação quando o somatório dos gastos ao longo do exercício ultrapassa o limite imposto pelo dispositivo legal (Lei n° 8.666/1993, art. 24, inciso II). Itens similares devem ser contratados na mesma licitação.

Acórdãos TCU
Acórdão 2.533/2021, Acórdão 1.498/2021, Acórdão 1.948/2019, Acórdão 2.392/2018, Acórdão 2.737/2016, Acórdão 3.193/2014, Acórdão 1.405/2011, Acórdão 188/2009 e Acórdão 3.550/2008 – Primeira Câmara.

DESENVOLVIMENTO DAS LICITAÇÕES 11

No Brasil, as licitações para obras e serviços de engenharia eram regidas pela Lei nº 8.666/1993, que estabelecia normas gerais sobre licitações e contratos administrativos, e agora são conduzidas pela Lei nº 14.133/2021, que instituiu o novo marco legal das licitações e contratos administrativos no País.

Com a nova lei, algumas mudanças significativas foram introduzidas, como a criação de novos tipos de licitação, a simplificação de procedimentos, a maior participação de empresas estrangeiras e a utilização de tecnologias digitais para a realização dos procedimentos licitatórios.

Uma das principais exigências para a realização da licitação de obras de engenharia é que o procedimento esteja alimentado com um projeto básico assinado por profissional habilitado e devidamente autorizado pela autoridade competente, um orçamento detalhado que expresse a composição de todos os seus custos unitários e a previsão de recursos orçamentários que garantam o pagamento pelos serviços de acordo com o respectivo cronograma físico-financeiro.

Ademais, destaca-se que a nova Lei de Licitações proíbe a participação direta ou indireta de alguns personagens em licitações específicas, tais como o autor do projeto básico ou executivo, a empresa que elaborou o projeto básico ou executivo e o servidor ou dirigente de órgão ou entidade contratante ou responsável pela licitação. Essa proibição tem como objetivo garantir a lisura do processo licitatório e evitar possíveis conflitos de interesse.

No que se refere à fase externa da licitação de obras e serviços de engenharia, ela se inicia com a publicação do edital e se encerra somente após a assinatura do contrato para a execução da obra ou serviço.

11.1 Publicação do edital

É obrigatória a publicação do extrato do edital no Diário Oficial da União, do Estado, do Distrito Federal ou do Município, visando garantir o conhecimento público das condições da licitação, seguindo o princípio da publicidade, e atingir o maior número possível de licitantes interessados no certame. Assim, o edital deve ser disponibilizado na íntegra na internet, com acesso irrestrito. Destaca-se que a publicidade é um dos princípios fundamentais da licitação, com o objetivo de assegurar a ampla participação dos interessados e a transparência do processo.

A Lei nº 14.133/2021, que instituiu um novo regime jurídico para as licitações e contratos da administração pública, também estabeleceu novos prazos para a publicação do edital, que variam de acordo com o valor estimado da contratação (Tab. 11.1). Esses prazos possibilitam que os interessados tenham tempo suficiente para se preparar e apresentar suas propostas.

Tab. 11.1 Prazos referenciais de publicidade em licitações públicas

Valor estimado da contratação	Prazo mínimo para a publicação do edital
Acima de R$ 200 milhões	60 dias úteis
Entre R$ 100 milhões e R$ 200 milhões	45 dias úteis
Entre R$ 30 milhões e R$ 100 milhões	30 dias úteis
Entre R$ 10 milhões e R$ 30 milhões	20 dias úteis
Até R$ 10 milhões	15 dias úteis

Fonte: Brasil (2021).

11.2 Análise das propostas

A partir da análise de propostas, a administração pública irá escolher a empresa que ofereceu a melhor proposta e que atende às exigências estabelecidas no edital. Nessa fase, as propostas apresentadas pelos licitantes são avaliadas em relação aos critérios de aceitabilidade e economicidade.

Um dos critérios utilizados na análise de propostas é o preço total ofertado pelos licitantes. As propostas com valores globais superiores aos da administração pública devem ser desclassificadas, pois representam um custo elevado para o erário. Por outro lado, as propostas com valores globais inferiores aos estimados pela administração precisam ser examinadas com cautela, visto que podem indicar uma baixa qualidade de materiais ou serviços oferecidos.

Além do preço total, os preços unitários apresentados pelos licitantes também são ponderados nessa etapa, para verificar se estão de acordo com os critérios estabelecidos no edital. As propostas com preços unitários superiores aos parâmetros máximos definidos em edital para aceitabilidade devem ser desclassificadas.

Outro aspecto a ser analisado é a exequibilidade dos preços. É necessário verificar se os preços ofertados pelos licitantes são exequíveis, ou seja, se permitem a execução do objeto contratual sem prejuízo à qualidade do serviço ou produto oferecido. Propostas com preços totais inexequíveis ou com preços unitários superiores aos valores de mercado podem ser desclassificadas por não atender às exigências da administração pública.

Ademais, o TCU tem solicitado, conforme Acórdão 262/2006, que órgãos públicos orientem os integrantes de suas comissões de licitação para que "examinem detalhadamente as propostas dos licitantes habilitados, classificando tão somente as propostas que apresentem a correta incidência das alíquotas de tributos e dos encargos sociais" (Brasil, 2006a).

11.3 Inexequibilidade de custos

A inexequibilidade ocorre quando o preço ofertado pelo licitante não é suficiente para cobrir os custos de produção ou execução do serviço, o que pode comprometer a qualidade do produto ou serviço entregue. Pode haver diversas causas, como a falta de informações precisas sobre o objeto licitado, erros de cálculo, dificuldades na obtenção de matéria-prima ou mão de obra qualificada, entre outras. Independente da causa, a inexequibilidade de preços representa um grande prejuízo para a administração pública, que pode acabar contratando empresas sem capacidade técnica e financeira para cumprir o contrato.

Por essa razão, é primordial que a administração pública adote medidas preventivas para evitar esse cenário em licitações. Por exemplo, a elaboração de um projeto básico ou termo de referência detalhado, que contenha todas as informações necessárias para que os licitantes possam fazer uma proposta realista e exequível.

Além disso, a administração pública deve exigir dos licitantes a apresentação de planilhas de custos e formação de preços, com informações detalhadas sobre os custos envolvidos na produção ou execução do serviço ofertado. Essas planilhas devem ser avaliadas com rigor para garantir que os preços oferecidos sejam exequíveis e justos.

Caso a administração pública identifique que uma proposta é inexequível, ela será desclassificada do certame. No entanto, ressalta-se que a desclassificação deve ser fundamentada em critérios objetivos e claros, que possam ser comprovados pelos licitantes. Caso contrário, a desclassificação pode ser contestada pelos licitantes e gerar processos administrativos ou judiciais.

Para obras e serviços de engenharia, as propostas consideradas inexequíveis são aquelas cujos valores sejam inferiores a 75% do valor orçado pela administração (Lei nº 14.133/2021, art. 59, § 4º). A título de exemplo, supõe-se o comparecimento de três empresas com os seguintes valores globais em uma licitação fictícia para serviços de engenharia:

- Orçamento do órgão: R$ 100.000,00;
- Proposta da empresa A: R$ 98.000,00;
- Proposta da empresa B: R$ 95.000,00;
- Proposta da empresa C: R$ 73.000,00.

Dessa forma, segundo a Lei nº 14.133/2021, a empresa C estaria desclassificada por apresentar um valor global de proposta inferior a 75% do valor global orçado pela administração, que corresponde a R$ 75.000,00.

11.4 Homologação e adjudicação

Após o término da licitação e o julgamento das propostas, seguem-se a homologação e a adjudicação do processo. Essas etapas consistem na avaliação de todos os atos praticados durante a licitação e na validação da escolha: a homologação é a validação de todo o processo, enquanto a adjudicação é a decisão de contratação da empresa vencedora.

Para que a homologação e adjudicação sejam realizadas, é preciso que todas as fases do processo licitatório tenham sido concluídas, incluindo a habilitação dos licitantes e a escolha da proposta mais vantajosa para a administração.

Ressalta-se que todas as exigências previstas no edital devem ter sido cumpridas, a fim de evitar questionamentos posteriores. Caso haja alguma irregularidade ou ilegalidade no processo, a autoridade competente do órgão poderá revogar ou anular a licitação.

Por outro lado, se todos os atos estiverem em conformidade com a legislação e as exigências do edital, a autoridade competente deverá homologar a licitação e adjudicar o objeto à empresa vencedora.

Vale reiterar que a homologação e a adjudicação são atos distintos. Enquanto a homologação valida todo o processo licitatório, a adjudicação se refere especificamente à decisão de contratação da empresa vencedora. Assim, é possível que uma licitação seja homologada sem que a adjudicação tenha sido realizada, caso ainda haja alguma pendência em relação à empresa vencedora.

11.5 Fase contratual

A celebração do contrato administrativo representa a formalização do vínculo jurídico entre a administração pública e a empresa vencedora da licitação, estabelecendo os direitos e deveres de cada uma.

O contrato administrativo deve ser elaborado com clareza e precisão, de forma a evitar interpretações equivocadas e garantir a segurança jurídica do negócio para ambas as partes. É necessário que todas as cláusulas contratuais estejam em conformidade com as normas e leis vigentes, a fim de prevenir questionamentos jurídicos futuros.

Informações detalhadas sobre o objeto contratado, como prazos, valores, especificações técnicas e obrigações das partes envolvidas, devem ser incluídas no contrato. Além disso, ele deve prever as penalidades em caso de descumprimento das cláusulas contratuais, para que a administração pública possa assegurar o cumprimento do contrato e a execução adequada do objeto contratado.

Tanto a antiga quanto a nova Lei de Licitações preveem essa etapa como parte integrante do procedimento licitatório, e estabelecem critérios específicos para a elaboração e execução dos contratos administrativos.

No que se refere à Lei nº 8.666/1993, a celebração do contrato administrativo ocorria após a homologação dos atos praticados durante o procedimento licitatório pela autoridade competente. Esse contrato deveria estabelecer de forma clara e precisa as obrigações das partes, os prazos de execução da obra ou serviço e o valor a ser pago pela administração pública à empresa contratada.

Já a Lei nº 14.133/2021 trouxe algumas mudanças em relação à celebração dos contratos administrativos. Uma delas é a exigência de que o contrato contenha um plano de gestão de riscos, a ser elaborado pela empresa contratada e aprovado pela administração pública. Esse plano precisa conter medidas para prevenir, mitigar ou solucionar eventuais riscos que possam surgir durante a execução da obra ou serviço.

Outra mudança é a possibilidade de convocação dos licitantes remanescentes, na ordem de classificação, caso o licitante vencedor não atenda à convocação para assinatura do contrato, conforme previsto no art. 90, § 2º, da Lei nº 14.133/2021.

Além disso, a nova lei estabelece a possibilidade de celebração de contratos por meio de instrumentos como o diálogo competitivo e o regime de contratação integrada. O diálogo competitivo é um procedimento que permite à administração pública dialogar com as empresas interessadas na licitação, com o objetivo de desenvolver uma solução técnica mais adequada às suas necessidades. Já o regime de contratação integrada é uma modalidade de licitação em que a empresa contratada é responsável pela elaboração do projeto básico e executivo da obra ou serviço, além da sua execução.

11.6   Início dos serviços

Após a celebração do contrato administrativo entre a administração e a empresa vencedora da licitação, é preciso que a empresa providencie toda a documentação exigida para iniciar a execução dos serviços da obra pública. Destaca-se que a empresa deve estar em dia com suas obrigações fiscais, trabalhistas e previdenciárias – o não cumprimento dessas obrigações pode acarretar multas, paralisação da obra e até mesmo a rescisão do contrato.

A ART ou RRT dos responsáveis técnicos pela obra também é um documento obrigatório, que atesta a responsabilidade técnica pela execução da obra. Esses profissionais devem estar registrados no CREA ou CAU do Estado em que se localiza o empreendimento. Essa exigência tem como objetivo garantir que a obra seja executada por profissionais habilitados para realizar o serviço e que conheçam as especificações daquele local.

Outro documento necessário é a licença ambiental de instalação, que deve ser obtida junto ao órgão ambiental competente, quando aplicável. Essa licença visa assegurar que a obra seja executada de acordo com as normas e regulamentações ambientais, evitando impactos negativos no meio ambiente.

Cita-se ainda o alvará de construção que deve ser emitido junto à prefeitura municipal antes do início da obra, o qual atesta que a construção está em conformidade com as leis municipais e que a obra pode ser iniciada.

11.7 Alterações contratuais (aditivos)

De acordo com a Lei nº 14.133/2021, os contratos administrativos podem sofrer alterações ou aditamentos em algumas situações específicas. Uma das possibilidades é a alteração unilateral pela administração, nos casos de modificação do projeto ou das especificações técnicas, quando houver necessidade de adequação à legislação, ou ainda em caso de ocorrência de fatos imprevisíveis ou previsíveis, porém de consequências incalculáveis, que demandem a modificação de cláusulas do contrato para garantir a continuidade da execução do objeto contratado.

Também é possível realizar aditamentos contratuais de forma consensual, com o objetivo de prorrogar o prazo de execução do contrato, revisar as cláusulas econômico-financeiras, incluir novas obrigações ou suprimir aquelas que se tornaram desnecessárias, entre outras situações.

O art. 78 da Lei nº 14.133/2021 determina que a prorrogação do contrato poderá ser feita mediante celebração de termo aditivo desde que a administração justifique sua necessidade, demonstre a adequação orçamentária e financeira, e realize uma nova pesquisa de mercado para verificar se as condições originais se mantêm vantajosas. Caso a pesquisa aponte que as condições não são mais vantajosas, a administração poderá optar por licitação para a contratação dos serviços.

11.7.1 Alteração unilateral pela administração

A administração pública pode realizar alterações unilaterais nos contratos administrativos, desde que obedeça aos preceitos legais previstos na Lei nº 14.133/2021. Entre as possíveis alterações, a modificação do projeto ou das especificações, com objetivo de melhor adequação técnica aos objetivos, é uma das mais comuns.

Essa modificação pode ocorrer, por exemplo, em casos de descoberta de um novo problema técnico ou de melhoria do projeto original, que venha a garantir melhor execução da obra ou serviço. No entanto, não será possível modificar o objeto do contrato, nem sua natureza fundamental, devendo a alteração se limitar a adequações técnicas.

Outra situação em que a administração pode realizar alterações unilaterais é quando houver necessidade de modificar o valor contratual, em decorrência de acréscimo ou diminuição quantitativa de seu objeto. Por exemplo, caso seja preciso incluir ou excluir alguma etapa ou produto, o valor do contrato pode ser alterado para adequar-se à nova realidade.

Destaca-se que a administração pública deve observar os requisitos legais para a realização de tais alterações, tais como a necessidade de motivação e justificativa, o respeito aos limites de modificação estabelecidos em lei e a garantia do contraditório e da ampla defesa para o contratado.

Ademais, a administração pública deve observar que a realização de alterações unilaterais pode gerar impactos financeiros para a empresa contratada, tanto positivos quanto negativos. Por isso, são necessários a negociação prévia com o contratado e o estabelecimento de uma contraprestação financeira adequada, caso haja aumento dos custos.

11.7.2 Alteração por acordo das partes

A Lei nº 14.133/2021 prevê que os contratos administrativos podem sofrer alterações por acordo das partes, ou seja, mediante consenso entre a administração e o contratado. Entre as situações em que a alteração é permitida estão a substituição da garantia de execução, a modificação do regime de execução da obra ou serviço, do modo de fornecimento ou da forma de pagamento, e o restabelecimento do equilíbrio econômico-financeiro inicial do contrato em caso de força maior.

No caso de substituição da garantia de execução, exige-se acordo entre as partes, que devem se ajustar às novas condições de garantia, e a alteração deverá ser devidamente registrada no processo administrativo do contrato. Já a modificação do regime de execução da obra ou serviço, bem como do modo de fornecimento, deverá ser justificada tecnicamente e, para sua efetivação, é preciso obter a concordância do contratado, após a manifestação da autoridade competente.

A modificação da forma de pagamento pode ocorrer por imposição de circunstâncias supervenientes, devendo ser justificada pela administração e aceita pelo contratado. Além disso, a alteração não poderá implicar ônus para o contratado nem ensejar a sua transformação em empreitada a preço global.

Em casos de força maior, como eventos imprevisíveis e inevitáveis que impossibilitam a execução do contrato nas condições inicialmente pactuadas, é permitida a alteração para restabelecer o equilíbrio econômico-financeiro inicial do contrato. Essa alteração deverá ser motivada e justificada pela administração, a qual promoverá a sua formalização mediante termo aditivo.

Em todas as situações de alteração de contrato, é necessário que exista concordância entre as partes envolvidas, de forma a garantir a transparência e a segurança jurídica do processo. Todas as modificações devem ser justificadas e devidamente documentadas, a fim de evitar questionamentos futuros quanto à legalidade e legitimidade dos atos praticados pela administração.

11.7.3 Acréscimos e supressões

O art. 125 da Lei nº 14.133/2021 estabelece que os contratados são obrigados a aceitar acréscimos e supressões que se fizerem necessários nas obras ou serviços de até 25% do valor inicial atualizado do contrato, respeitando um limite de 50% no caso de reforma de edifício ou equipamento. Essa disposição visa garantir a flexibilidade dos contratos administrativos e permitir que a administração ajuste a execução dos serviços de acordo com suas possibilidades.

Destaca-se que os acréscimos e supressões devem ocorrer nas mesmas condições contratuais, ou seja, com preços e prazos equivalentes aos inicialmente pactuados.

Durante a fase de formulação de aditivos, a administração precisa estar atenta para evitar o chamado jogo de planilha, prática em que o contratado propõe alterações para diminuir serviços cotados a preços muito baixos e/ou aumentar serviços cotados a preços muito altos, tornando o contrato oneroso e com indícios de sobrepreço.

Nesse sentido, para garantir a coerência e consistência das justificativas apresentadas pelo contratado, a administração deve proceder a uma cuidadosa análise dos aditivos propostos. A avaliação deve considerar aspectos como a compatibilidade das alterações com o objeto contratual, a viabilidade técnica, a razoabilidade dos preços e prazos oferecidos e a manutenção da qualidade, garantia e desempenho requeridos inicialmente para os materiais a serem empregados.

Cabe ressaltar que, para efeito de análise dos limites de alterações contratuais previstos no art. 125 da Lei nº 14.133/2021, as supressões de quantitativos devem ser consideradas de forma isolada. Ou seja, o conjunto de reduções e o conjunto de acréscimos devem ser sempre calculados sobre o valor original do contrato, aplicando-se a cada um desses conjuntos, individualmente e sem nenhum tipo de compensação entre eles, os limites de alteração estabelecidos no dispositivo legal. Em alguns de seus acórdãos, o TCU versa sobre o tema:

> O limite de 25% previsto no art. 65, § 1º, da Lei nº 8.666/1993 aplica-se sobre o valor inicial atualizado das obras, serviços e compras objetivados, livre das supressões de itens neles previstos, que presumem-se desnecessários, devendo, por isso, tal valor inicial expurgado ser considerado o verdadeiro valor do objeto do contrato. (Brasil, 2006c).

> Conforme verificamos pelo Acórdão 2.206/2006 – TCU – Plenário, o cálculo dos limites legais para aditamentos não deve ser realizado a partir simplesmente dos valores totais inicial e final do contrato, como argumenta o gestor. É necessário verificar o valor das supressões, em relação ao valor inicial do contrato, e dos acréscimos, em relação ao valor inicial do contrato livre das supressões efetuadas. (Brasil, 2009).

Destacam-se ainda as palavras de Rodrigues (2011):

> É tema assaz polêmico o que diz respeito à possibilidade de compensação entre acréscimos e supressões sobre o objeto do contrato. [...] Trata-se de interpretação fartamente encontrada na Administração Pública ao aplicar o instituto. Tal interpretação, contudo, pode conduzir a abusos em certas esferas da Administração Pública, abrindo a possibilidade de se forçarem supressões de determinados itens da planilha apenas com o objetivo de inserir outros cuja execução seja mais rentável e, com isso, maximizando os lucros da contratação.
> Mesmo dentro dos limites legais, os doutrinadores, com o propósito de evitar fraudes, vêm defendendo a necessidade de que se tomem os limites para acréscimos e supressões isoladamente, segundo a fórmula explicada por Paulo Sergio de Monteiro Reis (2010, p. 30).
> Por exemplo, se em contrato de empreitada por preço global, cujo valor da contratação é de R$ 1.000.000,00, a Administração constatar que deve aplicar

uma supressão de R$ 100.000,00 (10%) [...]. Mas não poderá se aproveitar dessa supressão para com esse valor acrescer algum outro item do orçamento. Não poderá, portanto, acrescer outro item em R$ 100.0000,00 e alegar que ainda dispõe de mais R$ 250.000,00 (vinte e cinco por cento do valor inicial) para outros acréscimos.

O limite legal de acréscimo de 25% do valor inicial atualizado do contrato deve ser aplicado livre das supressões porventura realizadas. No caso do exemplo numérico citado, o limite monetário para acréscimo, de R$ 250 mil, será aplicado sobre o valor inicial reduzido pela supressão realizada, isto é, R$ 900 mil, de tal forma que o valor máximo da contratação será de R$ 1.150.000,00 e não de R$ 1.250.000,00.

11.7.4 Tempestividade dos aditivos

Conforme estabelecido nos arts. 62 e 63 da Lei nº 4.320/1964, os pagamentos pelos serviços só podem ser efetuados após a comprovação de sua efetiva prestação pela empresa.

Assim, no caso de alteração nos serviços contratados, é imprescindível realizar um aditivo contratual para que os novos serviços sejam considerados como parte do objeto do contrato e, portanto, possam ser pagos pela administração pública. Isso porque, caso contrário, o pagamento pelos novos serviços poderia ser considerado como antecipação de pagamento, o que fere os princípios da legalidade e da economicidade na gestão pública.

A tempestividade dos aditivos também está relacionada à necessidade de preservação do equilíbrio econômico-financeiro do contrato. Como as alterações contratuais podem gerar impactos nos custos e nos prazos do contrato, as negociações dos aditivos devem ser realizadas de forma ágil, evitando prejuízos para ambas as partes envolvidas.

Portanto, a administração pública deve estar atenta ao prazo de efetivação dos aditivos contratuais, buscando sempre a celeridade na negociação e formalização dos termos aditivos. Ressalta-se que a falta de tempestividade na realização dos aditivos pode gerar problemas de ordem técnica e financeira para a execução dos serviços contratados, além de acarretar riscos de responsabilização por parte da administração pública.

11.7.5 Entendimento jurídico sobre aditivos

Natureza superveniente

Alterações contratuais para incluir serviços já previstos no edital como obrigação da contratada, mas omitidos na planilha orçamentária, são consideradas irregulares.

Apenas são admitidas alterações decorrentes de fatos supervenientes à celebração do contrato, desde que haja interesse público no aditamento.

As alterações nos contratos devem ser precedidas por procedimento administrativo que registre de forma adequada as justificativas para as modificações. Esse processo deve incluir pareceres e estudos técnicos pertinentes, e destacar a natureza superveniente dos eventos que levaram às alterações, isto é, demonstrar que a situação que motivou as alterações não poderia ter sido identificada na época da contratação. É vedada a utilização de justificativas genéricas; elas devem ser específicas, fundamentadas e relacionadas aos eventos supervenientes ocorridos após o momento da licitação.

Acórdãos TCU
Acórdão 831/2023, Acórdão 3.576/2019 – Primeira Câmara e Acórdão 1.134/2017.

Condições climáticas extremas

É admitida a inclusão de adicionais de custo relacionados a fatores climáticos nas composições de referência do Sicro para a elaboração de orçamentos básicos de licitação. Esses fatores devem estar devidamente fundamentados na definição dos preços dos serviços.

A ocorrência de chuvas no local da obra não necessariamente impacta negativamente o fator de produtividade. Os efeitos das chuvas só devem ser considerados como fator redutor da produtividade em situações de pluviometria comprovadamente extraordinária, ou seja, muito acima da média – cenários que devem ser justificados e comprovados. Esse fator não deve incidir sobre toda a produção da equipe, apenas sobre o custo improdutivo (mão de obra).

Acórdãos TCU
Acórdão 1.513/2010, Acórdão 1.129/2009, Acórdão 950/2008 e Acórdão 2.061/2006.

Justificativa de deficiência/alteração de projeto

Em contratações sob o regime de empreitada integral, aditivos contratuais são admitidos apenas sob condições especiais decorrentes de fatos imprevisíveis. Em geral, pequenas variações quantitativas nos serviços contratados não justificam aditivos, a menos que sejam alterações relevantes para evitar enriquecimento ilícito de qualquer das partes.

A prorrogação de contrato baseada em alterações no projeto sem devida justificativa é irregular. O gestor deve demonstrar que a mudança proposta visa melhor adequação técnica aos objetivos da administração pública.

> **Acórdãos TCU**
> Acórdão 1.194/2018, Acórdão 211/2018 e Acórdão 6.841/2011 – Primeira Câmara.

Necessidade de justificativa e estudos técnicos

Modificações no projeto licitado devem ser precedidas de procedimento administrativo com justificativa embasada em pareceres e estudos técnicos, registradas previamente e por escrito nos processos licitatórios. A administração tem o dever de caracterizar a natureza superveniente dos fatos motivadores em relação ao momento da licitação, isto é, indicar os eventos posteriores que alteraram a situação de fato ou de direito, exigindo tratamento distinto do instante da contratação.

A justificativa técnica para aditamento contratual deve incluir análise detalhada dos quantitativos e valores dos serviços aditados, com pesquisas de mercado para demonstrar a economicidade do termo de aditamento. Em caso de modificação quantitativa no objeto do contrato, são necessárias justificativas detalhadas com as correspondentes alterações nos quantitativos de bens e serviços contratados.

É vedada a alteração contratual de projeto em fase de obras sem a devida justificativa técnica.

> **Acórdãos TCU**
> Acórdão 2.619/2019, Acórdão 170/2018, Acórdão 3.053/2016, Acórdão 1.597/2010, Acórdão 428/2010 – Segunda Câmara, Acórdão 172/2009 e Acórdão 2.346/2007.

Acréscimo de administração local sem culpa da administração pública

Nos aditivos contratuais, é considerado indevido o acréscimo nos valores dos serviços de administração local e operação e manutenção do canteiro em casos de atraso na execução da obra por culpa exclusiva da contratada. A consequência desse atraso é o afastamento da possibilidade de reequilíbrio econômico-financeiro da avença, nos termos do art. 65, inciso II, alínea d, da Lei nº 8.666/1993.

> **Acórdãos TCU**
> Acórdão 178/2019.

Manutenção do desconto

Em aditivos contratuais que incluam novos serviços ou acréscimos de quantitativos, é imperativo observar os preços praticados no mercado. No caso de acréscimos, destaca-se a necessidade de manter o desconto oferecido pelo licitante vencedor durante o certame licitatório em relação ao preço referencial, para garantir o equilíbrio econômico-financeiro do contrato e evitar práticas irregulares.

Assim, para evitar o jogo de planilha, a diferença percentual entre o valor global do contrato e o obtido a partir dos custos unitários do sistema de referência utilizado não deve ser reduzida em favor do contratado devido a aditamentos que modifiquem a planilha orçamentária. O desconto deve ser proporcional, abrangendo tanto a modificação de quantidades de itens existentes quanto a inclusão de novos serviços. A economicidade alcançada no certame licitatório deve ser preservada, alinhando-se aos princípios da seleção da proposta mais vantajosa para a administração e da vinculação ao instrumento convocatório e ao contrato.

Além disso, a utilização de deficiências de projeto como condição excepcional para não manter o desconto apresentado na proposta original da contratada contraria o disposto no art. 14, parágrafo único, do Decreto nº 7.983/2013.

Acórdãos TCU
Acórdão 2.196/2017, Acórdão 2.714/2015, Acórdão 1.514/2015, Acórdão 677/2015 e Acórdão 1.153/2015 – Primeira Câmara.

Manutenção dos preços de insumos e serviços

Os aditivos contratuais devem respeitar os preços previamente estabelecidos para serviços e insumos no contrato original. Se esses preços não estiverem especificados no contrato, os valores ajustados devem ser compatíveis com as práticas de mercado naquele momento.

Acórdãos TCU
Acórdão 1.919/2013.

Aditivo de prazo

Ao negociar aditivos de prazo, a entidade pública deve garantir que o atraso seja resultante da ausência de culpa da contratada. O atraso não deve ser causado por motivos conhecidos no momento da assinatura do contrato; ele deve ser justificado por fatores supervenientes, ou seja, eventos imprevistos que surgiram após a celebração do contrato e que estão além das condições inicialmente acordadas.

Se for identificado que o atraso não foi resultado de fato superveniente, a instituição pública deve estipular um novo prazo para o cumprimento do contrato, sem prejudicar as sanções cabíveis ao licitante conforme as cláusulas contratuais.

> **Acórdãos TCU**
> Acórdão 1.302/2013.

Aspectos legais do aditivo

A abrangência das modificações contratuais vai além dos acréscimos ou supressões de serviços, incluindo também prorrogações e repactuações. Todas essas modificações permitidas por lei que caracterizem alterações contratuais devem ser obrigatoriamente formalizadas por meio de termo de aditamento ao contrato, de forma clara e formal, em conformidade com a legislação pertinente. Essa prática assegura a transparência e o respaldo legal nas modificações contratuais.

> **Acórdãos TCU**
> Acórdão 2.348/2011 e Acórdão 1.793/2011.

Descaracterização do projeto pelo aditivo

Em licitações de obras e serviços de engenharia, é imprescindível a elaboração de um projeto básico adequado e atualizado, que contenha todos os elementos descritos no art. 6º, inciso IX, da Lei nº 8.666/1993. Em relação a aditivos, não devem ser promovidas alterações conceituais e de quantitativos no projeto executivo que descaracterizem o projeto básico, conforme orientado pela Súmula 261 do TCU. Assim, configura prática ilegal a revisão do projeto básico ou a elaboração de projeto executivo que modifiquem substancialmente o objeto originalmente contratado, transformando-o em algo de natureza e propósito diversos.

> **Acórdãos TCU**
> Acórdão 1.576/2022, Súmula TCU 261 e Acórdão 1.016/2011.

11.8 Obrigações da empresa contratada

Entre as providências a serem tomadas pela empresa contratada, destaca-se a apresentação de ARTs ou RRTs referentes ao objeto do contrato e especialidades pertinentes, em conformidade com a Lei nº 6.496/1977. Isso garante que os profissionais envolvidos na execução dos trabalhos estejam devidamente habilitados e capacitados para realizá-los.

Outra obrigação da contratada é a obtenção dos alvarás necessários junto à prefeitura municipal, para assegurar que a empresa está cumprindo as normas e legislações locais, o que é fundamental para a segurança e legalidade dos serviços prestados.

Além disso, a empresa deve efetuar o pagamento de todos os tributos e obrigações fiscais incidentes ou que vierem a incidir sobre o objeto do contrato, até o recebimento definitivo pelo contratante dos serviços e obras.

A contratada também é responsável por manter no local dos serviços instalações, funcionários e equipamentos em número, qualificação e especificação adequados ao cumprimento do contrato, de forma a exercer suas obrigações dentro do prazo estipulado e com a qualidade exigida.

A empresa ainda precisa submeter à aprovação da fiscalização, até cinco dias após o início dos trabalhos, o plano de execução e o cronograma detalhado dos serviços e obras, elaborados em conformidade com o cronograma do contrato e técnicas adequadas de planejamento, bem como eventuais ajustes. Isso permite que a fiscalização acompanhe a execução dos trabalhos e possa intervir caso haja necessidade de correções ou ajustes no planejamento.

11.9 Sanções

Sanções administrativas são medidas aplicadas pela administração pública em caso de descumprimento do contrato por parte do contratado, com o objetivo de garantir a execução dos contratos e evitar prejuízos para a administração e para a sociedade. Na antiga Lei de Licitações (Lei nº 8.666/1993), as sanções eram previstas nos arts. 86 a 88. A nova Lei de Licitações (Lei nº 14.133/2021) manteve as sanções previstas na antiga lei, mas trouxe algumas novidades.

Na nova lei, existe a possibilidade de aplicação de sanções às empresas que participam de licitações, mas não celebram o contrato, sem justificativa aceitável pela administração. Além disso, a lei prevê que o contratado pode ser obrigado a ressarcir a administração pelos prejuízos causados em decorrência do descumprimento do contrato.

No que diz respeito às sanções em si, as advertências continuam sendo efetuadas em caso de infrações leves. Já as multas podem ser aplicadas em caso de atraso na execução do contrato, descumprimento de prazos e outras infrações previstas no edital ou no contrato.

A suspensão temporária de participação em licitações e o impedimento de contratar com a administração também podem ser consequências em casos mais graves, como atraso na execução do contrato ou inexecução parcial ou total do contrato, entre outros.

Verifica-se que a declaração de inidoneidade para licitar ou contratar com a administração pública é a sanção mais grave prevista na lei, e pode ser aplicada em caso de fraude em licitações, corrupção, crimes contra a administração pública e outras condutas graves.

11.10 Rescisões e motivos

A rescisão de um contrato administrativo é uma medida extrema tomada em caso de descumprimento ou cumprimento irregular de cláusulas contratuais, especificações técnicas, projetos ou prazos. Na Lei nº 8.666/1993, essas situações estavam previstas no art. 78; já na Lei nº 14.133/2021, elas estão previstas no art. 127.

Não houve tantas mudanças da antiga para a nova Lei das Licitações. Nas duas, a lentidão do cumprimento do contrato e o desatendimento das determinações regulares da fiscalização são motivos que podem levar à rescisão. A antiga lei também considerava como motivo para rescisão a paralisação da obra, serviço ou fornecimento sem justa causa e sem prévia comunicação à administração. Já na nova lei, a paralisação sem justificativa adequada resulta em aplicação de multa, mas, em casos mais graves, pode haver a rescisão contratual.

Em ambas as leis, a ocorrência de caso fortuito ou de força maior, impeditivo da execução do contrato, regularmente comprovado, é outro motivo que pode levar à rescisão contratual. No entanto, na nova lei, há uma previsão específica para essa situação no art. 128, o qual estabelece que, em caso fortuito ou de força maior, o contratado terá direito a receber os valores correspondentes aos custos dos serviços, obras ou fornecimentos já realizados, comprovados documentalmente.

Outra novidade da Lei nº 14.133/2021 é a possibilidade de rescisão do contrato por razões de interesse público, de alta relevância e amplo conhecimento, justificadas e determinadas pela máxima autoridade da esfera administrativa a que está subordinado o contratante e exaradas no processo administrativo a que se refere o contrato.

11.11 Medições

Tanto na antiga como na nova Lei de Licitações, existem normas que estabelecem os critérios para a medição de obras. O edital de licitação deve prever as condições de pagamento, incluindo o cronograma de desembolso máximo por período, de acordo com a disponibilidade de recursos financeiros. Além disso, deve estabelecer os limites para pagamento de instalação e mobilização, que serão previstos em separado das demais etapas ou tarefas.

Para que os serviços e obras sejam considerados para efeito de medição e pagamento, precisam ter sido efetivamente executados pelo contratado e aprovados pela fiscalização, respeitando a correspondência com o projeto e as modificações expressa e previamente aprovadas pelo contratante.

A medição de serviços e obras é baseada em relatórios periódicos elaborados pelo contratado, em que são registrados os levantamentos, cálculos e gráficos necessários à discriminação e determinação das quantidades dos serviços executados, as quais devem respeitar rigorosamente as planilhas de orçamento anexas ao contrato. Esses relatórios devem ser apresentados de acordo com as normas e prazos estabelecidos pelo contrato.

11.12 Documentação *as built*

A documentação *as built* permite aferir se as obras executadas estão em conformidade com o que foi contratado. Fornecido pela empresa contratada, esse documento esmiúça as alterações realizadas no processo construtivo em relação às previsões iniciais dos projetos e adequa a realidade da obra, devendo incluir todas as plantas, memoriais e especificações, com detalhes do que foi executado e quais insumos foram utilizados nessa execução. Trata-se de um elemento-base para serviços de manutenção e conservação do empreendimento ao longo do tempo, considerando que, com essa documentação em mãos, a administração pode subsidiar intervenções e reparos com maior precisão e eficiência.

Na antiga Lei de Licitações (Lei nº 8.666/1993), não havia uma exigência expressa para a entrega dessa documentação, mas a jurisprudência e a prática administrativa já reconheciam sua importância para o acompanhamento da execução do contrato.

Na nova Lei de Licitações (Lei nº 14.133/2021), a exigência para entrega da documentação *as built* consta expressamente do art. 130, o qual determina que, "ao término do objeto do contrato, a contratada deverá apresentar ao contratante todos os documentos técnicos referentes à execução dos serviços, com destaque para os documentos finais, como as plantas *as built*". A lei também prevê que a falta de apresentação desses documentos pode configurar descumprimento do contrato.

11.13 Recebimento da obra

O recebimento de obras públicas busca garantir a qualidade e conformidade do empreendimento com as especificações técnicas e contratuais. A Lei nº 8.666/1993 definia a realização desse processo em duas etapas: provisória e definitiva. Na Lei nº 14.133/2021, essa prática foi mantida.

De acordo com o art. 140 da Lei nº 14.133/2021, a obra será recebida provisoriamente pelo responsável por seu acompanhamento e fiscalização, mediante termo detalhado, quando verificado o cumprimento das exigências de caráter técnico. Esse termo deve descrever todos os elementos da obra, com suas especificações técnicas, e ao responsável pelo recebimento cabe verificar se foram atendidas as condições estabelecidas no contrato.

Caso tudo esteja em conformidade, a obra será recebida definitivamente por servidor ou comissão designada pela autoridade competente, mediante termo detalhado que comprove o atendimento das exigências contratuais.

É responsabilidade da empresa contratada providenciar as ligações definitivas das utilidades previstas no projeto, como água, esgoto, gás, energia elétrica e telefone, antes do recebimento definitivo da obra. Ressalta-se que também é preciso agendar vistorias junto aos órgãos federais, estaduais e municipais e concessionárias de serviços públicos para a obtenção de licenças e regularização dos serviços e obras concluídos, como Habite-se e licença ambiental de operação.

A administração rejeitará, no todo ou em parte, obra ou serviço executado em desacordo com o contrato e com a legislação pertinente. Além disso, segundo o art. 140 da Lei nº 14.133/2021:

> § 6º Em se tratando de obra, o recebimento definitivo pela Administração não eximirá o contratado, pelo prazo mínimo de 5 (cinco) anos, admitida a previsão de prazo de garantia superior no edital e no contrato, da responsabilidade objetiva pela solidez e pela segurança dos materiais e dos serviços executados e pela funcionalidade da construção, da reforma, da recuperação ou da ampliação do bem imóvel, e, em caso de vício, defeito ou incorreção identificados, o contratado ficará responsável pela reparação, pela correção, pela reconstrução ou pela substituição necessárias. (Brasil, 2021).

ORIENTAÇÕES TÉCNICAS PARA RECEBIMENTO E FISCALIZAÇÃO DE OBRAS

12

12.1 Recebimento de obras e identificação de patologias

O recebimento de obras é o momento crucial na construção civil no qual o responsável pela obra deve assegurar que o projeto foi executado de acordo com as especificações técnicas, normas e regulamentos aplicáveis. Nessa etapa, também é importante identificar precocemente as patologias no empreendimento, para garantir a durabilidade e qualidade da construção.

Com base nas diretrizes do Instituto Brasileiro de Avaliações e Perícias de Engenharia (Ibape), apresenta-se no Quadro 12.1 um *checklist* abrangente que serve como guia prático e simplificado para auxiliar no processo de recebimento da obra e identificar possíveis patologias, contribuindo para a melhoria na qualidade das obras públicas recebidas.

QUADRO 12.1 *Checklist* de recebimento da obra

Fundações	Estruturas
( ) Erosão do solo ( ) Recalque diferencial ( ) Armação exposta ( ) Falha de concretagem ( ) Corrosão	( ) Fissuras ( ) Elemento estrutural com deformação excessiva ( ) Desplacamento/desagregação ( ) Irregularidades geométricas/falha de concretagem ( ) Armação exposta ( ) Eflorescência/lixiviação/infiltração ( ) Cobrimento inadequado ( ) Elemento estrutural com deformação excessiva ( ) Indícios de corrosão
Sistema de vedação	**Forro**
( ) Fissura/trinca ( ) Eflorescência ( ) Ausência de prumo/esquadro/nível/planeza ( ) Infiltração	( ) Deformação excessiva ( ) Utilização de material sujeito a corrosão ( ) Observação de fissuras ( ) Deficiência no dimensionamento ou inexistência de alçapões ( ) Desencaixe

QUADRO 12.1 (continuação)

Revestimento
Parede/piso

( ) Fissura
( ) Som cavo
( ) Verificar o rejunte, se está bem feito
( ) Descascamento/bolhas/descolamento
( ) Falta ou deficiência nas juntas de trabalho e rejunte
( ) Marcar azulejos com defeito
( ) Infiltração
( ) Caimento inadequado nas áreas molháveis ou laváveis
( ) Qualidade do acabamento do rodapé
( ) Eflorescência/manchas de mofo/bolor
( ) Escadas sem proteção antiderrapante e pisos externos escorregadios
( ) Manchas decorrentes de umidade ascendente do solo/eflorescência
( ) Falta ou deficiência nas juntas de trabalho e rejunte
( ) Pedras soltas/quebradas
( ) Abatimento do piso
( ) Destacamento/bolhas/enrugamento
( ) Falhas no sistema de rejuntamento (atenção nos cantos)
( ) Manual do proprietário
( ) Diferença de cores no revestimento
( ) *As built* dos projetos executados
( ) Abertura improvisada para passagem de cabos
( ) Bater nos azulejos para ver se existe algum solto
( ) Manual de uso e manutenção de equipamentos para ser entregue ao síndico (piscina, bar, salão de festas, ginástica, jogos, quadra de esportes, sauna etc.)

Fachada

( ) Fissura
( ) Destacamento/desagregação/deslocamento
( ) Descascamento/bolhas/enrugamento
( ) Eflorescência/manchas de mofo/bolor
( ) Falta ou deficiência nas juntas de trabalho e rejunte
( ) Deficiências na pintura, oxidação e corrosão das esquadrias
( ) Desgastes (fissuras, escurimentos, perda de cor) das esquadrias
( ) Ataques de pragas nas esquadrias
( ) Vidros soltos ou quebrados
( ) Rompimento ou descolamento de material selante

Sistema de pintura

( ) Guarnição no início e término de portas/janelas
( ) Portas inferior/superior, rachaduras, manchas
( ) Acabamento da pintura no teto/parede, fechaduras, interruptores de luzes/tomadas de energia
( ) Verificar cantos de portas, janelas, rachaduras, lascas nas portas etc.
( ) Paredes: verificar se estão pintadas, lixadas e com acabamento
( ) Passar o espelho no contorno superior e inferior da porta para conferir se está pintado embaixo e em cima, além da parte onde estão as dobradiças
( ) Observar a pintura perto dos espelhos de elétrica

QUADRO **12.1** (continuação)

Esquadria

( ) Deficiência na pintura
( ) Ataque de pragas
( ) Portas/janelas (fechamento, alinhamento, vedação)
( ) Observar se os vidros estão firmes e não trincados ou avariados
( ) Portas/janelas (corrimento e fechamento, abertura, amassados, pintura e acabamento)
( ) Quando fechadas, as portas possuem folga? Essas folgas podem produzir ruídos de porta batendo em dias de vento? Podem produzir silvos (assobio) pela passagem do vento?
( ) Perda de mobilidade e deficiência na abertura e fechamento de painéis de janelas
( ) Analisar se as portas estão se abrindo totalmente e se não ficam rangendo as dobradiças (se ela voltar a fechar sozinha, tem caimento e isso não está correto)
( ) A maçaneta e a chave são acionáveis com um simples toque, sem que seja necessário um grande esforço?
( ) Folga na fixação dos vidros, vidros soltos ou quebrados
( ) Verificar se as fechaduras estão funcionando e se porta realmente fecha e abre com a chave (principalmente trancas de banheiro). Repetir com todas as portas do imóvel
( ) Abertura, fechamento e ruídos
( ) Rompimento ou descolamento do material selante/infiltração
( ) Componentes danificados

Sistema de impermeabilização

( ) Infiltração
( ) Ressecamento e/ou craqueamento do sistema impermeabilizante
( ) Falta de junta de dilatação em proteção mecânica
( ) Descolamento da manta
( ) Proteção mecânica
( ) Falta de caimento para os ralos
( ) Sistema de impermeabilização perfurado
( ) Falta de impermeabilização no teto dos reservatórios

Cobertura

( ) Deformações excessivas
( ) Corrosão de parafusos de fixação/rufo metálico/calha metálica
( ) Ausência da grelha do ralo
( ) Abertura de frestas
( ) Ressecamentos das borrachas de vedação/vedantes de calhas e rufos
( ) Ausência de extravasor da calha
( ) Umidade na estrutura
( ) Destacamentos de rufos
( ) Caimento do telhado insuficiente
( ) Deslocamentos, desalinhamentos e quebras de telhas
( ) Transbordamento e entupimento de calha/ralo
( ) Falta de condições de segurança

QUADRO **12.1** (continuação)

Louças
( ) Vaso sanitário (trincas, vazamento no momento da descarga, se está bem fixado) ( ) Pia da cozinha (trincas, vazamento no momento da descarga, se está bem fixada) ( ) Tanque (trincas, vazamento no momento da descarga, bem fixado)
Metais
( ) Cuba da pia (riscos, amassados, manchas, acabamento) ( ) Vedação (colagem da pia, silicone) ( ) Verificar se o vaso sanitário e as cubas de pias estão danificados, trincados ou riscados ( ) Conferir se o tampo em granito ou mármore da pia possui riscos e lascas. Repetir o procedimento na área de serviço ( ) Observar se há riscos ou manchas nas torneiras ( ) Torneiras abrem e fecham normalmente ou ficam pingando? E nada de riscos nos cromados!
Vidro
( ) Riscos/trincas/acabamento/cores diferenciadas nos vidros ( ) Vedação dos vidros, colagem e acabamentos ( ) Verificar se os painéis de vidro das esquadrias estão fechando corretamente ou estão mal encaixados (soltos), vidro trincado, arranhado e se está bem vedado com o silicone
Gesso
( ) Verificar o gesso, caso exista. Conferir se há irregularidades ou fissuras no acabamento
Instalações hidrossanitárias
( ) Vazamento ( ) Planta hidráulica (identificar passagens dos canos de água, gás, energia) ( ) Vedação das cubas, pias e tubulações ( ) Deterioração/deformação nas tubulações ( ) Torneiras (verificar acabamento, vazamentos, fechamento) ( ) Caimento da água nas pias ( ) Tampas de reservatórios de água inadequadas ( ) Sifão – cozinha (vazamentos, acabamentos, ligar e desligar, deixar água correr, tampar a saída de água e verificar vazamentos ou irregularidades) ( ) As bancadas são praticamente planas, mas não devem empoçar junto às paredes (nos frontões), porque pode vazar por baixo e danificar os futuros armários (molhar por cima e passar a mão por baixo) ( ) Não conformidade na pintura das tubulações ( ) Sifão – área de serviço (vazamentos, acabamentos, ligar e desligar, deixar água correr, tampar a saída de água e verificar vazamentos ou irregularidades) ( ) Verificar se a altura do cano do chuveiro (onde sai a água) está muito perto do teto, o que pode dificultar a instalação de um chuveiro elétrico, por exemplo ( ) Falta de identificação nos registros do barrilete ( ) Sifão – banheiro (vazamentos, acabamentos, ligar e desligar, deixar água correr, tampar a saída de água e verificar vazamentos ou irregularidades)

QUADRO 12.1 (continuação)

Instalações hidrossanitárias

( ) Verificar se a água do chuveiro segue o caminho para o ralo (usar bolinhas de gude) e verificar rachaduras na privada e na pia
( ) Tubulações obstruídas
( ) Identificar os registros (fechar/abrir, verificar funcionamento)
( ) Quando a unidade dispõe de medidor de consumo de água (hidrômetro) individualizado, verificar se ele se encontra em local de fácil acesso e se a leitura é fácil
( ) Entupimento/extravasamento de calhas/ralos
( ) Verificar se os registros estão funcionando corretamente, travando/fechando o fornecimento de água para todas as áreas do apartamento (banheiro/cozinha/área de serviço)
( ) No chuveiro, certificar-se de que sai água constante e com pressão

Instalações elétricas

( ) Lâmpadas queimadas/ausência de lâmpadas
( ) Conferir se o quadro de luz se encontra com detalhamento dos circuitos
( ) Ataque de pragas urbanas em quadros elétricos e de telefonia com fundo de madeira
( ) Identificar o quadro de luz (disjuntores, tomadas, chuveiros e circuitos diversos com etiquetas orientativas de cada disjuntor)
( ) Modificações das instalações elétricas/improvisos
( ) Verificar a instalação de DR (dispositivo contra fuga de corrente e proteção)
( ) Superaquecimento
( ) Verificar se há identificação dos circuitos nos quadros de força. Observar também se cada um realmente desliga/liga o que está descrito
( ) Fiações e cabos elétricos aparentes/com muitas emendas/com partes vivas expostas
( ) Ligar o chuveiro e observar se a chave disjuntora desliga sozinha
( ) Curto-circuito
( ) Ligar e desligar todos os disjuntores e testar para saber se nas tomadas está ou não correndo energia
( ) Quadro de luz obstruído/trancado/sem identificação dos circuitos
( ) Ligar e testar todas as tomadas
( ) Ausência de proteção de barramento
( ) Ligar/desligar interruptores
( ) Falha de tomada/interruptor
( ) Testar todos os encaixes e acabamento das tomadas
( ) Cerca elétrica danificada
( ) Identificar tomadas 220V e 110V
( ) Testar campainha/interfone
( ) Procurar no manual do proprietário a potência máxima suportada pelo circuito elétrico que alimenta o chuveiro. Alguma coisa parecida com "o ramal do chuveiro suporta o máximo de 5.000 Watts". Se a potência máxima do ramal elétrico for de 5.000 Watts, para instalar uma super ducha de 7.000 Watts será preciso trocar toda a fiação do ramal do chuveiro

QUADRO 12.1 (continuação)

Instalação de sistemas de combate ao incêndio

Extintores

( ) Descarregados/prazo de validade vencido
( ) Lacre violado/vencido
( ) Ausência de indicação da sua classe
( ) Quadro de instruções ilegível ou inexistente
( ) Quantidade insuficiente/instalados acima de 1,60 m ou abaixo de 0,20 m do piso acabado
( ) Mangueira de descarga apresenta danos/deformação/ressecamento
( ) Sinalização incorreta

Hidrantes

( ) Falta de conservação e sinalização da bomba de incêndio
( ) Dispositivo de comando da bomba quebrado/em mau estado de conservação
( ) Mau estado de conservação das caixas de hidrantes
( ) Mangueira do hidrante enrolada inadequadamente/furada/cortada/ausente
( ) Registro emperrado/com vazamento
( ) Mangueira conectada
( ) Ausência da mangueira
( ) Ausência do esguicho

Saída de emergência

( ) Ausência de sinalização das rotas de fuga e saídas de emergência
( ) Portas obstruídas
( ) Portas corta-fogo em mau estado de funcionamento das fechaduras
( ) Portas corta-fogo abertas e travadas com objetos
( ) Falha de iluminação autônoma
( ) Portas que abrem para o interior do edifício
( ) Saídas com menos de 1,20 m de largura
( ) Escada sem corrimão

Chuveiros automáticos

( ) Detectores sujos/pintados
( ) Área de atuação prejudicada por obstáculos

Instalação de gás

( ) Vazamento
( ) Não conformidade na pintura das tubulações
( ) Abertura do abrigo permitindo acesso pela via pública
( ) Deterioração/corrosão das tubulações
( ) Não conformidade nas dimensões mínimas do abrigo
( ) Falta de sinalização obrigatória
( ) Falta de abertura inferior do abrigo

QUADRO 12.1 (continuação)

Instalações mecânicas

( ) Cabina desprovida de corrimão
( ) Quebra de botões da cabina/pavimentos
( ) Porta da cabina abre em movimento ou não fecha totalmente
( ) Falha de funcionamento do alarme/interfone/iluminação/ventilação
( ) Movimento do elevador com trepidações ou paradas bruscas
( ) Desnível entre o piso da cabina e o pavimento maior que 5 mm/20 mm (com inclinação)
( ) Poço de elevador molhado/sujo/obstruído/com falha do sistema de iluminação
( ) Vazamento de óleo das máquinas

Climatização

( ) Filtro de ar com excesso de sujeira
( ) Ruídos anormais durante o funcionamento dos condicionares
( ) Aparelho subdimensionado
( ) Ar-condicionado não ajustado conforme a ABNT NBR 6401

Ventilação e exaustão mecânica

( ) Erros no dimensionamento/instalação do sistema
( ) Falta de testes periódicos
( ) Aparelho subdimensionado
( ) Falta de treinamento de operadores locais
( ) Presença de contaminantes próximos às tomadas de ar
( ) Falta de limpeza periódica dos filtros e caixas de gordura

Motor elétrico

( ) Aquecimento excessivo do motor
( ) Partidas demoradas
( ) Falha do funcionamento do quadro de comando elétrico
( ) Degradação da fiação e dos isolantes elétricos
( ) Local com excesso de poeiras
( ) Ataques por vapores ácidos e corrosivos
( ) Vazamentos de óleos e graxas

Bomba hidráulica

( ) Problemas de vedação
( ) Materiais armazenados inadequadamente na casa de bomba
( ) Óleo degradado/contaminado
( ) Níveis de ruído/vibração muito altos
( ) Vazamentos na carcaça da bomba

SPDA

Ausência do sistema (A > 1.500 m ou H > 12 m)
Queda de haste/antenas
Corrosão em cabos/conexões/hastes
Descidas insuficientes (exigência de uma descida a cada 20 m de perímetro)

12.2 Simulação de recebimento de obra ou serviço de engenharia

Antes do início da obra ou serviço de engenharia, a administração pública nomeia um profissional ou equipe responsável pela fiscalização e acompanhamento da execução. Esse responsável, encarregado de realizar o recebimento provisório, acompanha de perto todas as etapas da obra ou serviço de engenharia, verificando o cumprimento das especificações técnicas, prazos e demais requisitos estabelecidos no contrato.

Após a conclusão da obra ou serviço de engenharia, o contratado notifica a administração pública, informando que o objeto está pronto para ser recebido. A empresa contratada então apresenta um requerimento formal à administração pública, solicitando o recebimento provisório da obra ou serviço de engenharia. Nesse requerimento, são detalhadas a situação da obra, as atividades realizadas e a conformidade com as exigências técnicas.

Na sequência, a administração pública verifica a documentação enviada pelo contratado, incluindo relatórios, laudos técnicos, certificados, planilhas de controle e outros documentos pertinentes à obra ou serviço, análise esta realizada pelo responsável pela fiscalização.

Após a análise documental, o responsável pela fiscalização procede a uma inspeção presencial no local da obra ou serviço de engenharia (*in loco*). Durante essa visita, são verificados aspectos como qualidade da execução, conformidade com o projeto, uso de materiais adequados e outros requisitos técnicos. Caso sejam identificadas pendências ou não conformidades durante a inspeção, o responsável registra essas ocorrências e notifica o contratado, solicitando as devidas correções ou ajustes.

Finalizada a inspeção *in loco*, o fiscal elabora o termo de recebimento provisório. Esse documento descreve detalhadamente a situação da obra ou serviço de engenharia, indicando se as exigências técnicas foram cumpridas, mencionando eventuais pendências e estabelecendo prazos para correções. Com a assinatura do termo pelo responsável da fiscalização e pelo representante do contratado, ambas as partes concordam com as condições determinadas no documento, reconhecendo que se trata de um recebimento provisório.

Esse termo é, então, registrado no sistema ou arquivo da administração pública, tornando-se um documento oficial que comprova o recebimento provisório da obra ou serviço de engenharia.

Após a assinatura, o responsável pela fiscalização acompanha as correções das pendências identificadas durante a inspeção, as quais o contratado tem um prazo estabelecido no termo de recebimento provisório para realizar. Passado esse prazo, o responsável pela fiscalização procede a uma nova inspeção para confirmar se os ajustes foram devidamente efetuados de acordo com as exigências técnicas. Essa verificação é registrada em um relatório, que será utilizado para embasar a decisão sobre o recebimento definitivo: se as correções tiverem sido realizadas de forma satisfatória, o responsável pela fiscalização emite um parecer favorável ao recebimento definitivo; caso contrário, o fiscal pode recomendar a rejeição do recebimento e solicitar novas correções ao contratado.

Depois de todas as correções necessárias, o responsável pela fiscalização elabora o termo de recebimento definitivo, que formaliza a aceitação definitiva da obra ou serviço de engenharia e encerra o processo de recebimento. Esse documento é assinado por ele e pelo representante do contratado, atestando que a obra ou serviço foi aceita de forma definitiva e em conformidade com as exigências técnicas.

Por fim, esse termo é registrado no sistema ou arquivo da administração pública, tornando-se um documento oficial que comprova o recebimento definitivo da obra ou serviço de engenharia.

12.3 Relatório fotográfico

O relatório fotográfico de obras é uma ferramenta utilizada para documentar e acompanhar a evolução de um empreendimento. Segundo o art. 144 da Lei nº 14.133/2021, o contratado é obrigado a apresentar mensalmente um relatório fotográfico das obras em execução, acompanhado de informações técnicas relativas aos serviços efetuados e às medidas adotadas para garantir a segurança da obra e dos trabalhadores envolvidos.

Esse relatório deve ser composto por imagens que retratam o andamento das obras em diferentes etapas, incluindo aspectos como a movimentação de materiais, a instalação de equipamentos, a realização de serviços e outras atividades relevantes. As fotografias precisam ser acompanhadas de descrições técnicas que permitam a compreensão do que está sendo retratado.

Além de documentar o andamento das obras, o relatório fotográfico também é base para a verificação do cumprimento das disposições contratuais e técnicas. Ele permite que o fiscal da obra avalie se os serviços estão sendo executados conforme previstos no projeto e se as medidas de segurança estão sendo adequadamente adotadas.

Caso sejam identificadas irregularidades ou problemas durante a execução da obra, o relatório fotográfico pode ser utilizado como prova para fundamentar eventuais medidas corretivas ou mesmo rescisórias. Por isso, é fundamental que as fotografias sejam claras e objetivas, sem manipulações ou edições que possam comprometer a veracidade das informações registradas.

12.3.1 Recomendações técnicas no desenvolvimento do relatório fotográfico ou filmagem

Antes de iniciar a inspeção em campo, defina quais elementos específicos da obra devem ser documentados e estabeleça um cronograma para a documentação, com datas e horários para as visitas à obra. Em resumo, antes de começar a tirar fotos, defina claramente os objetivos do relatório fotográfico ou filmagem, isto é, o que você deseja comunicar com as imagens. Faça um plano que identifique os locais, os elementos e os ângulos que devem ser fotografados, considerando os marcos do projeto, eventos significativos e áreas críticas que precisam ser documentadas.

Sempre que possível, desenvolva um mapa esquemático da inspeção sobre o projeto arquitetônico do empreendimento, que demonstre a sequência de ambientes visitados, permitindo a rastreabilidade futura dos registros coletados.

Mantenha uma consistência nos ângulos das fotos e filmagens para permitir a fácil comparação ao longo do tempo. Use pontos de referência fixos, como marcos ou objetos permanentes, para manter os mesmos pontos de vista. Além disso, tire fotos de referência para ajudar na compreensão do contexto.

Capture imagens ou vídeos em sequência para mostrar a evolução do projeto ao longo do tempo. Registre os marcos importantes e destaque os elementos críticos, como a execução da fundação, superestrutura, alvenaria, instalações hidrossanitárias, elétricas e elementos de acabamento em geral.

Utilize câmeras e equipamentos de filmagem de alta qualidade com boa resolução e estabilidade; considere também o uso de drones para obter ângulos aéreos e panorâmicos. Além disso, registrar imagens georreferenciadas com aplicativos móveis é uma abordagem prática e eficiente para documentar obras de construção e projetos que exigem uma localização precisa das imagens. Recomendam-se aplicativos de georreferenciamento que permitem registrar imagens diretamente da câmera do dispositivo – à medida que as imagens são obtidas, o aplicativo automaticamente registra as coordenadas geográficas (latitude e longitude) em que a foto foi tirada.

Escalas visuais (como réguas ou fitas métricas) devem ser usadas nas fotos para fornecer uma referência de escala, o que é especialmente útil para medições futuras. Fotografe elementos com dimensões específicas, como portas, janelas e estruturas, com uma régua ao lado para fornecer uma referência de tamanho.

Associe imagens e vídeos a marcos do cronograma do projeto para avaliar se o progresso está de acordo com as expectativas, identificando possíveis atrasos e suas causas. Depois, compartilhe os relatórios fotográficos e filmagens com todas as partes interessadas; não deixe de fornecer uma legenda ou descrição para cada imagem ou vídeo, explicando seu contexto.

Como registro complementar, capture outros detalhes específicos do projeto que possam ser relevantes, como medições, números de lote de materiais, registros de inspeção etc. Documente quaisquer desvios ou problemas de qualidade que exijam atenção imediata. Recomenda-se o registro de retrabalhos ou modificações no campo, junto das razões para essas alterações, de forma a manter um catálogo das mudanças no projeto, como revisões de desenhos e ordens de alteração. Não se limite apenas a tirar fotos do progresso físico da obra – documente também reuniões importantes, inspeções de segurança, eventos climáticos significativos e problemas encontrados.

12.3.2 Sugestões de serviços técnicos registrados no acompanhamento técnico
Movimentação de terra e terraplenagem
- Fotografe a área a ser terraplenada antes do início dos trabalhos, considerando a demarcação das fronteiras e limites da obra.
- Registre a remoção de árvores, arbustos, raízes e outras vegetações, bem como quaisquer obstruções, como rochas ou entulho.
- Tire fotos do processo de limpeza e desmatamento do terreno, garantindo que ele esteja livre de vegetação indesejada.
- Documente a escavação de áreas onde a terra será removida ou deslocada para outros locais.
- Registre o processo de movimentação de terra, a remoção de solo excedente e o preenchimento de áreas necessárias.
- Fotografe o nivelamento do terreno para garantir que a superfície esteja de acordo com o projeto, evitando depressões ou elevações inadequadas.
- Verifique se os sistemas de drenagem, como valas, canais ou bueiros, foram instalados adequadamente, a fim de evitar o acúmulo de água no terreno.
- Tire fotos do processo de compactação do solo para assegurar que o solo esteja devidamente compactado de acordo com as especificações do projeto.
- Registre a instalação de medidas de controle de erosão, como barreiras de contenção, palhas de arroz ou mantas de controle de erosão.

- Mantenha registros topográficos detalhados antes, durante e após a terraplenagem para garantir que a elevação e o perfil do terreno estejam de acordo com as especificações do projeto.
- Fotografe a maneira como os resíduos e materiais resultantes da terraplenagem são manuseados e descartados, para atestar conformidade com regulamentações ambientais.
- Verifique se medidas de proteção ambiental estão sendo seguidas, como a preservação de áreas sensíveis ou a mitigação de impactos ambientais.
- Documente a utilização de equipamentos de segurança pelos trabalhadores envolvidos na terraplenagem, como capacetes, luvas e cintos de segurança.

Canteiro de obras

- Fotografe a demarcação de áreas no canteiro de obras, a exemplo de áreas de trabalho, estacionamento, armazenamento de materiais e áreas de segurança.
- Verifique se a sinalização adequada está em vigor, como placas de advertência, indicações de rotas de evacuação e regras de segurança.
- Documente o *layout* das vias de circulação para veículos e pedestres, que devem ser seguras e bem sinalizadas.
- Tire fotos do armazenamento de materiais, verificando se estão organizados, protegidos das intempéries e devidamente identificados.
- Registre o manuseio de produtos químicos, garantindo que estejam sendo armazenados e manuseados de acordo com as regulamentações de segurança.
- Verifique se os equipamentos de construção, como guindastes, escavadoras e andaimes, estão em boas condições de funcionamento.
- Fotografe os trabalhadores utilizando equipamentos de segurança, como capacetes, coletes refletivos, óculos de proteção e cintos de segurança.
- Documente as áreas designadas para descanso dos trabalhadores, inclusive refeitórios e espaços para lanche.
- Registre as instalações sanitárias e de banho, que precisam estar limpas, em boas condições e bem abastecidas.
- Tire fotos das medidas de segurança em vigor, como guarda-corpos, redes de proteção e barreiras de contenção.
- Fotografe as áreas designadas para a disposição adequada de resíduos de construção, assegurando que estejam de acordo com as regulamentações ambientais.

Locação da obra

- Fotografe os pontos de piquetagem que marcam a localização das estruturas e fundações de acordo com o projeto. Verifique se estão posicionados corretamente e se as dimensões estão de acordo com as especificações do projeto.
- Tire fotos do alinhamento e nivelamento das linhas de referência, para garantir que a locação da obra esteja em conformidade com o projeto em termos de posição, altura e inclinação.
- Registre as vias de acesso ao canteiro de obras, como estradas, rampas e entradas, que devem estar adequadamente dimensionadas e posicionadas.
- Tire fotos das áreas de circulação no canteiro de obras, a exemplo de acessos a diferentes partes do terreno e áreas de estacionamento. Verifique se estão bem demarcadas e seguras.
- Documente as medidas de proteção para limitar o impacto da construção nas propriedades vizinhas, como barreiras acústicas, telas de privacidade e proteção contra poeira.
- Fotografe a sinalização de segurança, como placas de advertência, indicações de rotas de evacuação e regras de segurança no canteiro de obras.
- Registre as medidas de proteção ambiental adotadas para evitar impactos negativos no meio ambiente, a exemplo de barreiras de contenção de sedimentos e dispositivos de drenagem.

Fundações

- Fotografe e filme o tipo de fundação utilizado, como fundação rasa (sapata ou radier) ou fundação profunda (estacas ou tubulões). Verifique se o tipo de fundação está de acordo com o projeto e as condições do solo.
- Tire fotos da escavação das fundações e da preparação do solo. Confirme se a profundidade e as dimensões da escavação estão em conformidade com as especificações do projeto.
- Registre a instalação de armações (aço) e fôrmas (madeira ou metal) usadas na fundação, se aplicável. Observe se as armações estão posicionadas corretamente e se as fôrmas estão com o alinhamento adequado.
- Fotografe o processo de concretagem da fundação, incluindo o despejo, a vibração e o acabamento do concreto. Confirme se o concreto foi colocado de acordo com as especificações de resistência e qualidade.

- Documente a instalação de sistemas de drenagem ou impermeabilização em torno das fundações (se aplicável), especialmente se a área for propensa a umidade.
- Tire fotos de sondagens geotécnicas e testes de solo realizados antes da construção das fundações. Mantenha registros dos resultados dos testes para verificar a capacidade de suporte do solo.
- Verifique a profundidade da fundação em relação ao nível do solo. Tire fotos que demostrem a profundidade das estacas ou a camada de apoio da fundação rasa.
- Fotografe e filme a fundação para garantir que esteja nivelada e alinhada de acordo com o projeto. Use níveis de construção para verificar o nivelamento.
- Registre a instalação de ancoragens e dispositivos de fixação nas fundações, quando aplicável. Confirme se esses elementos estão posicionados e fixados adequadamente.
- Fotografe e filme testes de carga nas fundações para verificar sua capacidade de suporte, quando aplicável. Mantenha registros dos resultados dos testes.
- Documente a sinalização e a identificação das fundações, com informações sobre o tipo de fundação e a data de conclusão.

Estruturas de concreto

- Fotografe e filme as fôrmas (madeira ou metal) e escoramentos usados na construção da estrutura de concreto. Apure se as fôrmas estão niveladas, alinhadas e dimensionadas corretamente.
- Documente a instalação de armaduras e ferragens de reforço em elementos de concreto. Confira se as armaduras estão posicionadas de acordo com as especificações do projeto e se estão livres de sujeira e detritos. Verifique a qualidade da instalação, incluindo o espaçamento e a cobertura adequada das armaduras.
- Tire fotos do processo de concretagem, em especial o despejo, a compactação e o acabamento do concreto. Observe se o concreto é colocado uniformemente e se a mistura está de acordo com as especificações do projeto.
- Registre o nivelamento e o alinhamento das superfícies de concreto durante a concretagem. Use níveis de construção para verificá-los.
- Documente a instalação de fôrmas (madeira ou metal) e escoramentos temporários. Analise se as fôrmas estão niveladas e alinhadas corretamente.

- Fotografe as juntas de dilatação, se forem parte do projeto. Verifique se elas estão instaladas nas áreas apropriadas e se foram seladas adequadamente.
- Documente a vedação e selagem das juntas, quando necessário. Confirme a realização da vedação de maneira adequada para evitar vazamentos e infiltrações.
- Registre os testes de resistência estrutural, como ensaios de compressão do concreto ou testes de carga, guardando os resultados.
- Fotografe quaisquer anomalias, defeitos ou problemas estruturais que sejam detectados durante as inspeções. Anote a localização precisa e a extensão dos problemas.
- Compare as estruturas construídas com as plantas e especificações do projeto. Verifique se todas as dimensões, detalhes e elementos estruturais estão de acordo com o projeto.
- Quando aplicável, tire fotos da instalação de sistemas de drenagem para prevenir acúmulo de água ao redor da estrutura. Confirme se os sistemas de drenagem estão dimensionados corretamente.
- Fotografe a limpeza da área após a construção da estrutura de concreto, ressaltando a remoção de fôrmas e resíduos. Verifique se os resíduos são descartados de acordo com as regulamentações locais.

Fôrmas

- Fotografe o posicionamento e o alinhamento das fôrmas em relação às dimensões e ao *layout* do projeto. Verifique se estão niveladas e alinhadas corretamente.
- Registre as fixações usadas para manter as fôrmas no lugar, como escoras, tirantes e cunhas. Apure se estão bem fixadas e dimensionadas adequadamente.
- Tire fotos do tipo de material das fôrmas, que podem ser de madeira, compensado, metal ou plástico. Certifique-se de que o material seja apropriado para o tipo de estrutura e para resistir às pressões do concreto.
- Documente o estado de conservação das fôrmas, observando se não há danos, rachaduras ou desgaste excessivo que possam afetar a qualidade do acabamento da superfície do concreto.
- Fotografe a aplicação de materiais de impermeabilização nas fôrmas em áreas sujeitas à infiltração de água, como paredes de subsolo. Verifique se a impermeabilização está completa e bem aplicada.

- Registre a aplicação de desmoldantes nas fôrmas para facilitar a remoção do concreto após a cura. A aplicação deve ser uniforme.
- Fotografe aberturas e passagens nas fôrmas para portas, janelas, dutos ou outras aberturas específicas do projeto. Confira se estão de acordo com as dimensões e os detalhes do projeto.
- Registre as conexões e emendas das fôrmas em áreas onde duas ou mais peças se encontram. Elas devem estar bem ajustadas e seladas.
- Tire fotos das medições e níveis das fôrmas para garantir que as dimensões estejam corretas e que as superfícies estejam niveladas de acordo com o projeto.
- Confira se os cantos estão perfeitamente alinhados e se os ângulos estão em esquadro. Fotografe os esquadros e detalhes de canto.
- Antes de despejar o concreto, fotografe as fôrmas para assegurar que estejam limpas de detritos, poeira e resíduos que possam afetar a qualidade do concreto.
- Documente a correta disposição de materiais de reforço, como armaduras e espaçadores, dentro das fôrmas.
- Realize uma verificação final das fôrmas antes da concretagem, para conferir se todos os detalhes estão de acordo com o projeto e encontrar quaisquer problemas evidentes.

Cimbramento (escoramento)
- Fotografe o posicionamento correto das estruturas de cimbramento, como escoras, vigas, pilares de apoio e plataformas. Verifique se estão nivelados e alinhados adequadamente.
- Registre a fixação e a amarração das estruturas de cimbramento, garantindo que estejam seguras e bem conectadas às formas e à estrutura existente.
- Documente as conexões e ancoragem das estruturas de cimbramento às fôrmas, ao solo ou à estrutura existente, certificando-se de que estejam bem presas.
- Registre o procedimento de desmontagem do cimbramento após a cura adequada do concreto, o qual deve ser realizado de forma segura e gradual.

Concretagem
- Fotografe o local antes da concretagem para documentar as condições iniciais, como a limpeza da fôrma e da área de trabalho. A área deve estar livre de detritos, sujeira e água acumulada.

- Registre a coleta de amostras de concreto para testes de qualidade, como resistência à compressão. Mantenha registros dos resultados para averiguar a conformidade com as especificações do projeto.
- Tire fotos das armações de aço (ferragens) antes da concretagem. Examine se as armaduras estão posicionadas de acordo com as especificações do projeto e se estão livres de sujeira e detritos.
- Fotografe a concretagem em etapas, mostrando o despejo do concreto e a compactação. Verifique se o concreto é despejado uniformemente e se há controle adequado da temperatura.
- Registre o processo de adensamento do concreto com vibradores para garantir a eliminação de vazios e segregação. Confirme se os vibradores são usados de forma adequada.
- Tire fotos do processo de nivelamento e acabamento da superfície do concreto; ela deve estar nivelada e com a textura desejada.
- Fotografe o processo de cura do concreto, que pode incluir a aplicação de água, mantas térmicas ou produtos de cura. Certifique-se de que a cura seja realizada de acordo com as especificações para evitar a retração e o aparecimento de trincas.
- Registre as especificações da mistura de concreto, como proporções de agregados, cimento, água e aditivos. Examine se a mistura está de acordo com as especificações do projeto.
- Fotografe a criação de juntas de dilatação ou contração, se for parte do projeto. Verifique se as juntas estão posicionadas corretamente e se foram seladas de forma adequada.
- Tire fotos da limpeza da área após a concretagem, em especial da remoção de fôrmas e resíduos. Os resíduos devem ser descartados de acordo com as regulamentações locais.
- Mantenha um registro fotográfico e de filmagem detalhado, com datas e descrições precisas de cada imagem ou vídeo. Anote as especificações técnicas, datas de concretagem e qualquer observação relevante.

Estruturas metálicas
- Fotografe o posicionamento e o alinhamento das estruturas metálicas em relação às dimensões e ao *layout* do projeto. Confirme se estão niveladas e alinhadas corretamente.

- Registre as fixações usadas para conectar as peças da estrutura, como parafusos, rebites ou soldas, que devem estar bem apertadas e dimensionadas adequadamente.
- Tire fotos do tipo de material das estruturas metálicas, como aço-carbono, aço inoxidável ou ligas específicas. Certifique-se de que o material seja apropriado para o uso e as condições do ambiente.
- Documente o estado de conservação das estruturas, examinando possíveis danos, deformações ou corrosão que possam afetar sua integridade.
- Fotografe o tratamento de superfície das estruturas metálicas, como pintura, galvanização ou revestimentos protetores, para garantir a proteção contra corrosão.
- Registre os encaixes e conexões das estruturas metálicas, como emendas de colunas e vigas, assegurando que estejam bem ajustados e dimensionados conforme as especificações do projeto.
- Documente a fixação das estruturas metálicas nas fundações ou estruturas de suporte, garantindo que estejam seguras e niveladas.
- Tire fotos das conexões de telhado e cobertura, como terças, terças-pentes, tesouras e calhas, as quais devem estar corretamente montadas e niveladas.
- Fotografe as medições e níveis das estruturas metálicas para assegurar que as dimensões estejam corretas e que as superfícies estejam niveladas de acordo com o projeto.
- Registre quaisquer ajustes de nivelamento realizados durante a montagem das estruturas.
- Se a estrutura metálica envolver soldagem, fotografe as soldas realizadas em conformidade com os padrões de qualidade e segurança.
- Se necessário, fotografe e registre os testes de carga efetuados para verificar a capacidade de suporte da estrutura.

Estruturas de madeira

- Fotografe e filme o tipo de madeira utilizado na estrutura, destacando espécie, tratamento e classificação. Verifique se a madeira atende às especificações do projeto e às normas de qualidade.
- Documente o processo de fabricação e montagem das estruturas de madeira. As peças devem ser cortadas, usinadas e montadas de acordo com as especificações do projeto.

- Tire fotos das fixações, conectores e ferragens usados na estrutura de madeira. Confirme se todas as fixações estão devidamente dimensionadas e se as conexões estão seguras.
- Registre o alinhamento e o nivelamento das peças de madeira durante a montagem. Utilize níveis de construção para garantir o nivelamento adequado.
- Documente a instalação de sistemas de ancoragem, como tirantes ou conectores metálicos, quando necessários para a estabilidade da estrutura de madeira. Examine se esses sistemas estão devidamente posicionados e fixados.
- Fotografe a instalação de isolamento térmico ou acústico nas estruturas de madeira, se previstos no projeto. Inspecione a correta aplicação e fixação desses materiais.
- Documente o processo de pintura ou revestimento da madeira, se necessário para proteção contra intempéries ou desgaste. Verifique se a pintura ou o revestimento estão uniformes e com a qualidade adequada.
- Tire fotos durante a aplicação de cargas de teste, quando for necessário verificar a capacidade de carga da estrutura de madeira. Mantenha registros dos resultados.
- Compare as estruturas de madeira montadas com as plantas e especificações do projeto. Todas as dimensões, detalhes e elementos devem estar em conformidade com o projeto.
- Documente a utilização de equipamentos de proteção individual (EPIs) pelos trabalhadores. Verifique se os operadores de equipamentos de construção estão seguindo procedimentos seguros.
- Fotografe a limpeza da área após a montagem das estruturas de madeira, incluindo a remoção de resíduos, os quais devem ser descartados de acordo com as regulamentações locais.

Alvenaria de vedação

- Fotografe e filme as paredes para verificar se estão niveladas (sem inclinações) e em prumo (sem desvios verticais). Use ferramentas de medição para confirmar a precisão das dimensões.
- Registre o tipo de alvenaria utilizado, como tijolos cerâmicos, blocos de concreto, pedras naturais, entre outros. Certifique-se de que o material esteja de acordo com as especificações do projeto.

- Fotografe as juntas de argamassa entre os blocos ou tijolos. As juntas devem estar uniformes, bem preenchidas e com a espessura adequada.
- Tire fotos do revestimento das paredes para averiguar a qualidade da camada externa, como reboco ou revestimento cerâmico. Certifique-se de que o revestimento esteja aderindo de forma adequada à alvenaria.
- Fotografe portas, janelas e outras aberturas ou vãos nas paredes. Confirme se as aberturas foram instaladas de acordo com as dimensões e especificações do projeto.
- Registre as conexões estruturais, como amarrações e reforços, caso necessário, e verifique se estão de acordo com o projeto e as normas de construção.
- Se o projeto prevê o uso de cintas de amarração para reforço estrutural, tire fotos das cintas instaladas e seus pontos de fixação.
- Fotografe áreas concluídas da alvenaria para documentar o progresso e a qualidade da obra. Anote a data de conclusão de cada fase de alvenaria.
- Tire fotos das juntas de dilatação e inspecione se foram instaladas nas áreas apropriadas, especialmente em grandes estruturas.
- Registre quaisquer falhas, defeitos ou problemas identificados durante a inspeção, como rachaduras, deslocamentos ou falta de aderência. Anote a localização precisa e a extensão dos problemas.
- Fotografe as paredes após a limpeza e o acabamento final, garantindo que estejam livres de sujeira e detritos. Verifique se os detalhes de acabamento estão em conformidade com o projeto.

Revestimento primário (chapisco, reboco e gesso)
Chapisco
- Fotografe o chapisco aplicado na superfície e verifique se está aderindo corretamente à base, como paredes ou lajes.
- Registre a textura do chapisco, que deve ser uniforme para proporcionar uma superfície adequada para a aplicação das camadas subsequentes.

Reboco
- Tire fotos que mostrem a espessura do reboco aplicado, de acordo com as especificações do projeto.
- Fotografe o reboco para provar que a superfície está nivelada e alinhada conforme necessário para a aplicação de revestimentos finais, como pintura ou azulejos.

- Registre a qualidade da argamassa do reboco, incluindo a proporção de água e cimento, para garantir sua resistência e aderência.
- Documente o processo de cura do reboco, se aplicável, e certifique-se de que ele não seque muito rápido, o que pode afetar negativamente sua resistência.

Gesso
- Fotografe a aplicação do gesso em superfícies internas, como tetos e paredes, verificando se a camada está uniforme e livre de defeitos.
- Registre o acabamento final do gesso, o qual deve estar suave e pronto para receber pintura ou outros acabamentos.

Instalações hidrossanitárias
- Examine se as instalações hidrossanitárias estão de acordo com o projeto aprovado. Fotografe e filme o *layout* geral, destacando a localização de tubulações, registros, conexões e dispositivos.
- Registre a instalação de tubulações de abastecimento de água, desde a entrada de água até os pontos de distribuição. Confirme a correta instalação das conexões, juntas e vedantes e filme o teste de pressão das tubulações para detectar vazamentos.
- Fotografe as tubulações de esgoto e drenagem, destacando sua inclinação. Verifique a instalação adequada de ralos, caixas de inspeção e dispositivos de drenagem. Registre o teste de estanqueidade das tubulações de esgoto para evitar vazamentos.
- Documente a instalação de tubulações de gás, desde a entrada de gás até os pontos de consumo. Inspecione a conexão segura e vedação adequada das tubulações e acessórios.
- Fotografe e filme a instalação de pias, vasos sanitários, chuveiros, banheiras e outros aparelhos sanitários. Confirme se os dispositivos estão nivelados, alinhados corretamente e conectados de forma adequada às tubulações.
- Registre a instalação de válvulas de corte, registros de pressão e outros dispositivos de controle, confirmando se estão operando corretamente.
- Fotografe e filme as bombas de água, tanques de pressão e outros equipamentos hidrossanitários, que devem estar instalados de acordo com as especificações do fabricante.

- Quando aplicável, registre a instalação de isolamento térmico em tubulações de água quente para evitar perdas de calor. Examine se o isolamento está devidamente fixado e sem lacunas.
- Fotografe registros e dispositivos de proteção contra retorno de esgoto, garantindo que estejam instalados nas áreas apropriadas. Documente a instalação de dispositivos de proteção contra incêndio, quando necessário.
- Registre o estado geral de higiene e segurança nas instalações, verificando se não há vazamentos, infiltrações, entupimentos ou riscos de acidentes.
- Confirme se toda a documentação técnica, como as plantas hidrossanitárias e manuais de operação, está disponível e acessível.

Instalações elétricas

- Fotografe e filme os painéis de distribuição elétrica, com as conexões e a organização dos circuitos. Verifique se os disjuntores, fusíveis e dispositivos de proteção estão instalados corretamente.
- Registre a instalação de fiação e cabos elétricos, identificando-os quanto à função e capacidade de corrente. Examine a fixação e o trajeto da fiação, garantindo que não haja pontos de estrangulamento ou danos.
- Tire fotos das tomadas, interruptores e caixas elétricas em diferentes áreas. Todos os componentes devem estar nivelados, alinhados corretamente e em boas condições de funcionamento.
- Fotografe a instalação de luminárias e lâmpadas em vários locais, confirmando sua fixação adequada e a iluminação uniforme.
- Registre a instalação dos quadros de comando e distribuição (QGBT), incluindo os barramentos e as conexões, a organização dos circuitos e a distribuição adequada da energia elétrica.
- Documente a instalação do sistema de aterramento, com destaque para os eletrodos de aterramento e condutores de aterramento. Verifique se os dispositivos de proteção contra surtos estão instalados nas áreas apropriadas.
- Fotografe e filme os sistemas de emergência, como geradores e sistemas de iluminação de emergência, se existirem. Certifique-se de que estejam funcionando corretamente.
- Registre instalações elétricas especiais, como sistemas de automação, controle, segurança e comunicações, se existirem. Verifique a integração adequada desses sistemas com a instalação elétrica principal.

- Fotografe e filme os testes elétricos e de comissionamento, como teste de continuidade, teste de curto-circuito e teste de funcionamento. Mantenha registros detalhados dos resultados.
- Documente a sinalização e a identificação de circuitos elétricos, tomadas, interruptores e dispositivos.

Sistemas de prevenção e combate ao incêndio
- Fotografe o posicionamento correto dos *sprinklers* (chuveiros automáticos) ao longo da edificação, garantindo que estejam nas áreas apropriadas e em conformidade com os regulamentos.
- Registre qualquer evidência de testes e manutenção dos *sprinklers*, anotando datas e resultados.
- Tire fotos da localização e sinalização adequada dos extintores de incêndio, confirmando sua visibilidade e acessibilidade.
- Anote as datas de inspeção e manutenção dos extintores.
- Fotografe o posicionamento correto dos hidrantes e mangueiras em locais de fácil acesso para os bombeiros.
- Registre o estado das mangueiras, conexões e válvulas, verificando se estão em boas condições de funcionamento.
- Documente a presença dos detectores de fumaça e alarmes de incêndio, com testes de funcionamento.
- Fotografe o painel de controle do sistema de detecção de incêndio, mostrando seu *status* e qualquer registro de alarmes anteriores.
- Registre a sinalização de saída de emergência, incluindo as placas de "Saída" e "Luminárias de Emergência".
- Fotografe as portas corta-fogo e seus mecanismos de fechamento automático, verificando se estão funcionando corretamente.

Instalação de esquadrias
- Fotografe o posicionamento correto das esquadrias nas aberturas das paredes, que devem estar niveladas e alinhadas de acordo com o projeto.
- Registre a fixação das esquadrias à estrutura da construção, as quais precisam estar seguras e bem ancoradas.
- Tire fotos da vedação e calafetação ao redor das esquadrias, com o uso de selantes para evitar infiltrações de água e ar.

- Registre a instalação de materiais isolantes (como espumas ou fitas) para melhorar o isolamento térmico das esquadrias.
- Fotografe o funcionamento das esquadrias, mostrando a abertura e o fechamento de janelas e portas, para verificar se estão operando suavemente.
- Documente as travas e fechaduras, que devem proporcionar segurança.
- Tire fotos do acabamento das esquadrias, verificando se a pintura e os detalhes de acabamento estão de acordo com as especificações do projeto.
- Fotografe os vidros das esquadrias, garantindo que estejam sem danos ou imperfeições que afetem a transparência.

Sistemas de impermeabilização

- Fotografe a preparação da superfície antes da aplicação do sistema de impermeabilização. A superfície deve estar limpa, seca e livre de detritos.
- Registre o tipo de sistema de impermeabilização utilizado, seja ele líquido, membrana, manta asfáltica, poliuretano ou outro. Confira se corresponde às especificações do projeto.
- Fotografe as diferentes camadas do sistema de impermeabilização, incluindo camada de base, camada impermeabilizante e camada de acabamento, quando aplicáveis. Verifique se a espessura está de acordo com as recomendações do fabricante.
- Verifique se o sistema de impermeabilização foi aplicado de forma uniforme e consistente, sem bolhas, trincas ou áreas não cobertas.
- Documente as juntas, conexões e sobreposições no sistema de impermeabilização. Confirme se essas áreas foram tratadas adequadamente para evitar infiltrações.
- Registre os testes de adesão realizados para garantir a ligação adequada entre as camadas do sistema de impermeabilização e a superfície.
- Fotografe detalhes de impermeabilização em torno de ralos, tubos e aberturas na estrutura, com a aplicação de selantes e materiais de vedação apropriados.
- Se uma proteção mecânica, como uma tela ou manta, for usada para proteger o sistema de impermeabilização, documente a sua aplicação e fixação.
- Fotografe o processo de cura e secagem do sistema de impermeabilização, seguindo as instruções do fabricante quanto ao tempo necessário.
- Caso apropriado para o projeto, documente testes de estanqueidade para verificar a eficácia do sistema de impermeabilização em repelir a água.

Revestimento em paredes e pisos

- Fotografe e registre o tipo de revestimento utilizado (porcelanato, papel de parede etc.) para conferir se está de acordo com as especificações do projeto.
- Tire fotos de amostras do material de revestimento para salientar sua qualidade, como cor, textura e acabamento.
- Fotografe o posicionamento correto das peças de revestimento na parede, garantindo que estejam niveladas e alinhadas de acordo com o projeto.
- Registre o encaixe e a junta entre as peças de revestimento, conferindo se estão uniformes e em conformidade com as especificações do projeto.
- Documente os ângulos e cantos do revestimento para aferir se estão bem executados.
- Tire fotos para averiguar se o revestimento está nivelado tanto vertical quanto horizontalmente.
- Fotografe a limpeza do revestimento após a aplicação, assegurando que não haja resíduos de argamassa ou sujeira na superfície.
- Documente a vedação adequada das juntas e rejuntes, especialmente em áreas úmidas ou sujeitas a infiltrações.
- Fotografe quaisquer defeitos ou imperfeições no revestimento, como rachaduras, bolhas, descascamento ou descoloração.
- Registre medições para mostrar se as dimensões do revestimento estão dentro das tolerâncias especificadas no projeto.
- Se houver proteções temporárias (como películas protetoras) aplicadas ao revestimento, documente sua presença e estado.

Forro

- Fotografe e registre o tipo de forro utilizado (gesso, PVC, madeira, metal etc.) para verificar se está de acordo com as especificações do projeto.
- Fotografe o posicionamento correto do forro, garantindo que esteja nivelado e alinhado conforme o projeto.
- Registre a fixação do forro à estrutura da construção; ele deve estar seguro e bem ancorado.
- Tire fotos das emendas e conexões entre as placas ou painéis de forro, aferindo se estão bem alinhadas e unidas de forma adequada.
- Fotografe a superfície do forro, a qual deve estar lisa, sem rachaduras, fissuras ou irregularidades visíveis.

- Registre o acabamento final do forro, incluindo a pintura, selante ou qualquer acabamento adicional.
- Documente a instalação e correta fixação de pontos de iluminação embutidos ou outros dispositivos de iluminação no forro.
- Tire fotos das fixações de acessórios, como ventiladores de teto, luminárias, dutos de ar condicionado ou outros dispositivos suspensos.
- Fotografe quaisquer defeitos ou imperfeições no forro, como trincas, manchas, descolamentos ou problemas de acabamento.
- Registre a presença e a instalação adequada de materiais isolantes acústicos ou térmicos, se especificados no projeto.

Pintura
- Fotografe a preparação da superfície, com destaque para limpeza, remoção de resíduos, lixamento e reparação de quaisquer imperfeições.
- Registre a aplicação de primer, quando necessário, para melhorar a aderência da tinta à superfície.
- Fotografe a tinta utilizada e anote a marca, o tipo e a cor, para verificar se está de acordo com as especificações do projeto.
- Tire fotos durante a aplicação das camadas de tinta e observe se o número de demãos realizadas foi o especificado no projeto.
- Registre a espessura da camada de tinta, se for um requisito do projeto.
- Documente a aplicação uniforme da tinta, assegurando que não haja áreas com excesso ou falta de tinta.
- Fotografe cantos e bordas para comprovar se foram devidamente pintados e que não há falhas na aplicação.
- Tire fotos do acabamento final da pintura e averigue se está de acordo com o especificado (por exemplo, fosco, acetinado, brilhante).
- Registre a uniformidade de cor na superfície pintada, assegurando que não haja variações perceptíveis.
- Documente o tempo de secagem entre as demãos de tinta e o tempo de cura final, se aplicável.
- Fotografe quaisquer defeitos ou imperfeições na pintura, como bolhas, escorrimentos, manchas, descascamento ou descoloração.
- Se houver proteções temporárias (como fitas adesivas de proteção), documente sua presença e estado.
- Registre a sinalização de áreas recém-pintadas para evitar contato antes da secagem completa.

Louças, metais e acessórios

Louças sanitárias (vasos sanitários, pias, bidês etc.)
- Fotografe a instalação adequada das louças sanitárias, as quais devem estar niveladas, alinhadas e fixadas de acordo com o projeto.
- Registre a vedação adequada entre as louças sanitárias e o piso ou parede, garantindo que não haja infiltrações de água.
- Tire fotos demonstrando o funcionamento adequado das descargas e torneiras das louças sanitárias e verifique se não há vazamentos ou problemas de escoamento.

Metais sanitários (torneiras, chuveiros, misturadores etc.)
- Documente a instalação correta dos metais sanitários, com destaque para a fixação e o alinhamento adequado.
- Registre qualquer vazamento nas conexões dos metais sanitários e verifique se as válvulas de corte funcionam adequadamente.
- Fotografe o funcionamento dos chuveiros e torneiras, aferindo se a pressão da água está adequada e se há ajustes disponíveis.

Acessórios (porta-toalhas, saboneteiras, prateleiras etc.)
- Tire fotos da fixação correta dos acessórios nas paredes, que devem estar firmemente presos e alinhados.
- Registre o nivelamento adequado dos acessórios para garantir sua funcionalidade e estética.
- Documente a vedação adequada das juntas dos tubos de esgoto, evitando vazamentos de água ou gases.

Vidro
- Fotografe e registre o tipo de vidro utilizado (laminado, temperado, insulado, com película de controle solar etc.) para verificar se está de acordo com as especificações do projeto.
- Tire fotos do posicionamento correto dos vidros nas aberturas, assegurando que estejam nivelados e alinhados conforme o projeto.
- Registre a fixação dos vidros, com destaque para o uso de perfis ou guarnições.
- Tire fotos das vedações ao redor dos vidros, que devem estar adequadamente seladas para evitar infiltrações de água ou ar.

- Fotografe a superfície do vidro para aferir se está livre de arranhões, manchas ou defeitos visíveis.
- Se aplicável, registre a pintura dos perfis metálicos ou de qualquer estrutura de suporte, confirmando sua aplicação uniforme e sem falhas.
- Documente a instalação adequada de vidros com isolamento térmico ou acústico, se especificado no projeto.
- Se houver películas de controle solar aplicadas aos vidros, fotografe sua presença e adequada instalação.
- Fotografe quaisquer defeitos ou imperfeições nos vidros, como bolhas, trincas, lascas ou irregularidades.
- Se houver proteções temporárias (como películas de proteção) aplicadas aos vidros, documente sua presença e estado.
- Fotografe os vidros de segurança, como vidros temperados ou laminados, para garantir que estão sendo utilizados onde necessário.

Cobertura

- Fotografe e filme a estrutura de suporte da cobertura, que pode incluir vigas, treliças, pilares, lajes, linhas de madeira, estruturas metálicas, entre outros sistemas construtivos. Verifique se a estrutura está dimensionada e posicionada conforme o projeto.
- Registre o tipo de cobertura escolhido, como telhas cerâmicas, telhas de concreto, telhas metálicas, lajes impermeabilizadas ou outro material. Confira se o material da cobertura é adequado às condições climáticas locais.
- Documente a instalação de materiais isolantes térmicos ou acústicos sob a cobertura, se previsto no projeto. O isolamento deve ser corretamente fixado e sem lacunas.
- Fotografe a instalação de sistemas de impermeabilização em áreas sujeitas a infiltrações de água. Examine se os sistemas de impermeabilização estão instalados e selados da forma adequada.
- Tire fotos dos sistemas de drenagem, como calhas e condutores de água, os quais devem estar dimensionados e posicionados corretamente.
- Fotografe e filme os elementos de fixação da cobertura, como parafusos, grampos e suportes, devidamente apertados e fixados.
- Registre o processo de vedação e selagem das juntas e conexões na cobertura, para evitar vazamentos.

- Certifique-se de que a cobertura atenda às regulamentações de segurança contra incêndio, incluindo a instalação de materiais retardadores de chama, quando necessário.
- Documente a sinalização de segurança na cobertura, incluindo acesso restrito ou áreas perigosas. Confira se os sinais de identificação estão visíveis e legíveis.
- Fotografe as escadas, corrimãos e equipamentos de segurança instalados na cobertura. Verifique se a cobertura é acessível com segurança para manutenção e inspeções.
- Tire fotos da cobertura após a limpeza e a manutenção final. Ela deve estar livre de detritos e em boas condições.

Calhas, rufos e condutores

- Fotografe o correto posicionamento das calhas ao longo das bordas do telhado ou nas áreas designadas para coleta de água.
- Registre a fixação das calhas à estrutura, verificando se estão devidamente ancoradas e niveladas.
- Tire fotos da inclinação adequada das calhas para garantir que a água escoe de maneira eficiente em direção aos condutores pluviais.
- Documente as emendas entre seções de calhas, que devem estar bem vedadas para evitar vazamentos.
- Fotografe a instalação dos rufos nas áreas de transição entre o telhado e paredes ou outras superfícies, seu correto posicionamento e vedação.
- Registre a aplicação de selantes ou materiais de vedação nos pontos de contato entre os rufos e as superfícies adjacentes, como proteção contra infiltrações.
- Tire fotos da instalação dos condutores pluviais (calhas verticais) que transportam a água da chuva para os sistemas de drenagem.
- Documente os apoios e fixações dos condutores pluviais à estrutura, garantindo que estejam seguros e bem fixados.
- Registre as saídas de água dos condutores, como as extremidades que despejam a água no solo ou em sistemas de drenagem.
- Durante os períodos de chuva, filme o funcionamento do sistema de drenagem para conferir se a água é eficientemente coletada e transportada.

12.4 Memórias de cálculo

A memória de cálculo é um documento-base na execução de obras públicas e registra todas as informações relevantes para o projeto e execução da obra, como cálculos estruturais, hidráulicos, elétricos, entre outros.

Na Lei nº 8.666/1993, a memória de cálculo era exigida como parte integrante do projeto básico a ser apresentado pelos licitantes. A falta desse documento poderia ser motivo de desclassificação da proposta. Já na Lei nº 14.133/2021, a memória de cálculo é mencionada como parte integrante dos estudos técnicos preliminares, que devem ser realizados antes da elaboração do projeto básico.

A nova Lei das Licitações estabelece que o projeto básico deve conter todas as informações necessárias para a execução da obra, e isso abrange a memória de cálculo já formulada na etapa anterior. Essa exigência tem como objetivo garantir a transparência no processo licitatório e a qualidade na execução da obra, evitando problemas e retrabalhos no futuro.

Cabe ressaltar que a memória de cálculo deve ser elaborada por profissionais habilitados e capacitados para a realização desses cálculos específicos, de forma a assegurar a qualidade e a segurança da obra. Esse documento precisa ser mantido atualizado e acessível aos responsáveis pela fiscalização e manutenção da obra.

ETAPA CONTRATUAL E PÓS-RECEBIMENTO FINAL DA OBRA 13

Após a assinatura do contrato de obras, a fase pós-contratual se inicia, com o objetivo de garantir que o empreendimento seja entregue com a qualidade esperada e que os benefícios gerados por ele sejam prolongados pelo maior tempo possível. A administração pública deve se atentar para que a execução do objeto contratado seja feita de forma satisfatória e dentro dos prazos estabelecidos.

Na antiga Lei das Licitações (Lei nº 8.666/1993), essa fase era denominada fase de execução, em que a empresa contratada é responsável por executar a obra ou serviço contratado. Já na nova lei (Lei nº 14.133/2021), essa fase passou a se chamar fase de utilização, com o foco de assegurar o efetivo uso do empreendimento, além da manutenção das condições técnicas definidas em projeto. Nessa fase, a administração deve fiscalizar a execução do contrato, verificando se as condições técnicas e os prazos estão sendo cumpridos. Caso haja a necessidade de intervenções para manutenção do empreendimento, elas devem ser feitas de forma correta e dentro dos padrões estabelecidos no projeto.

Faz-se necessário reforçar que à administração cabe realizar a medição dos serviços prestados pela empresa contratada, conferindo se as quantidades e a qualidade dos materiais utilizados estão de acordo com o estabelecido em contrato. Essa medição é fundamental para o pagamento dos serviços prestados.

Caso ocorra algum problema na execução do contrato, a administração deve tomar as medidas necessárias para solucioná-lo, podendo aplicar penalidades à empresa contratada em caso de descumprimento das cláusulas contratuais. A nova Lei de Licitações prevê um sistema de sanções administrativas mais rigoroso para coibir a prática de condutas ilícitas por parte das empresas contratadas.

13.1 Garantia dos serviços

As garantias dos serviços de obras são uma importante etapa no processo de contratação pública, por assegurar que o objeto contratado seja entregue em conformidade com as especificações técnicas e legais, garantindo a qualidade e a segurança do empreendimento. A garantia é uma proteção para a administração pública, que pode exigir a correção de eventuais vícios ou defeitos na obra sem custos adicionais.

Na Lei nº 8.666/1993, o contratado era obrigado a oferecer garantia de 5% do valor do contrato, a qual podia ser em dinheiro, seguro-garantia ou fiança bancária, para assegurar o cumprimento das obrigações contratuais, incluso o período de manutenção da obra. Além disso, o contratado era obrigado a reparar, corrigir, remover, reconstruir ou substituir, às suas expensas, no total ou em parte, o objeto do contrato em que se verificassem vícios, defeitos ou incorreções resultantes da execução ou de materiais empregados (art. 119).

Já a nova Lei de Licitações (Lei nº 14.133/2021) estabelece que o contratado deverá oferecer garantia de 1% a 10% do valor do contrato, a depender do objeto contratado e das condições estabelecidas no edital. A garantia poderá ser em dinheiro, seguro-garantia ou fiança bancária, nos mesmos termos estabelecidos na antiga lei. Assim, continua como obrigação do contratado as devidas reparações, correções, remoções e substituições necessárias, no prazo estabelecido no contrato ou em lei.

De acordo com o Código Civil (Brasil, 2002a), em contratos de empreitada de edifícios ou outras construções consideráveis, "o empreiteiro de materiais e execução responderá, durante o prazo irredutível de cinco anos, pela solidez e segurança do trabalho, assim em razão dos materiais, como do solo". Entretanto, conforme esse normativo legal, "decairá do direito assegurado neste artigo o dono da obra que não propuser a ação contra o empreiteiro, nos 180 dias seguintes ao aparecimento do vício ou defeito".

Portanto, tão logo surja o vício, defeito ou incorreção, o gestor deve contatar a empresa responsável pela execução da obra para que efetue os reparos necessários, os quais devem ser realizados sem ônus para a administração, conforme determinação já prolatada pelo TCU:

> 9.1. determinar à [...] que:
> 9.1.1. se abstenha de realizar quaisquer pagamentos, com recursos da União, [...] destinados a recuperar, restaurar, reparar ou reformar as pontes, mata-burros e respectivos aterros de encabeçamento, tendo em vista que esses serviços já foram adequadamente pagos, sendo da empreiteira a responsabilidade tanto pelo projeto quanto pela execução da obra;
> 9.1.2. com base no item 6.16 do Contrato [...], exija, junto à empresa [...], a reparação imediata das pontes e mata-burros, dos respectivos aterros de encabeçamento e drenagem, dos ramais 2, 10 e 11, bem como de qualquer outra estrutura que apresente vícios ou defeitos, atentando para os prazos estabelecidos no art. 618 do Código Civil;

9.1.3. na hipótese de a empresa se recusar em atender ao item 6.16 do Contrato, utilize-se das prerrogativas inseridas no art. 87 da Lei nº 8.666/1993, bem como dos meios legais para a responsabilização civil da contratada. (Brasil, 1997b).

Nesse sentido, a garantia dos serviços de obras assegura que o contratado cumpra com suas obrigações contratuais e salvaguarda a qualidade e a segurança do empreendimento entregue. As cláusulas contratuais devem ser redigidas com clareza e precisão, a fim de evitar possíveis questionamentos jurídicos futuros.

13.2 Garantia qualitativa da obra e vida útil de projeto

A Lei nº 14.133/2021 estabelece a responsabilidade da contratada em relação a vícios e falhas executivas na forma de garantia em obras, a fim de assegurar a qualidade, a solidez, a segurança e a funcionalidade da obra entregue. Essa responsabilidade se mantém mesmo após a entrega da obra, pelo prazo mínimo de 5 (cinco) anos, contados a partir do recebimento definitivo da obra pela administração.

A responsabilidade da contratada é objetiva, o que significa que a empresa é diretamente responsável pelos vícios, defeitos ou incorreções identificados na obra independentemente de comprovação de culpa. Assim, caso sejam constatados problemas na solidez, segurança dos materiais, serviços executados ou funcionalidade da construção, reforma, recuperação ou ampliação do bem imóvel, a contratada é obrigada a realizar as devidas reparações, correções, reconstruções ou substituições necessárias.

13.3 Avaliação da localização do empreendimento

Para edifícios com um local de implantação definido, é imperativo que os projetos de arquitetura, estrutura, fundações, contenções e outras obras geotécnicas sejam desenvolvidos considerando as características específicas do local. Isso envolve a avaliação de uma série de fatores, como topografia, geologia e outros, a fim de identificar e mitigar riscos potenciais. Portanto, o projeto deve atentar para:

- *Riscos geotécnicos*: deve-se avaliar a possibilidade de deslizamentos de terra, enchentes, erosões, vibrações de fontes externas, subsidência do solo, presença de solos expansíveis ou colapsíveis, entre outros.
- *Riscos ambientais*: também é importante considerar riscos ambientais, como a presença de gases resultantes de aterros sanitários, solos contaminados, ou proximidade de pedreiras, e tomar medidas para evitar prejuízos à segurança e funcionalidade da obra.

- *Entorno*: além dos riscos diretos associados ao local de implantação, os projetos também devem prever interações com construções próximas, que envolvem sobreposição de bulbos de pressão, efeitos de grupo de estacas, rebaixamento do lençol freático e desconfinamento do solo devido ao corte do terreno. Esses fenômenos não devem prejudicar a segurança e funcionalidade da obra ou de edificações vizinhas.
- *Aspectos de segurança e estabilidade*: do ponto de vista da segurança e estabilidade ao longo da vida útil da estrutura, os projetos precisam considerar as condições de agressividade do solo, do ar e da água na época da construção. Isso significa que a estrutura deve ser projetada para resistir a condições ambientais adversas, como altos índices de umidade, ventos fortes, águas subterrâneas elevadas, entre outras. Quando necessário, medidas de proteção devem ser incorporadas ao projeto para garantir a durabilidade e segurança da estrutura.

13.4 Norma de Desempenho (NBR 15575)

A NBR 15575, também conhecida como Norma de Desempenho, é um conjunto de diretrizes estabelecido pela Associação Brasileira de Normas Técnicas (ABNT, 2013) para edificações habitacionais. Seu principal objetivo é definir os requisitos mínimos de desempenho, abrangendo aspectos essenciais como segurança, habitabilidade, sustentabilidade, conforto ambiental e durabilidade. A partir de requisitos e critérios para mensurar e avaliar o desempenho dos sistemas construtivos, a norma assegura a qualidade, segurança e satisfação dos usuários ao longo do tempo, uma ferramenta valiosa para a administração pública manter a excelência das obras entregues, prevenindo e solucionando vícios construtivos, patologias e outras inconsistências técnicas identificadas após o recebimento definitivo do empreendimento.

No cerne da NBR 15575 está a preocupação com os usuários da edificação, que são a razão de existir de qualquer construção. A norma estabelece três requisitos principais que devem ser atendidos pela edificação em relação aos usuários: segurança, habitabilidade e sustentabilidade. Esses princípios representam as características qualitativas fundamentais do imóvel para satisfazer às necessidades dos usuários e proporcionar-lhes um ambiente habitável, seguro, sustentável e adequado às suas expectativas. Para alcançar tais requisitos, é preciso que os materiais, componentes e sistemas utilizados na construção estejam em conformidade com as diretrizes estabelecidas.

Assim, a NBR 15575 fornece diretrizes específicas para a avaliação de desempenho em obras públicas, com procedimentos e critérios que devem ser seguidos para garantir que edifícios e sistemas construtivos atendam aos requisitos de qualidade e funcionalidade estabelecidos, independentemente da solução técnica adotada. Esse processo não se limita apenas à análise de aspectos técnicos, mas também à capacidade do sistema ou processo construtivo em atender às funções para as quais foi projetado. Isso significa que, além dos aspectos estritamente técnicos, a avaliação deve levar em consideração a satisfação dos usuários em relação ao desempenho da edificação.

Dessa forma, a avaliação de desempenho requer uma investigação sistemática, baseada em métodos consistentes que possam produzir uma interpretação objetiva do comportamento esperado do sistema nas condições de uso definidas. Para isso, é necessário amplo conhecimento em diversos aspectos, como o funcional da edificação, os materiais e técnicas de construção, os diferentes requisitos dos usuários em diversas situações de uso. Entre os critérios avaliados constam o entorno, os riscos geotécnicos, e aspectos de segurança e estabilidade da obra pública. Recomenda-se que os resultados dessa investigação sistemática sejam documentados de forma detalhada, com registros de imagens, memorial de cálculo e observações instrumentadas.

13.5 Análise do desempenho

A NBR 15575 estipula que a análise do desempenho em obras seja realizada aplicando-se os métodos de ensaio especificados nas normas ABNT relacionadas. Isso significa que, para determinar se uma construção atende aos padrões de desempenho exigidos, é necessário empregar procedimentos de avaliação bem definidos, como ensaios e testes.

Entre os métodos de avaliação disponíveis que a NBR 15575 considera adequados para verificar o desempenho de edificações, destacam-se as seguintes opções:

- *Ensaios laboratoriais*: são conduzidos em ambientes controlados, como laboratórios, para avaliar o desempenho de materiais e sistemas construtivos. Eles fornecem dados quantitativos e qualitativos fundamentais para a avaliação.
- *Ensaios de tipo*: com o objetivo de verificar se os componentes ou sistemas construtivos específicos atendem aos requisitos da norma, esses ensaios podem ser realizados em condições controladas e replicáveis.
- *Ensaios em campo*: envolvem a avaliação do desempenho de edifícios em situações reais, considerando fatores ambientais e de uso, o que permite avaliar o comportamento da construção no ambiente em que será utilizada.
- *Inspeções em protótipos ou em campo*: a inspeção envolve avaliar e verificar o cumprimento dos padrões de desempenho por meio de inspeções visuais em protótipos de construção ou diretamente no campo.

- *Simulações*: as simulações computacionais são frequentemente usadas para prever o desempenho de edifícios com base em modelos matemáticos. Consistem em simulações de desempenho térmico, acústico e estrutural.
- *Análise de projetos*: além dos métodos de ensaio e simulação, a análise de projetos é uma abordagem que examina as especificações de projeto em relação aos requisitos de desempenho para determinar sua conformidade.

Após a avaliação de desempenho, segundo a NBR 15575, os resultados devem ser reunidos em um documento com os seguintes elementos:
- *Caracterização da edificação*: o relatório resultante da avaliação de desempenho deve reunir informações que caracterizem a edificação habitacional ou o sistema analisado, descrevendo a edificação em termos de sua estrutura, materiais utilizados, sistemas de construção, especificações de projeto e outros aspectos relevantes.
- *Ensaios laboratoriais*: quando ensaios laboratoriais se fizerem necessários, o relatório de avaliação deve conter uma solicitação formal para a sua realização. Essa solicitação deve incluir a explicitação dos resultados pretendidos e a metodologia a ser seguida, de acordo com as normas referenciadas na NBR 15575. Isso garante que os ensaios sejam conduzidos de forma consistente e que os resultados sejam relevantes para a avaliação.
- *Informações da amostra*: a amostra coletada para os ensaios deve ser acompanhada de todas as informações necessárias para caracterizá-la adequadamente, como sua origem, especificações, histórico e qualquer outro detalhe relevante para a análise. Compreender a amostra é crucial para contextualizar os resultados dos ensaios.
- *Resultados*: o documento de avaliação do desempenho deve ser elaborado com base nos resultados obtidos. Esse documento é a síntese da avaliação e deve refletir os requisitos e critérios avaliados de acordo com a NBR 15575. Ele descreve se a edificação ou sistema atende ou não aos padrões de desempenho estabelecidos e pode incluir recomendações para melhorias, quando necessário.
- *Responsabilidade pelo relatório*: o relatório precisa ser elaborado pelo responsável pela avaliação, o qual deve assegurar que o documento atenda aos requisitos estabelecidos na norma. Isso implica que a pessoa ou entidade encarregada da avaliação deve garantir a qualidade e a integridade do relatório, além de fornecer informações precisas e objetivas.

13.6 Durabilidade de edifícios

A NBR 15575 estabelece requisitos e critérios relacionados à durabilidade de edifícios, que é um requisito econômico importante para os usuários de edifícios públicos.

13.6.1 Durabilidade como requisito econômico

A norma destaca que a durabilidade do edifício está diretamente associada ao custo global do bem imóvel. Isso significa que a falta de durabilidade pode levar a custos adicionais de manutenção e reparos ao longo do tempo, o que afeta o custo total da propriedade. A NBR 15575 também enfatiza a durabilidade como um critério importante para a avaliação do desempenho dos sistemas e componentes do edifício.

13.6.2 Vida útil de projeto (VUP)

A vida útil de projeto é uma medida temporal que expressa a durabilidade prevista para um edifício ou seus sistemas e componentes, sendo definida pelo incorporador, proprietário e projetista. De natureza fundamentalmente econômica, ela representa um equilíbrio entre custos iniciais e durabilidade, garantindo que o custo inicial não prejudique a durabilidade e o valor a longo prazo das habitações, sobretudo daquelas destinadas a segmentos menos favorecidos da sociedade.

Assim, a VUP tem o propósito de balizar todo o processo de produção do bem e deve ser definida no início do projeto para orientar a escolha de técnicas e materiais que atendam às expectativas de durabilidade. Não se trata necessariamente do máximo que um sistema pode durar, e sim uma referência para otimizar a relação entre custo e benefício. A busca pela melhor relação custo global *versus* tempo de usufruto é essencial para evitar que custos exagerados recaiam sobre as gerações futuras. A VUP também pode ser estendida por meio de ações de manutenção.

Alguns requisitos específicos para a VUP de sistemas e componentes de edifícios são determinados pela NBR 15575 – os projetistas devem especificar valores teóricos para a VUP de cada sistema, os quais não podem ser inferiores aos estabelecidos na norma. Verificam-se na Tab. 13.1 os valores referenciais mínimos quanto à vida útil especificados pela NBR 15575.

Tab. 13.1 Valores referenciais mínimos para a VUP

Sistema	Vida útil mínima (em anos)
Estrutura	≥ 50
Pisos internos	≥ 13
Vedação vertical externa	≥ 40
Vedação vertical interna	≥ 20
Cobertura	≥ 20
Hidrossanitário	≥ 20

Fonte: ABNT (2013).

Essa tabela lista os diferentes sistemas de um edifício e estabelece a vida útil de projeto mínima em anos para cada um deles, considerando a periodicidade e os processos de manutenção de acordo com as normas NBR 5674 (ABNT, 2012) e NBR 15575 (ABNT, 2013) e os requisitos do manual de uso, operação e manutenção entregue ao usuário, proposto pela NBR 14037 (ABNT, 2011).

13.6.3 Responsabilidade dos projetistas e construtores

A NBR 15575 destaca que projetistas, construtores e incorporadores são responsáveis por estabelecer valores teóricos de VUP, que podem ser confirmados por meio do atendimento às normas, para garantir que os sistemas tenham uma durabilidade potencial compatível com a VUP especificada no projeto.

13.6.4 Fatores externos de controle

A NBR 15575 ressalta que o valor final da vida útil (VU) de um edifício é influenciado por fatores externos de controle, como clima, níveis de poluição e mudanças no entorno ao longo do tempo, além de fatores de manutenção.

13.6.5 Prazo de garantia

A NBR 15575 estabelece que o prazo de garantia da solidez e segurança das edificações é fixado por lei, mas inclui diretrizes para o estabelecimento de prazos de garantia para sistemas e componentes específicos do edifício, visando assegurar sua durabilidade.

13.6.6 Cálculo da vida útil de um projeto

A determinação da VUP segundo a NBR 15575 incorpora três conceitos essenciais: o efeito das falhas no desempenho, a categoria de vida útil de projeto para partes do edifício, e o custo de manutenção e reposição ao longo da vida útil.

No tocante ao efeito das falhas no desempenho, os impactos dessas falhas devem ser avaliados e categorizados de A (perigo à vida) a F (sem problemas excepcionais), conforme o Quadro 13.1. Assim, uma falha que coloca a vida de usuários em risco é classificada como A, enquanto uma falha menor é classificada como F.

Em relação à vida útil de projeto para cada parte do edifício, há uma separação dos elementos da construção em três categorias: substituível (categoria 1), manutenível (categoria 2) e não manutenível (categoria 3) – ver Quadro 13.2. Revestimentos de fachadas, por exemplo, são classificados como categoria 2.

Por fim, os custos de manutenção e reposição ao longo da vida útil são classificados de A (baixo custo) a E (alto custo), conforme o Quadro 13.3. Como exemplo, cita-se a pintura de revestimentos internos, cujo custo de manutenção é de categoria B.

Quadro 13.1 Classificação de falhas do desempenho de acordo com seus impactos

Categoria	Efeito no desempenho	Exemplos típicos
A	Perigo à vida (ou de ser ferido)	Colapso repentino da estrutura
B	Risco de ser ferido	Degrau de escada quebrado
C	Perigo à saúde	Séria penetração de umidade
D	Interrupção do uso do edifício	Rompimento de coletor de esgoto
E	Comprometer a segurança de uso	Quebra de fechadura de porta
F	Sem problemas excepcionais	Substituição de uma telha

Fonte: ABNT (2013).

Quadro 13.2 Classificação da vida útil das partes do edifício

Categoria	Descrição	Vida útil	Exemplos típicos
1	Substituível	Vida útil mais curta que o edifício, com substituição fácil e prevista na etapa de projeto	Muitos revestimentos de pisos, louças e metais sanitários
2	Manutenível	São duráveis, porém necessitam de manutenção periódica e são passíveis de substituição ao longo da vida útil do edifício	Revestimentos de fachadas e janelas
3	Não manutenível	Devem ter a mesma vida útil do edifício, por não possibilitarem manutenção	Fundações e outros elementos estruturais

Fonte: ABNT (2013).

Quadro 13.3 Classificação dos custos de manutenção e reparação

Categoria	Descrição	Exemplos típicos
A	Baixo custo de manutenção	Vazamentos em metais sanitários
B	Médio custo de manutenção ou reparação	Pintura de revestimentos internos
C	Médio ou alto custo de manutenção ou reparação	Pintura de fachadas, esquadrias de portas, pisos internos e telhamento
D	Alto custo de manutenção e/ou reparação	Troca integral da impermeabilização de piscinas
E	Alto custo de manutenção ou reparação	Troca integral dos revestimentos de fachada e estrutura de telhados

Fonte: ABNT (2013).

A partir da combinação dessas classificações, o valor da VUP do projeto pode ser calculado conforme o Quadro 13.4.

Quadro 13.4 Cálculo da VUP

Valor sugerido de VUP	Efeito da falha (Quadro 13.1)	Categoria de VUP (Quadro 13.2)	Categoria de custos (Quadro 13.3)
Entre 5% e 8% da VUP da estrutura	F	1	A
Entre 8% e 15% da VUP da estrutura	F	1	B
Entre 15% e 25% da VUP da estrutura	E, F	1	C
Entre 25% e 40% da VUP da estrutura	D, E, F	2	D
Entre 40% e 80% da VUP da estrutura	Qualquer um	2	D, E
Igual a 100% da VUP da estrutura	Qualquer um	3	Qualquer uma

Fonte: ABNT (2013).

Ressalta-se que valores entre 5% e 15% da VUP da estrutura podem ser aplicáveis somente a componentes. As demais VUP podem ser aplicáveis a todas as partes do edifício (sistemas, elementos e componentes).

Existem no mundo variadas proposições para determinação da VUP do edifício. No entanto, em relação aos edifícios habitacionais, observa-se que elas apresentam notável convergência, situando a VUP desses edifícios entre 50 e 60 anos. Assim, recomenda-se uma VUP mínima de 50 anos para a estrutura de edifícios, compatibilizando requisitos de custo inicial, durabilidade e manutenção, especialmente para habitações de interesse social. Para edificações de padrão superior, a VUP mínima é de 75 anos (Quadros 13.5 e 13.6).

A VUP é definida em consenso entre empreendedores, projetistas e usuários na fase de concepção do projeto e depende de vários aspectos, incluindo o uso de materiais de qualidade, técnicas de construção apropriadas, manutenção adequada e uso correto do edifício. Aos fabricantes de componentes, recomenda-se o desenvolvimento de produtos que atendam à VUP mínima e de documentação técnica com instruções de manutenção. Em relação aos usuários, é preciso informá-los sobre como manter a VUP por meio de manuais de uso, operação e manutenção, além de implementar os programas de manutenção de acordo com a NBR 5674 e realizar inspeções prediais para avaliar as condições de conservação das edificações.

QUADRO 13.5 Valores referenciais da VUP

Sistema	VUP mínima	VUP intermediária	VUP superior
Estrutura	≥ 50 anos	≥ 63 anos	≥ 75 anos
Pisos internos	≥ 13 anos	≥ 17 anos	≥ 20 anos
Vedação vertical externa	≥ 40 anos	≥ 50 anos	≥ 60 anos
Vedação vertical interna	≥ 20 anos	≥ 25 anos	≥ 30 anos
Cobertura	≥ 20 anos	≥ 25 anos	≥ 30 anos
Hidrossanitário	≥ 20 anos	≥ 25 anos	≥ 30 anos

Fonte: ABNT (2013).

QUADRO 13.6 VUP para cada parte da edificação

Parte da edificação	Exemplos	VUP mínima	VUP intermediária	VUP superior
Estrutura principal	Fundações, elementos estruturais (pilares, vigas, lajes e outros), paredes estruturais, estruturas periféricas, contenções e arrimos	≥ 50 anos	≥ 63 anos	≥ 75 anos
Estruturas auxiliares	Muros divisórios, estrutura de escadas externas	≥ 20 anos	≥ 25 anos	≥ 30 anos
Vedação externa	Paredes de vedação externas, painéis de fachada, fachada-cortina	≥ 40 anos	≥ 50 anos	≥ 60 anos
Vedação interna	Paredes e divisórias leves internas, escadas internas, guarda-corpos	≥ 20 anos	≥ 25 anos	≥ 30 anos
Cobertura	Estrutura da cobertura e coletores de águas pluviais embutidos	≥ 20 anos	≥ 25 anos	≥ 30 anos
	Telhamento	≥ 13 anos	≥ 17 anos	≥ 20 anos
	Calhas de beiral e coletores de águas pluviais aparentes, subcoberturas facilmente substituíveis	≥ 4 anos	≥ 5 anos	≥ 6 anos
	Rufos, calhas internas e demais complementos (de ventilação, iluminação, vedação)	≥ 8 anos	≥ 10 anos	≥ 12 anos
Revestimento interno aderido	Revestimento de piso, parede e teto: de argamassa, de gesso, cerâmicos, pétreos, de tacos e assoalhos e sintéticos	≥ 13 anos	≥ 17 anos	≥ 20 anos
Revestimento interno não aderido	Revestimentos de pisos: têxteis, laminados ou elevados; lambris; forros falsos	≥ 8 anos	≥ 10 anos	≥ 12 anos
Revestimento de fachada aderido e não aderido	Revestimento, molduras, componentes decorativos e cobre-muros	≥ 20 anos	≥ 25 anos	≥ 30 anos

Quadro 13.6 (continuação)

Parte da edificação	Exemplos	VUP mínima	VUP intermediária	VUP superior
Piso externo	Pétreo, cimentado de concreto e cerâmico	≥ 13 anos	≥ 17 anos	≥ 20 anos
Pintura	Pinturas internas e papel de parede	≥ 3 anos	≥ 4 anos	≥ 5 anos
Pintura	Pinturas de fachada, pinturas e revestimentos sintéticos texturizados	≥ 8 anos	≥ 10 anos	≥ 12 anos
Impermeabilização manutenível sem quebra de revestimentos	Componentes de juntas e rejuntamentos; mata-juntas, sancas, golas, rodapés e demais componentes de arremate	≥ 4 anos	≥ 5 anos	≥ 6 anos
Impermeabilização manutenível sem quebra de revestimentos	Impermeabilização de caixa d'água, jardineiras, áreas externas com jardins, coberturas não utilizáveis, calhas e outros	≥ 8 anos	≥ 10 anos	≥ 12 anos
Impermeabilização manutenível somente com a quebra dos revestimentos	Impermeabilizações de áreas internas, de piscina, áreas externas com pisos, coberturas utilizáveis, rampas de garagem etc.	≥ 20 anos	≥ 25 anos	≥ 30 anos
Esquadrias externas (de fachada)	Janelas (componentes fixos e móveis), porta-balcão, gradis, grades de proteção, cobogós. Inclusos complementos de acabamento como peitoris, soleiras, pingadeiras e ferragens de manobra e fechamento	≥ 20 anos	≥ 25 anos	≥ 30 anos
Esquadrias internas	Portas e grades internas, janelas para áreas internas, boxes de banho	≥ 8 anos	≥ 10 anos	≥ 12 anos
Esquadrias internas	Portas externas, portas corta-fogo, portas e gradis de proteção a espaços internos sujeitos à queda > 2 m	≥ 13 anos	≥ 17 anos	≥ 20 anos
Esquadrias internas	Complementos de esquadrias internas, como ferragens, fechaduras, trilhos, folhas mosquiteiras, alizares e demais complementos de arremate e guarnição	≥ 4 anos	≥ 5 anos	≥ 6 anos
Instalações prediais embutidas em vedações e manuteníveis somente por quebra das vedações ou dos revestimentos (inclusive forros falsos e pisos elevados não acessíveis)	Tubulações e demais componentes (inclui registros e válvulas) de instalações hidrossanitárias, de gás, de combate a incêndio, de águas pluviais, elétricas	≥ 20 anos	≥ 25 anos	≥ 30 anos
Instalações prediais embutidas em vedações e manuteníveis somente por quebra das vedações ou dos revestimentos (inclusive forros falsos e pisos elevados não acessíveis)	Reservatórios de água não facilmente substituíveis, redes alimentadoras e coletoras, fossas sépticas e negras, sistemas de drenagem não acessíveis e demais elementos e componentes de difícil manutenção e/ou substituição	≥ 13 anos	≥ 17 anos	≥ 20 anos
Instalações prediais embutidas em vedações e manuteníveis somente por quebra das vedações ou dos revestimentos (inclusive forros falsos e pisos elevados não acessíveis)	Componentes desgastáveis e de substituição periódica, como gaxetas, vedações, guarnições e outros	≥ 3 anos	≥ 4 anos	≥ 5 anos

QUADRO 13.6 (continuação)

Parte da edificação	Exemplos	VUP mínima	VUP intermediária	VUP superior
Instalações aparentes ou em espaços de fácil acesso	Tubulações e demais componentes	≥ 4 anos	≥ 5 anos	≥ 6 anos
	Aparelhos e componentes de instalações facilmente substituíveis, como louças, torneiras, sifões, engates flexíveis e demais metais sanitários, aspersores (*sprinklers*), mangueiras, interruptores, tomadas, disjuntores, luminárias, tampas de caixas, fiação e outros	≥ 3 anos	≥ 4 anos	≥ 5 anos
	Reservatórios de água	≥ 8 anos	≥ 10 anos	≥ 12 anos
Equipamentos funcionais manuteníveis e substituíveis (médio custo de manutenção)	Equipamentos de recalque, pressurização, aquecimento de água, condicionamento de ar, filtragem, combate a incêndio e outros	≥ 8 anos	≥ 10 anos	≥ 12 anos
Equipamentos funcionais manuteníveis e substituíveis (alto custo de manutenção)	Equipamentos de calefação, transporte vertical, proteção contra descargas atmosféricas e outros	≥ 13 anos	≥ 17 anos	≥ 20 anos

Fonte: ABNT (2013).

13.7 Requisitos de garantia nos sistemas construtivos

Além de estabelecer os requisitos mínimos de desempenho para edificações, a NBR 15575 também aborda as garantias de obras após a sua execução, cujo objetivo é assegurar que a edificação atenda aos padrões estabelecidos pela norma e que qualquer eventual problema seja corrigido. As garantias previstas variam em relação aos anos de cobertura e detalhamento dos sistemas construtivos.

No caso de sistemas estruturais, o construtor é responsável por assegurar a estabilidade e segurança da edificação durante cinco anos, contados a partir da data de entrega do imóvel ao proprietário, exceto em situações de vício oculto, as quais os prazos não prescrevem. Essa garantia abrange problemas que comprometam a integridade da estrutura, tais como trincas, rachaduras, recalques excessivos e outras manifestações patológicas que possam afetar a estabilidade da construção. Caso sejam identificados problemas estruturais dentro do período de garantia, o construtor é obrigado a realizar os devidos reparos para corrigi-los.

A garantia para sistemas de pisos engloba aspectos relacionados à resistência dos pisos, capacidade de suportar as cargas de uso e durabilidade dos materiais empregados. Problemas como desplacamento de revestimentos, trincas no piso, afundamentos e deformações que comprometam a funcionalidade dos pisos podem ser cobertos pela garantia. Ficou estabelecida garantia de dois anos para o surgimento de fissuras, três anos para patologias relacionadas a estanqueidade de fachadas e pisos em áreas molhadas e cinco anos em caso de má aderência do revestimento e dos componentes do sistema.

Para sistemas de cobertura, a garantia é de cinco anos após a entrega do imóvel e abrange estanqueidade da cobertura, resistência a intempéries, durabilidade dos materiais e adequação do sistema construtivo. Problemas como vazamentos, infiltrações, deterioração prematura de telhas e outros elementos da cobertura também podem ser contemplados.

A garantia para sistemas de vedações verticais é de cinco anos a partir da entrega da obra, quanto à segurança e integridade, e para as esquadrias ela depende do tipo de material e da patologia, em geral variando de um a cinco anos. Essa garantia abrange a estanqueidade das paredes, janelas e portas, bem como a durabilidade e o funcionamento adequado das esquadrias. Infiltrações, vazamentos de água pelas janelas e dificuldades de abertura ou fechamento de portas podem ser contemplados.

A garantia para sistemas hidrossanitários engloba questões relacionadas ao abastecimento de água, ao funcionamento adequado dos sistemas de esgoto e ao correto dimensionamento das instalações. Pode cobrir também problemas como vazamentos nas tubulações, entupimentos frequentes e mau funcionamento das válvulas e torneiras. Em relação a integridade e estanqueidade de colunas de água fria, quente, tubos de queda e outras instalações hidráulicas, a garantia é de cinco anos a partir da entrega da edificação; para coletores, ramais, louças, caixas de descarga e demais aparelhos correlatos, a garantia dos equipamentos em geral é de um ano, e a de sua instalação é de três anos.

Mais orientações para determinar prazos mínimos de garantia para os elementos, componentes e sistemas do edifício habitacional são fornecidas no Anexo D da NBR 15575. Durante esses prazos, os construtores são responsáveis por assegurar que os sistemas funcionem conforme previsto, sem apresentar defeitos decorrentes de anomalias que afetem seu desempenho. O Quadro 13.7, tirado da norma, fornece uma visão geral dos prazos de garantia recomendados para diferentes sistemas, elementos, componentes e instalações em edifícios habitacionais, destacando os períodos de garantia de um, dois, três e cinco anos para cada categoria. Esse quadro aponta o período durante o qual há uma alta probabilidade de que quaisquer vícios nos sistemas, quando novos, se manifestem, resultando em desempenho inferior ao esperado.

QUADRO 13.7 Prazos de garantia estabelecidos pela NBR 15575

Sistemas, elementos, componentes e instalações	1 ano	2 anos	3 anos	5 anos
Fundações, estrutura principal, estruturas periféricas, contenções e arrimos				Segurança e estabilidade global/estanqueidade de fundações e contenções
Paredes de vedação, estruturas auxiliares, estruturas de cobertura, estrutura das escadarias internas ou externas, guarda-corpos, muros de divisa e telhados				Segurança e integridade
Equipamentos industrializados (aquecedores de passagem ou acumulação, motobombas, filtros, interfone, automação de portões, elevadores e outros), sistemas de dados e voz, telefonia, vídeo e televisão	Instalação e equipamentos			
Sistema de proteção contra descargas atmosféricas, sistema de combate a incêndio, pressurização das escadas, iluminação de emergência, sistema de segurança patrimonial	Instalação e equipamentos			
Porta corta-fogo		Dobradiças e molas		Integridade de portas e batentes
Instalações elétricas: tomadas, interruptores, disjuntores, fios, cabos, eletrodutos, caixas e quadros		Equipamentos	Instalação	
Instalações de gás: colunas de gás				Integridade e estanqueidade
Instalações hidráulicas e gás: coletores, ramais, louças, caixas de descarga, bancadas, metais sanitários, sifões, ligações flexíveis, válvulas, registros, ralos e tanques		Equipamentos	Instalação	

Quadro 13.7 (continuação)

Sistemas, elementos, componentes e instalações	1 ano	2 anos	3 anos	5 anos
Impermeabilização				Estanqueidade
Esquadrias de madeira	Empenamento, descolamento e fixação			
Esquadrias de aço	Fixação e oxidação			
Esquadrias de alumínio e de PVC	Partes móveis (inclusos recolhedores de palhetas, motores e conjuntos elétricos de acionamento)	Borrachas, escovas, articulações, fechos e roldanas		Perfis de alumínio, fixadores e revestimentos em painel de alumínio
Fechaduras e ferragens em geral	Funcionamento e acabamento			
Revestimentos de paredes, pisos e tetos internos e externos em argamassa		Fissuras	Estanqueidade de fachadas e pisos em áreas molhadas	Má aderência do revestimento e dos componentes do sistema
Gesso liso, componentes de gesso para *drywall*		Fissuras	Estanqueidade de fachadas e pisos em áreas molhadas	Má aderência do revestimento e dos componentes do sistema
Revestimentos de paredes, pisos e tetos em azulejo, cerâmica e pastilhas		Revestimentos soltos, gretados, desgaste excessivo	Estanqueidade de fachadas e pisos em áreas molhadas	
Revestimentos de paredes, pisos e teto em pedras naturais (mármore, granito e outros)		Revestimentos soltos, gretados, desgaste excessivo	Estanqueidade de fachadas e pisos em áreas molhadas	
Pisos de madeira – tacos, assoalhos e deques	Empenamento, trincas na madeira e destacamento			
Piso cimentado, piso acabado em concreto, contrapiso		Destacamentos, fissuras, desgaste excessivo	Estanqueidade de pisos em áreas molhadas	
Revestimentos especiais (fórmica, plásticos, têxteis, pisos elevados, materiais compostos de alumínio)		Aderência		

QUADRO 13.7 (continuação)

Sistemas, elementos, componentes e instalações	1 ano	2 anos	3 anos	5 anos
Forros de gesso	Fissuras por acomodação dos elementos estruturais e de vedação			
Forros de madeira	Empenamento, trincas na madeira e destacamento			
Pintura/verniz (interna/externa)		Empolamento, descascamento, esfarelamento, alteração de cor ou deterioração de acabamento		
Selantes, componentes de juntas e rejuntamentos	Aderência			
Vidros	Fixação			

Fonte: ABNT (2013).

Destaca-se ainda que os prazos de garantia, de acordo com a norma, começam a contar a partir da emissão do Habite-se ou auto de conclusão, ou outro documento legal que certifique a conclusão das obras.

13.8 Manutenções nas obras públicas

A manutenção de obras visa garantir a durabilidade e o bom desempenho técnico do empreendimento após a sua conclusão. Tanto na antiga quanto na nova Lei de Licitações, é da administração pública a responsabilidade de manter os bens públicos em boas condições, e isso inclui a manutenção das obras.

De acordo com o art. 120 da Lei nº 8.666/1993, o contratado tem a obrigação de manter, durante a execução do contrato e até a sua entrega definitiva, todas as condições de habilitação e qualificação exigidas na licitação. Além disso, a administração pode exigir garantia do contratado para assegurar o cumprimento das obrigações contratuais, como a garantia de execução do contrato e a garantia de manutenção corretiva.

Já na Lei nº 14.133/2021, o art. 192 determina que o contrato deve prever a realização de serviços de manutenção preventiva e corretiva, a fim de assegurar a preservação das condições técnicas do objeto contratado durante o prazo de garantia e após o seu término. Além disso, a nova lei prevê a possibilidade de a administração exigir a contratação de empresa especializada em manutenção para executar os serviços necessários.

Para melhor eficácia, deve ser elaborado um programa de manutenção, baseado nas orientações técnicas dos fabricantes e fornecedores dos materiais e equipamentos instalados. Esse programa deve contemplar atividades de manutenção preventiva e corretiva, com prazos e frequências estabelecidos de acordo com as características do empreendimento e seus componentes. A manutenção preventiva consiste em atividades planejadas para prevenir ou minimizar falhas ou problemas, como revisões e inspeções periódicas. Já a manutenção corretiva é realizada após a detecção de um problema, com o objetivo de corrigir a falha ou substituir o componente defeituoso.

A adoção de um programa de manutenção adequado contribui para a redução de custos e a prolongação da vida útil do empreendimento, trazendo benefícios tanto para a administração quanto para a sociedade como um todo.

Após a conclusão da obra, a NBR 15575 também prevê responsabilidades para os usuários da edificação, sobretudo em relação ao cuidado e manutenção adequada do imóvel durante o período de uso. Os sistemas construtivos de um imóvel demandam manutenções preventivas que, se negligenciadas pelos usuários, podem levar à redução significativa de sua vida útil.

Para atingir a vida útil projetada dos sistemas construtivos, ou até mesmo estender sua durabilidade, é preciso que, periodicamente, os sistemas da edificação passem por revisões, substituições e reparações. Nesse sentido, a responsabilidade também repousa sobre os gestores responsáveis pela administração pública, que devem fornecer orientações técnicas específicas, garantindo que os usuários estejam devidamente instruídos sobre as práticas de manutenção necessárias para preservar a integridade e o bom funcionamento do imóvel.

A conscientização sobre a importância das manutenções preventivas e a correta execução dessas ações são fundamentais para assegurar a durabilidade, segurança e qualidade das edificações, além da satisfação contínua dos usuários ao longo do tempo. Ao seguir as orientações e práticas indicadas no manual de uso e manutenção, os usuários contribuem para preservar o desempenho esperado da construção e para que os sistemas construtivos alcancem sua vida útil projetada ou até mesmo ultrapassem as expectativas de durabilidade.

13.9 Vícios ocultos

Os vícios ocultos são defeitos ou problemas construtivos que não são facilmente perceptíveis a olho nu; durante a vistoria de recebimento provisório ou definitivo, eles acabam passando despercebidos, especialmente por profissionais sem *expertise* em perícias e engenharia diagnóstica. Esses vícios podem permanecer dissimulados até sua identificação por meio de imagens específicas, equipamentos avançados e o conhecimento técnico de profissionais especializados em inspeções prediais detalhadas. Por isso, representam um desafio para a construção civil e requerem uma abordagem proativa por parte dos envolvidos no processo construtivo, incluindo projetistas, construtores e incorporadores.

Tais problemas ocultos podem surgir por diversas razões, como falhas na execução dos serviços, inadequações no projeto, utilização de materiais impróprios ou de baixa qualidade, entre outros fatores. Em muitos casos, os vícios ocultos só se manifestam após algum tempo de uso da edificação, quando os danos internos já se agravaram e se tornam visíveis ou geram consequências mais sérias, como infiltrações, fissuras, corrosão e comprometimento estrutural.

Para identificá-los e solucioná-los, é preciso contar com profissionais especializados em inspeções prediais, que possuam o conhecimento técnico e as ferramentas adequadas para realizar análises minuciosas da construção a partir de técnicas de inspeção não destrutivas, como termografia, ultrassom, endoscopia, entre outras, para mapear possíveis problemas internos e avaliar o estado de conservação da edificação. A experiência desses profissionais permite interpretar os dados obtidos e diagnosticar as causas dos vícios ocultos, proporcionando um embasamento técnico para as ações corretivas necessárias e evitando agravamento dos danos e custos mais elevados com reparos emergenciais. No entanto, esse é um perfil de profissional que geralmente não se encontra à disposição da administração pública no recebimento de suas obras e serviços.

A garantia técnica fornecida pelo construtor não prescreve nos casos de vícios ocultos em edificações, ou seja, a administração pública pode acionar o construtor mesmo após o término do prazo da garantia legal inicial de cinco anos, caso venha a identificar problemas construtivos que caracterizem vícios ocultos. Essa proteção ao proprietário visa assegurar que a qualidade da obra seja mantida ao longo do tempo, e que os construtores sejam responsabilizados por eventuais falhas construtivas que só se manifestem posteriormente.

13.10 Requisitos básicos de desempenho de obras

A NBR 15575 incorpora normas e critérios específicos para avaliar o desempenho de edificações habitacionais, incluindo as condições de carga. Alguns deles são explicados na sequência.

13.10.1 Solidez e segurança

A NBR 15575 prevê alguns requisitos de solidez e segurança de edifícios públicos. Em primeiro lugar, é importante garantir que a edificação seja projetada e construída de forma a não ruir ou perder a estabilidade de suas partes, fornecendo segurança aos usuários sob várias condições de exposição. Isso está alinhado com os requisitos gerais da norma, que estabelecem critérios de desempenho, incluindo segurança estrutural, para edificações habitacionais.

Essa norma também inclui requisitos específicos relacionados à estabilidade e resistência do sistema estrutural e outros elementos com função estrutural. Ela define critérios de desempenho para garantir que os componentes estruturais tenham a capacidade necessária para resistir a cargas de maior probabilidade de ocorrência, o que é semelhante à ênfase do texto na resistência contra a ruína.

Segundo a NBR 15575, é preciso evitar deslocamentos ou fissuras excessivas nos elementos de construção e assegurar o livre funcionamento de elementos e componentes da edificação. Além disso, ela especifica critérios de desempenho relacionados a deformações e estados-limites de serviço, para que as deformações não afetem negativamente o funcionamento e a segurança dos usuários. Verifica-se na Tab. 13.2 as razões de limitação de deslocamento, os elementos estruturais ou de acabamento relacionados, os deslocamentos-limite permitidos e os tipos de deslocamento associados a cada elemento de acordo com a NBR 15575.

A norma de desempenho faz referência a várias outras normas técnicas, como NBR 8681 (ABNT, 2014), NBR 6120 (ABNT, 2019a), NBR 6122 (ABNT, 2019b) e NBR 6123 (ABNT, 2023), que devem ser consideradas nos projetos para garantir a segurança estrutural e a estabilidade da edificação.

13.10.2 Segurança contra o incêndio

Em sua seção relacionada à segurança contra incêndio, a NBR 15575 estabelece requisitos e critérios fundamentais para proteger vidas, propriedades e o meio ambiente em caso de incêndio em edificações habitacionais, com base em quatro objetivos gerais: (i) proteger a vida dos ocupantes em caso de incêndio; (ii) dificultar a propagação do incêndio, minimizando danos ao meio ambiente e ao patrimônio; (iii) fornecer meios de controle e extinção de incêndios; e (iv) garantir condições de acesso para as operações do Corpo de Bombeiros.

Segundo a norma, edificações multifamiliares devem dispor de sistemas e equipamentos de alarme, extinção, sinalização e iluminação de emergência.

Tab. 13.2 Deformação-limite por elemento da edificação

Razão da limitação	Elemento	Deslocamento-limite	Tipo de deslocamento
Visual/insegurança psicológica	Pilares, paredes, vigas, lajes (componentes visíveis)	L/250 ou H/300	Deslocamento final incluindo fluência (carga total)
Destacamentos, fissuras em vedações ou acabamentos, falhas na operação de caixilhos e instalações	Caixilhos, instalações, vedações e acabamentos rígidos (pisos, forros etc.)	L/800	Parcela da flecha ocorrida após a instalação da carga correspondente ao elemento em análise (parede, piso etc.)
	Divisórias leves, acabamentos flexíveis (pisos, forros etc.)	L/600	
Destacamentos e fissuras em vedações	Paredes e/ou acabamentos rígidos	L/500 ou H/500	Distorção horizontal ou vertical provocada por variações de temperatura ou ação do vento, distorção angular devida ao recalque de fundações (deslocamentos totais)
	Paredes e acabamentos flexíveis	L/400 ou H/400	

Fonte: ABNT (2013).

A avaliação desses critérios pode envolver a análise do projeto e, se possível, inspeção em protótipo de acordo com as regulamentações vigentes.

Para dificultar a ocorrência de um princípio de incêndio, a norma destaca a proteção contra descargas atmosféricas, contra risco de ignição nas instalações elétricas e contra risco de vazamentos nas instalações de gás. Há ainda uma ênfase na importância de facilitar a fuga dos ocupantes em caso de incêndio, para o que a norma inclui critérios relacionados às rotas de fuga, que devem atender às disposições da NBR 9077 (ABNT, 2001). A comprovação desses requisitos pode ser feita por análise do projeto ou inspeção em protótipo.

Para minimizar a ocorrência de inflamação generalizada, a norma estabelece critérios para os materiais de revestimento, acabamento e isolamento termoacústico. Esses materiais devem ter características de propagação de chamas controladas, atendendo às normas específicas mencionadas. A comprovação pode ser feita por meio de inspeção em protótipo ou ensaios conforme normas brasileiras específicas.

A norma também determina critérios para o isolamento de risco à distância e por proteção, com base nas regulamentações vigentes, cuja avaliação pode envolver a análise do projeto e o dimensionamento das distâncias seguras, bem como inspeção em protótipo conforme a legislação aplicável.

Para reduzir o risco de colapso estrutural em caso de incêndio, os critérios requisitados aludem ao tipo de estrutura e à conformidade com normas específicas.

A avaliação é realizada por meio de análise do projeto estrutural em situação de incêndio, atendendo às normas aplicáveis.

13.10.3 Segurança no uso e na operação

A segurança no uso e operação de sistemas e componentes da edificação habitacional deve ser incorporada ao projeto, com especial atenção a agentes agressivos, como proteção contra queimaduras e prevenção de riscos de quedas ou ferimentos causados por componentes da construção. A NBR 15575 determina os seguintes requisitos:

- *Segurança na utilização do imóvel*: o objetivo principal é assegurar que medidas de segurança sejam implementadas para proteger os usuários da edificação habitacional. Esse critério estabelece que os sistemas da edificação não devem apresentar:
    ◊ rupturas, instabilidades, tombamentos ou quedas que possam colocar em risco a integridade física dos ocupantes ou transeuntes próximos à propriedade;
    ◊ partes expostas cortantes ou perfurantes;
    ◊ deformações e defeitos acima dos limites especificados.
- *Premissas de projeto*: o projeto deve incluir medidas para minimizar o risco de:
    ◊ quedas de pessoas em altura, como telhados, áticos e partes elevadas da construção;
    ◊ acessos não controlados a áreas com risco de quedas;
    ◊ quedas de pessoas por rupturas nas proteções, as quais devem ser ensaiadas ou ter um memorial de cálculo assinado por um profissional responsável que comprove seu desempenho;
    ◊ quedas de pessoas por irregularidades nos pisos, rampas e escadas, sem conformidade aos parâmetros normativos;
    ◊ ferimentos causados por rupturas de subsistemas ou componentes que resultam em partes cortantes ou perfurantes;
    ◊ ferimentos ou contusões causados pela operação de partes móveis de componentes, como janelas, portas, alçapões e outros;
    ◊ ferimentos ou contusões devidos à dessolidarização ou à projeção de materiais ou componentes das coberturas, fachadas, tanques, pias, lavatórios e outros componentes normalmente fixados em paredes;
    ◊ ferimentos ou contusões causados por explosões resultantes de vazamentos ou confinamento de gás combustível.

- *Segurança das instalações*: deve-se evitar ferimentos ou danos aos usuários em condições normais de uso, garantindo a segurança das instalações da edificação.

13.10.4 Estanqueidade

A exposição a água de chuva, umidade do solo e água gerada pelo uso da edificação é uma preocupação relevante, dado que a umidade pode acelerar a deterioração dos materiais e comprometer a habitabilidade e higiene do ambiente construído. Para evitar esse cenário, a NBR 15575 estabeleceu alguns critérios em relação à estanqueidade das edificações:

- *Estanqueidade a fontes de umidade externas à edificação*: é preciso garantir que as edificações sejam estanques quanto à ação da água de chuva, à umidade do solo e do lençol freático. No projeto, devem ser inclusas medidas para prevenir a infiltração de água de chuva e umidade do solo nas habitações, a exemplo de:
    ◊ condições de implantação que permitam o adequado escoamento da água de chuva incidente em ruas internas, lotes vizinhos e áreas próximas ao conjunto habitacional;
    ◊ sistemas que impeçam a penetração de líquidos ou umidade em porões, subsolos, jardins próximos a fachadas e quaisquer paredes em contato com o solo, bem como sistemas de impermeabilização;
    ◊ sistemas que evitem a penetração de líquidos ou umidade em fundações e pisos em contato com o solo;
    ◊ vínculos adequados entre os diferentes elementos da construção, como paredes e estrutura, telhado e paredes, corpo principal e pisos ou calçadas laterais.
- *Estanqueidade a fontes de umidade internas à edificação*: o projeto deve incluir detalhes que assegurem a estanqueidade de partes da edificação que possam entrar em contato com a água gerada durante a ocupação ou manutenção da edificação em condições normais de uso. Deve-se verificar a adequação das ligações entre instalações de água, esgotos ou águas pluviais e a estrutura, pisos e paredes, a fim de evitar rompimentos ou desconexões das tubulações por causa de deformações.

13.10.5 Desempenho térmico

Em relação ao desempenho térmico das habitações, a NBR 15575 reconhece que o conforto térmico é influenciado por diversos fatores, como componentes da construção, áreas envidraçadas, ventilação, cargas térmicas internas, operação de aberturas e clima local. No Brasil, devido à diversidade de climas, estratégias bioclimáticas podem permitir que as habitações não dependam exclusivamente de sistemas de condicionamento de ar artificial. Portanto, a norma busca avaliar o desempenho térmico das habitações quando operadas sem sistemas de ar condicionado, mas também permite a análise da carga térmica quando há condicionamento artificial.

O desempenho térmico é caracterizado em três níveis: mínimo (M), intermediário (I) e superior (S). O atendimento aos requisitos estabelecidos para o nível mínimo é obrigatório, enquanto os níveis intermediário e superior são facultativos.

A avaliação do desempenho térmico é realizada para os ambientes de permanência prolongada (APP) da unidade habitacional. Quando se avaliam unidades habitacionais em edificações multifamiliares, é necessário considerar o pavimento térreo, os pavimentos-tipo e o pavimento de cobertura. Todos os ambientes de permanência prolongada nesses pavimentos devem ser levados em conta na avaliação.

13.10.6 Desempenho acústico

O desempenho acústico deve proporcionar um ambiente habitacional confortável, onde os ocupantes não sejam incomodados por ruídos externos, assegurando sua privacidade e qualidade de vida. A NBR 15575 estabelece requisitos para garantir isolamento adequado tanto em relação aos ruídos aéreos provenientes do exterior das construções quanto ao isolamento acústico entre áreas comuns e áreas privativas, e entre unidades habitacionais autônomas diferentes, evitando a transmissão de ruídos indesejados.

13.10.7 Desempenho lumínico

Durante o dia, segundo a NBR 15575, as dependências da edificação habitacional devem receber iluminação natural apropriada, que pode ser proveniente direto do exterior ou de forma indireta, através de recintos adjacentes. Esse requisito visa garantir que os ambientes sejam bem iluminados durante o dia, promovendo economia de energia e conforto visual para os ocupantes.

No período noturno, a norma estipula que o sistema de iluminação artificial forneça condições internas adequadas para a ocupação dos recintos e a circulação nos ambientes, assegurando conforto e segurança. As edificações devem ser projetadas de forma a proporcionar iluminação artificial suficiente para atender às necessidades dos ocupantes durante a noite.

IRREGULARIDADES EM OBRAS DE ENGENHARIA 14

As irregularidades na execução de obras e serviços de engenharia são um problema recorrente no Brasil e causam prejuízos significativos aos cofres públicos. Ambas as Leis nº 8.666/1993 e nº 14.133/2021 estabelecem normas e procedimentos para a realização de obras públicas; mesmo assim, é comum encontrar casos de irregularidades e fraudes nas licitações e na execução das obras, as quais podem levar a prejuízos financeiros, desperdício de recursos e favorecimento indevido de empresas em detrimento da isonomia e da busca pela proposta mais vantajosa.

Entre as principais irregularidades apontadas pelo TCU estão: superfaturamento, sobrepreço, aditivos contratuais irregulares, projetos básicos e executivos deficientes, falta de planejamento, ausência de fiscalização adequada, contratação de empresas sem capacidade técnica e financeira, entre outras.

Diante desse cenário, cabe aos gestores públicos promover um acompanhamento criterioso de todas as etapas do processo de contratação e execução de obras e serviços de engenharia, de forma a garantir a lisura e a transparência na utilização dos recursos públicos. É necessário investir em capacitação técnica e em sistemas de controle e fiscalização eficientes para identificar e corrigir eventuais irregularidades.

A nova Lei de Licitações (Lei nº 14.133/2021) trouxe algumas mudanças importantes em relação à responsabilização das empresas contratadas em caso de irregularidades. Agora, as empresas que praticarem atos ilícitos no âmbito de contratos com a administração pública poderão ser responsabilizadas não só civil e administrativamente, mas também penalmente.

A seguir, serão detalhadas as principais formas de irregularidades encontradas durante o desenvolvimento de uma obra.

14.1 Irregularidades nas licitações

Entre as principais irregularidades que podem comprometer o procedimento licitatório, estão as exigências desnecessárias e restritivas no edital, especialmente em relação à capacitação técnica dos responsáveis técnicos e técnico-operacional da empresa. Tais exigências podem excluir empresas que, apesar de terem capacidade para realizar o serviço, não atendem a critérios que não são essenciais para a execução da obra ou serviço em questão.

Outra falha comum é a ausência de critérios de aceitabilidade de preços global e unitário no edital de licitação, o que pode acarretar propostas com preços abusivos ou abaixo do mercado, comprometendo a qualidade dos serviços prestados.

Projeto básico inadequado ou incompleto também é uma irregularidade que pode ocorrer no procedimento licitatório. Um projeto sem os elementos necessários e suficientes para caracterizar a obra, não aprovado pela autoridade competente e/ou elaborado posteriormente à licitação pode arriscar a execução do serviço, além de prejudicar a concorrência entre as empresas.

Mais uma irregularidade comum é a modalidade de licitação incompatível, seja por falta de adequação com o objeto da licitação ou por escolha inadequada da modalidade. Da mesma forma, a obra não dividida em parcelas ou dividida de forma inadequada também pode prejudicar a concorrência, além de gerar um desequilíbrio financeiro entre as empresas participantes. Ressalta-se ainda a dispensa ou inexigibilidade de licitação sem justificativa ou com justificativa incompatível como uma irregularidade que pode ocorrer no procedimento licitatório.

A ausência de publicidade de todas as etapas da licitação e a falta de exame e aprovação preliminar por assessoria jurídica da administração das minutas de editais de licitação, contratos, acordos, convênios e ajustes também são falhas que podem gerar prejuízos para a administração.

Por fim, destacam-se como irregularidades a inadequação do cronograma físico-financeiro proposto pelo vencedor da licitação, a inadequação do critério de reajuste previsto no edital e a participação na licitação, direta ou indiretamente, do autor do projeto básico ou executivo, pessoa física ou jurídica.

14.2 Irregularidades nos projetos

O desenvolvimento de um projeto adequado e completo é primordial para a escolha da proposta mais vantajosa para a administração, bem como para a efetividade do empreendimento e a economia de recursos públicos.

No antigo regime de licitações, a Lei nº 8.666/1993 previa que o projeto básico fosse elaborado com base em estudos técnicos preliminares que definissem a viabilidade técnica e econômica da obra, com elementos suficientes para caracterizar o empreendimento. Contudo, muitos editais de licitação não atendiam a essas exigências, o que acabava comprometendo a qualidade da obra e o sucesso do empreendimento.

Na nova Lei de Licitações (Lei nº 14.133/2021), há uma maior ênfase na elaboração de projetos executivos, que devem conter todos os elementos necessários à plena compreensão do objeto licitado, incluindo as especificações técnicas, quantitativos, prazos e preços unitários. Além disso, a nova lei também estabelece a figura do gestor de contrato, responsável por fiscalizar a execução do projeto e garantir sua conformidade com o edital de licitação.

Outra irregularidade comum em projetos de licitação é a elaboração do projeto posteriormente à licitação ou sem aprovação da autoridade competente. Isso pode ocorrer tanto por negligência quanto por má-fé, e compromete a isonomia e a competitividade do processo licitatório. Na antiga lei, esse tipo de irregularidade poderia levar à anulação do processo licitatório, enquanto na nova lei pode acarretar aplicação de penalidades, como multas e suspensão temporária de participação em licitações.

Por fim, a divergência entre os projetos básico e executivo também pode comprometer a qualidade da obra, visto que a execução acaba prejudicada por falta de detalhamento do projeto.

14.3 Irregularidades inerentes ao contrato

Tanto a antiga quanto a nova Lei de Licitações estabelecem regras para a celebração e administração de contratos de obras públicas. No entanto, ainda são verificadas irregularidades nesse procedimento. Entre as mais comuns, destaca-se a divergência entre a descrição do objeto no contrato e a constante do edital de licitação, o que pode gerar dúvidas quanto ao escopo da obra e ao preço contratado. Isso pode ser consequência de outra irregularidade comum, a não vinculação do contrato ao edital de licitação, que acaba permitindo essa divergência.

Mais práticas que devem ser evitadas são a ausência de aditivos contratuais para contemplar eventuais alterações de projeto ou cronograma físico-financeiro, que pode gerar atrasos na obra, e a execução de serviços não previstos no contrato original e em seus termos aditivos. Além disso, são vistos como irregulares os acréscimos de serviços contratados por preços unitários diferentes dos da planilha orçamentária apresentada na licitação, e os acréscimos de serviços cujos preços unitários são contemplados na planilha original, porém acima dos praticados no mercado.

A falta de justificativa de acréscimos ou supressões de serviços é outra irregularidade que deve ser observada, assim como a extrapolação dos limites definidos na Lei nº 8.666/1993 para tais procedimentos. Alterações sem justificativas coerentes e consistentes de quantitativos também podem gerar sobrepreço e superfaturamento, afetando a administração pública e os cidadãos.

Destaca-se como irregularidade a subcontratação não admitida no edital e no contrato, que pode comprometer a qualidade da obra e gerar desconfiança quanto à legalidade do processo. Por fim, o contrato encerrado com objeto inconcluso e a prorrogação de prazo sem justificativa também devem ser evitados, por acarretar prejuízos financeiros para a administração pública e prejudicar a conclusão da obra.

14.4 Sobrepreço

O sobrepreço emerge como uma questão relevante no contexto das obras de engenharia, com respaldo na Lei nº 14.133/2021, e acontece quando o preço orçado para licitação ou contratado apresenta um valor significativamente superior aos preços referenciais de mercado. Essa situação pode se manifestar em relação a um único item, quando a licitação ou contratação é feita por preços unitários de serviço, ou em relação ao valor global do objeto, nos casos em que a licitação ou contratação é por tarefa, empreitada por preço global, ou empreitada integral, semi-integrada ou integrada.

A Orientação Técnica OT-IBR nº 05/2012, desenvolvida pelo Ibraop, introduz alguns conceitos relacionados ao sobrepreço em obras públicas, especialmente os termos sobrepreço global inicial, sobrepreço global final e sobrepreço unitário. Essas definições são cruciais para uma compreensão precisa do cálculo e avaliação do sobrepreço no âmbito de projetos de infraestrutura e construção civil no Brasil.

- *Sobrepreço global inicial*: refere-se a um valor positivo determinado pela multiplicação das quantidades de itens contratuais pelo respectivo diferencial entre os preços contratados efetivos e os preços paradigmas. Para simplificar, pode-se decompor essa definição em seus elementos constituintes, conforme o Quadro 14.1.

QUADRO 14.1 Tipos de sobrepreços em contratações públicas

Elementos	Descrição
Quantidades contratuais	Relacionam-se às medidas ou quantidades de serviços ou materiais previstos no contrato da obra pública, como metros quadrados de pavimento ou volume de concreto a ser utilizado
Preços contratados	São os valores acordados entre a entidade pública e o contratado para a execução dos serviços ou fornecimento de materiais, constituindo parte integrante do contrato
Preços paradigmas	Representam os valores de referência justos ou normais para os serviços ou materiais em questão, baseados nas condições de mercado

Fonte: baseado em Ibraop (2012).

Portanto, o sobrepreço global inicial é calculado somando-se as diferenças entre os preços contratados e os preços paradigmas multiplicadas pelas quantidades contratuais.

- *Sobrepreço global final*: trata-se de um valor positivo obtido pela multiplicação das quantidades medidas (ou seja, as efetivamente executadas e registradas) pelas respectivas diferenças entre os preços contratados ou medidos e os preços paradigmas de mercado. Essa definição expande o conceito anterior para incluir variações nos preços ao longo da execução do projeto.
- *Sobrepreço unitário*: é calculado como a diferença entre o preço contratado ou medido para um serviço específico e o preço utilizado como referência de mercado, ou seja, o preço paradigma para esse mesmo serviço. Essa definição permite uma análise detalhada das discrepâncias de custos em nível individual, sendo crucial para identificar possíveis irregularidades em contratos de obras públicas.

O sobrepreço representa um desafio que impacta a eficiência e transparência das contratações públicas de obras de engenharia, podendo resultar em prejuízos financeiros para a administração pública. Para combater essa prática, é crucial a aplicação de mecanismos de controle, fiscalização e transparência durante todo o processo licitatório e de contratação. É imperativo que os órgãos responsáveis pela licitação e contratação de obras de engenharia estejam atentos aos preços referenciais de mercado, realizando pesquisas e levantamentos de preços antes da elaboração dos editais, além de estabelecer critérios de aceitação de custos máximos por item de serviço. A identificação de sobrepreço durante o processo licitatório ou após a contratação da obra deve desencadear medidas corretivas apropriadas, como a revisão dos preços contratados, a negociação para ajuste de valores, a aplicação de penalidades legais ou até mesmo a rescisão do contrato, quando necessário.

14.4.1 Preços excessivamente acima do mercado

Em linhas gerais, considera-se que um preço está substancialmente acima dos padrões de mercado quando se observa uma discrepância significativa em relação aos valores praticados por outras empresas no mesmo setor, sobretudo para serviços ou objetos similares. A avaliação dessa discrepância pode ser conduzida mediante parâmetros como médias de preços praticados, pesquisas de mercado, referências obtidas em contratações análogas e análise de propostas de outros processos licitatórios.

Compete à entidade responsável pela contratação, ou seja, a administração pública, avaliar se um preço está expressivamente acima dos valores de referência do mercado. Essa avaliação deve ser embasada e justificada, considerando as peculiaridades do mercado, os custos envolvidos na prestação do serviço ou execução da obra e as práticas usuais do setor. Para auxiliar nesse processo, podem ser utilizadas referências como o Sistema Nacional de Pesquisa de Custos e Índices da Construção Civil (Sinapi) e o Sistema de Custos Rodoviários (Sicro).

O Sinapi, desenvolvido pela Caixa Econômica Federal em parceria com o Instituto Brasileiro de Geografia e Estatística (IBGE), oferece uma ampla base de dados com informações sobre custos e composições de preços unitários de materiais, mão de obra e equipamentos na construção civil. Ele é atualizado todo mês e abrange predominantemente serviços componentes de obras civis.

Por outro lado, o Sicro é um sistema utilizado para definir custos unitários de obras de infraestrutura rodoviária. Gerenciado pelo Departamento Nacional de Infraestrutura de Transportes (DNIT), o Sicro possui uma base de dados abrangente que contempla os principais insumos e serviços em obras rodoviárias.

Ao confrontar os preços em uma licitação ou contrato com os valores de referência do Sinapi e Sicro, é possível identificar discrepâncias significativas que podem sugerir a ocorrência de preços excessivos. Essa comparação auxilia na detecção de irregularidades, falta de competitividade ou distorções nos valores propostos pelos licitantes.

O uso do Sinapi e Sicro como referência não é compulsório, dependendo da fonte de recursos da obra pública, mas é amplamente adotado pela administração pública para garantir transparência, padronização e eficiência nas contratações de obras e serviços de engenharia. Esses sistemas oferecem informações atualizadas e confiáveis sobre os custos envolvidos, permitindo uma análise precisa e fundamentada dos preços praticados no mercado.

Vale reiterar que as tabelas referenciais representam o custo de mercado do serviço, ao qual deve ser adicionado o BDI. Os valores típicos médios de BDI utilizados como referência podem ser consultados no Acórdão 2.622/2013 – Plenário do TCU, que estabelece parâmetros com base nos valores do 3º quartil.

Um critério para analisar sobrepreço, adotado pela administração pública na avaliação de obras e serviços de engenharia, envolve casos em que os valores dos serviços licitados ultrapassam a multiplicação dos custos unitários das tabelas Sinapi e Sicro, somados aos limites dos valores de BDI do 3º quartil (Tab. 14.1).

É preciso destacar que a existência de um preço substancialmente superior ao do mercado não implica automaticamente irregularidade ou ilegalidade, podendo

Tab. 14.1 Valores referenciais médios de BDI

Tipo de obra	1º quartil	Médio	3º quartil
Construção de edifícios	20,34%	22,12%	25,00%
Construção de rodovias e ferrovias	19,60%	20,97%	24,23%
Construção de redes de abastecimento de água, coleta de esgoto e construções correlatas	20,76%	24,18%	26,44%
Construção e manutenção de estações e redes de distribuição de energia elétrica	24,00%	25,84%	27,86%
Obras portuárias, marítimas e fluviais	22,80%	27,48%	30,95%
BDI para itens de mero fornecimento de materiais e equipamentos	11,10%	14,02%	16,80%

Fonte: Brasil (2013e).

ser justificada em situações especiais e peculiares pelo órgão contratante. No entanto, pode indicar sobrepreço, falta de competitividade, formação de conluio ou outras circunstâncias que demandam uma análise mais aprofundada por parte da administração pública.

14.4.2 Sobrepreço baseado na OT-IBR nº 05/2012

A análise minuciosa do sobrepreço, conforme delineado na OT-IBR nº 05/2012, é um procedimento crucial para avaliar a adequação dos preços unitários contratados em obras públicas. Esse processo compreende diversas etapas e critérios específicos, que são detalhados a seguir.

- *Seleção da amostra (faixas A e B da curva ABC)*: inicia-se a análise do sobrepreço com a escolha de uma amostra representativa de serviços do contrato em questão, sobretudo aqueles enquadrados nas faixas A e B da curva ABC (Cap. 5). Essas faixas em geral abrangem os serviços de maior importância e valor no contrato.
- *Comparação de preços unitários*: após a seleção da amostra, a análise ocorre pela comparação dos preços unitários contratados para os serviços planejados com os preços unitários paradigmas previamente selecionados. Esses preços paradigmas atuam como referência e são obtidos por pesquisa de mercado ou outras fontes confiáveis.
- *Consideração das quantidades totais*: as quantidades a serem consideradas na análise são as totais previstas até o momento da avaliação. Isso implica somar todas as quantidades associadas aos serviços selecionados na amostra para efetuar a comparação.

- *Exclusão de serviços sem preço paradigma*: caso algum serviço da amostra não possua um preço paradigma disponível, após esgotar todos os esforços de pesquisa, esse serviço é removido da amostra. Informações adicionais sobre esse item podem surgir durante o processo.
- *Documentação clara e fontes de referência*: a análise de sobrepreço deve ser documentada de maneira clara e, de preferência, organizada em uma tabela que contenha as fontes de referência pesquisadas para obter os preços paradigmas, de forma a assegurar transparência e rastreabilidade no processo de auditoria.
- *Comparação contratual com paradigma*: a avaliação de preços ocorre sempre pela comparação do preço unitário contratado (ou orçado) com o preço paradigma de mercado. Essa comparação é representada por uma equação específica que deve ser aplicada para cada serviço avaliado.
- *Análise dos componentes do preço (custo e BDI)*: a análise de sobrepreço não se limita a examinar apenas um dos componentes do preço, como o BDI. Pelo contrário, a análise leva em consideração tanto o custo quanto o BDI, pois um BDI contratual elevado pode ser compensado por um custo contratual abaixo do paradigma, resultando em um preço de serviço contratado que está dentro dos limites do preço de mercado.

14.5 Entendimento jurídico a respeito de sobrepreço

14.5.1 Parâmetros de referência

No aditamento de contrato de obra pública, recomenda-se observar os preços de mercado, Sinapi e Sicro de forma prioritária. Caso esses parâmetros sejam inferiores aos preços contratados, é necessário ajustar os valores para manter o equilíbrio econômico-financeiro do contrato.

No entanto, também é considerada válida a utilização de valores oriundos de subcontratações efetuadas pela empresa contratada com a administração pública como referência de preços de mercado para o cálculo de superfaturamento em obras públicas.

Se constatados preços pagos a mais pela administração, medidas corretivas devem ser adotadas, como a realização de descontos em faturas vincendas, se houver saldo contratual, ou a instauração de tomada de contas especial para apurar e corrigir eventuais pagamentos excessivos. Essas ações visam garantir a regularidade e a correção nos pagamentos efetuados pela administração.

> **Acórdãos TCU**
> Acórdão 741/2021 e Acórdão 3.134/2010.

14.5.2 Metodologia de análise

A elaboração do orçamento estimado da licitação sem o dimensionamento adequado dos quantitativos e baseada apenas em pesquisa de mercado junto a potenciais fornecedores, sem considerar contratações similares realizadas pela administração pública, pode ser tipificada como erro grosseiro. Mesmo que afastada a existência de sobrepreço, a falta de pesquisa de mercado no processo de contratação direta representa irregularidade grave e é suficiente para a aplicação de multa pelo TCU.

A análise isolada de apenas um dos componentes do preço, custo direto ou BDI, não é suficiente para caracterizar sobrepreço. Deve-se comparar o preço contratado com o preço de referência, composto pelo custo de referência e pelo percentual de BDI de referência. Ademais, o sobrepreço é desqualificado se a metodologia considerar apenas itens com preços superiores aos do Sinapi, excluindo itens mais baratos.

A aquisição de bens por preços superiores aos previstos no plano de trabalho do convênio não representa superfaturamento por si só. Para configurar dano ao erário, é necessário demonstrar que os valores pagos são superiores aos preços de mercado.

Na imputação de débitos por superfaturamento, a avaliação quanto à adequabilidade do preço contratado deve ser abrangente, permitindo compensações entre itens com sobrepreço e subpreço. A análise final considera se os preços globais contratados estão aderentes às práticas de mercado e se as distorções pontuais representam risco para a administração. No entanto, é vedada a compensação de eventual subpreço na planilha contratual original com sobrepreço verificado em termo aditivo resultante da inclusão de serviço não previsto inicialmente, pois implicaria a alteração do equilíbrio econômico-financeiro em desfavor da administração. Mesmo assim, manter os preços unitários originais não afasta o desequilíbrio financeiro causado pelo jogo de planilha.

A existência na planilha contratual de serviços específicos com preços unitários acima dos referenciais de mercado deve ser evitada, principalmente se concentrados na parcela de maior materialidade da obra, dado o risco de dano ao erário em caso de celebração de aditivos que aumentem quantitativos dos serviços majorados. Além disso, aditivos não devem reduzir descontos globais inicialmente pactuados.

Nos casos em que o sobrepreço está no orçamento estimativo e os preços contratados são iguais ou inferiores, a responsabilidade pelo dano recai sobre os autores do orçamento defeituoso, sem alcançar os gestores que legitimamente acreditaram nele, a menos que haja prova de sua participação efetiva na elaboração do orçamento.

Por fim, destaca-se que a sobreavaliação de tributos deve ser considerada na avaliação de sobrepreço.

> **Acórdãos TCU**
>
> Acórdão 659/2023, Acórdão 3.569/2023 – Segunda Câmara, Acórdão 2.085/2023 – Segunda Câmara, Acórdão 2.704/2021, Acórdão 1.377/2021, Acórdão 1.494/2020, Acórdão 11.179/2020 – Segunda Câmara, Acórdão 2.621/2019, Acórdão 1.267/2019, Acórdão 4.984/2018, Acórdão 2.917/2018, Acórdão 1.624/2018, Acórdão 1.511/2018, Acórdão 1.194/2018, Acórdão 205/2018, Acórdão 2.307/2017, Acórdão 1.549/2017, Acórdão 1.000/2017, Acórdão 942/2017, Acórdão 844/2017, Acórdão 501/2017, Acórdão 167/2017, Acórdão 3.524/2017 – Primeira Câmara, Acórdão 2.601/2016, Acórdão 2.510/2016, Acórdão 1.923/2016, Acórdão 1.894/2016, Acórdão 1.721/2016, Acórdão 1.316/2016, Acórdão 648/2016, Acórdão 6.850/2016 – Segunda Câmara, Acórdão 332/2015, Acórdão 3.295/2015, Acórdão 3.021/2015, Acórdão 2.957/2015, Acórdão 2.731/2015, Acórdão 2.132/2015, Acórdão 1.302/2015, Acórdão 911/2015, Acórdão 895/2015, Acórdão 86/2015, Acórdão 2.677/2015 – Segunda Câmara, Acórdão 3.473/2014, Acórdão 3.095/2014, Acórdão 2.312/2014, Acórdão 1.884/2014, Acórdão 1.860/2014, Acórdão 1.219/2014, Acórdão 349/2014, Acórdão 5.101/2014 – Primeira Câmara, Acórdão 1.010/2014, Acórdão 4.711/2014 – Primeira Câmara, Acórdão 3.650/2013, Acórdão 3.631/2013, Acórdão 2.796/2013, Acórdão 2.531/2013, Acórdão 2.438/2013, Acórdão 335/2013, Acórdão 86/2013, Acórdão 3.443/2012, Acórdão 3.241/2012, Acórdão 3.237/2012, Acórdão 2.452/2012, Acórdão 2.167/2012, Acórdão 2.086/2012, Acórdão 1.155/2012, Acórdão 890/2012, Acórdão 102/2012, Acórdão 3.300/2011, Acórdão 3.138/2011, Acórdão 2.636/2011, Acórdão 2.450/2011, Acórdão 2.339/2011, Acórdão 2.333/2011, Acórdão 2.074/2011, Acórdão 3.104/2010, Acórdão 3.031/2010, Acórdão 2.213/2010, Acórdão 2.155/2010, Acórdão 1.392/2010, Acórdão 189/2010, Acórdão 1.777/2009, Acórdão 1.330/2009, Acórdão 1.192/2009, Acórdão 1.064/2009, Acórdão 716/2009, Acórdão 593/2009, Acórdão 2.885/2008, Acórdão 2.482/2008, Acórdão 2.046/2008, Acórdão 1.767/2008, Acórdão 971/2008, Acórdão 396/2008, Acórdão 2.635/2007, Acórdão 1.262/2007, Acórdão 752/2007, Acórdão 2.006/2006, Acórdão 4.696/2018 – Segunda Câmara, Acórdão 1.844/2019 e Acórdão 1.428/2010 – Primeira Câmara.

14.5.3 Situações de aditivos

Para contratos originais, sem aditivos, a análise de preços adota faixa equivalente a 80% do valor da avença, utilizando a curva ABC. A verificação de superfaturamento por sobrepreço deve incluir exame dos reflexos das alterações introduzidas por aditivos para atestar o balanço final da equação econômico-financeira. Em caso de sobrepreço, a administração deve anular termo aditivo que eleve o valor contratual sem a manutenção do equilíbrio dos preços em relação à vantagem originalmente ofertada pela licitante vencedora.

Indícios de sobrepreço e superfaturamento em serviço inserido por aditivo justificam a retenção cautelar dos valores em pagamentos futuros até deliberação definitiva do Tribunal.

Acórdãos TCU
Acórdão 102/2012, Acórdão 2.126/2010 e Acórdão 1.767/2008.

14.5.4 Responsabilização das empresas licitantes

Em casos de superfaturamento devido à prática de sobrepreço e conluio entre os licitantes, o débito deve ser imputado exclusivamente ao licitante vencedor (contratado). Outros competidores envolvidos podem ser punidos com declarações de inidoneidade para participar de licitações na esfera pública.

A omissão da administração em verificar a economicidade dos preços em processos de dispensa ou inexigibilidade de licitação não isenta a empresa contratada de responsabilidade por eventual sobrepreço no contrato. A obrigação de seguir os preços de mercado aplica-se tanto à administração quanto às empresas contratadas, independentemente do cumprimento do dever pela administração.

Acórdãos TCU
Acórdão 1.484/2022 e Acórdão 1.392/2016.

14.5.5 Consideração da desoneração de custos unitários (CPRB)

Configura sobrepreço a fixação de valores em contratos que não considere a dedução proporcionada pela desoneração de custos previdenciários estabelecida pela Lei nº 12.844/2013, a qual permite a redução de custos previdenciários para empresas da construção civil. A desconsideração dessa dedução pode ser caracterizada como prática inadequada nos processos licitatórios.

Acórdãos TCU
Acórdão 2.293/2013.

14.6 Irregularidades na execução orçamentária

As irregularidades na execução orçamentária de obras públicas estão diretamente relacionadas à falta de planejamento e gestão adequados dos recursos públicos. Com a nova Lei de Licitações, em vigor desde 2021, esperava-se que essas práticas fossem coibidas e que a execução orçamentária acontecesse de forma mais transparente e eficiente. No entanto, ainda existem casos de irregularidades, referentes a:

- Não inclusão da obra no plano plurianual ou em lei que autorize sua inclusão, no caso de sua execução ser superior a um exercício financeiro. A inclusão da obra no plano plurianual ou em lei é fundamental para garantir que haja recursos disponíveis para a sua execução. Quando a obra não está prevista nessas leis, pode haver falta de recursos e atrasos na execução, o que gera prejuízos para a população.
- Ausência de previsão de recursos orçamentários que assegurem o pagamento das etapas a serem executadas no exercício financeiro em curso. Sem essa previsão, pode haver atrasos na execução, além de comprometer a qualidade da obra, uma vez que os recursos podem ser insuficientes para a realização de todas as etapas.

Além dessas irregularidades, outras práticas indevidas podem ocorrer durante a execução orçamentária de obras públicas, como a efetuação de pagamentos por serviços não executados ou superfaturados, a não realização de licitações para aquisição de materiais e serviços, entre outras.

14.7 Irregularidades nas medições e pagamentos

Entre as principais irregularidades que podem ocorrer nas medições e pagamentos de obras públicas, destacam-se:
- *Pagamento de serviços não previstos no contrato*: muitas vezes, a empresa contratada executa serviços que não estão previstos no contrato e cobra por eles, sem que haja uma nova licitação para essa demanda adicional. Isso pode gerar prejuízos ao erário, pois o valor pago por esses serviços pode estar acima do valor de mercado.
- *Alteração das medições e pagamentos sem justificativa*: em algumas situações, as medições e pagamentos podem ser alterados sem justificativa plausível, por exemplo, quando há conivência entre a fiscalização e a empresa contratada.
- *Pagamento por serviços não executados*: outra irregularidade comum é o pagamento por serviços que não foram efetivamente executados. Isso pode acontecer quando a fiscalização não acompanha de perto a execução dos serviços e atesta a sua conclusão sem verificar se eles foram de fato realizados.
- *Divergências entre as medições e os pagamentos efetuados*: algumas empresas podem apresentar medições infladas, cobrando valores maiores do que

aqueles efetivamente executados. Por exemplo, a inclusão de serviços que não foram realizados ou a cobrança de valores superiores aos previstos no contrato.
- *Falhas na fiscalização*: a fiscalização tem um papel fundamental na medição e pagamento das obras públicas. Quando essa função não é desempenhada adequadamente, podem ocorrer erros e fraudes na execução dos serviços.
- *Superfaturamento*: essa prática consiste em cobrar valores acima do que é justo pelos serviços realizados. Pode acontecer tanto pela inclusão de serviços não executados quanto pela cobrança de preços acima do valor de mercado.
- *Uso indevido de recursos públicos*: em alguns casos, as empresas contratadas utilizam recursos públicos para finalidades diferentes daquelas previstas no contrato, como pagamento de despesas pessoais ou empresariais.

14.8 Irregularidades no recebimento das obras

O recebimento da obra verifica a adequação do objeto aos termos contratuais, de responsabilidade da administração pública, a qual deve garantir a qualidade e a efetividade dos serviços prestados. Entretanto, ao longo dos anos, têm-se observado diversas irregularidades nessa etapa.

Para a antiga Lei nº 8.666/1993, as principais irregularidades no recebimento da obra eram a ausência de recebimento provisório e definitivo, a não realização de vistorias dos órgãos públicos competentes para a emissão do Habite-se, e o descumprimento de condições previstas no edital e contrato para o recebimento da obra. Além disso, também havia o recebimento da obra com falhas visíveis de execução, o que revelava uma falta de fiscalização por parte da administração.

Com a aprovação da Lei nº 14.133/2021, espera-se que tais irregularidades sejam minimizadas. A nova lei prevê a obrigatoriedade do recebimento provisório da obra, mediante termo circunstanciado assinado pelas partes, assim como o recebimento definitivo, por servidor ou comissão designada por autoridade competente, também mediante termo circunstanciado. Ademais, a nova lei exige a realização de vistorias dos órgãos públicos competentes para a emissão do Habite-se, o que deve assegurar uma maior segurança e qualidade nas obras públicas.

Mesmo assim, ainda há desafios a serem enfrentados no que se refere ao recebimento da obra. A nova lei prevê prazos para o recebimento provisório e definitivo, e seu descumprimento pode acarretar sanções ao contratado. No entanto, é preciso garantir a efetividade dessas sanções, de forma a desestimular práticas irregulares por parte dos contratados. Também é importante que a fiscalização da administração seja eficiente, a fim de evitar o recebimento da obra com falhas visíveis de execução.

SUPERFATURAMENTO   15

A prática do superfaturamento em obras e serviços de engenharia tem se configurado como uma ação corriqueira e extremamente danosa ao erário nas contratações de serviços públicos. As situações exemplares de superfaturamento incluem aferição de quantidades superiores ao efetivamente realizado, execução insuficiente comprometendo qualidade e segurança, modificações no orçamento favorecendo a contratada e alterações nas cláusulas financeiras gerando antecipação de receitas, distorção no cronograma e prorrogação injustificada de prazos com custos adicionais.

Recomenda-se que a administração pública amplie sua abordagem e investigue discrepâncias nos quantitativos licitados em relação ao projeto básico e executivo. Além disso, é crucial verificar o superfaturamento resultante do exagero no dimensionamento de projetos, que infla o valor do contrato. Também se deve atentar para adiantamentos de pagamentos, reajustes irregulares de preços e prorrogações injustificadas do prazo do contrato, para evitar ônus adicionais.

O fenômeno do superfaturamento envolve estratégias diversas, por exemplo, a manipulação de jogos de planilha. Nessa prática, há a alteração de registros financeiros para justificar valores excessivos, através do acréscimo de custos em itens aditivos previamente comunicados e da redução de custos unitários em itens específicos, com possível redução de quantitativos. A detecção desse comportamento requer vigilância, análise detalhada e amplo conhecimento por parte da administração pública e dos órgãos reguladores.

Para conter e combater o superfaturamento de forma eficaz, é preciso adotar medidas preventivas e corretivas, como a revisão rigorosa dos projetos básicos e executivos, a fiscalização constante das obras e serviços, auditorias periódicas e o estabelecimento de canais de denúncia para relatar irregularidades. Além disso, deve ser fortalecida a cultura de transparência, responsabilidade e integridade em todos os níveis da administração pública e nas empresas contratadas.

15.1 Premissas do cálculo do sobrepreço/superfaturamento

Verifica-se no Quadro 15.1 um resumo dos métodos de avaliação de sobrepreço e superfaturamento, conforme descrito na OT-IBR nº 05/2012. Essas diretrizes desempenham um papel essencial na orientação do processo de avaliação de sobrepreço e superfaturamento em contratos de obras públicas, com o objetivo de garantir a conformidade dos preços contratados com os valores de referência de mercado.

Quadro 15.1 Premissas das metodologias para aferição de sobrepreço e superfaturamento

Método de aferição	Premissas
Método de limitação dos preços unitários	a) Nenhum preço unitário de serviço pode ser injustificadamente superior ao preço unitário paradigma correspondente.
Métodos de limitação do preço global e de limitação do preço global com faixa de tolerância	a) O preço global de uma obra não pode ser injustificadamente superior ao valor global do orçamento paradigma correspondente. b) Pode haver compensação entre os valores que se encontram abaixo do valor paradigma e aqueles com sobrepreço unitário.
Método do balanço	a) Ocorrendo qualquer modificação que provoque desequilíbrio econômico-financeiro do contrato, devem ser mantidas as condições originais da avença, não se admitindo o injusto proveito da contratada em detrimento da administração pública. b) Deve haver manutenção do desconto, em termos absolutos (unidades monetárias), após os aditivos contratuais. c) Conduz a um resultado algebricamente equivalente à diferença entre os superfaturamentos apurados pelo método de limitação do preço global nas planilhas orçamentárias final (após aditivos) e original (antes dos aditivos).
Método de manutenção do equilíbrio econômico-financeiro	a) Ocorrendo qualquer modificação que provoque desequilíbrio econômico-financeiro do contrato, devem ser mantidas as condições originais da avença, não se admitindo o injusto proveito da contratada em detrimento da administração pública. b) No caso de aditivos com inclusão ou substituição de serviços, o desconto percentual oferecido pelo contratado deve ser mantido nas sucessivas alterações contratuais, de forma a preservar as condições efetivas da proposta de preços.

Fonte: Ibraop (2012).

15.2 Limitações do cálculo do sobrepreço/superfaturamento

Destaca-se no Quadro 15.2 um resumo das restrições e incongruências inerentes aos métodos de avaliação de sobrepreço e superfaturamento, conforme delineado na OT-IBR n° 05/2012. Essas limitações e inconsistências ressaltam os obstáculos e complexidades intrínsecos à análise de contratos de obras públicas. É crucial que os profissionais encarregados da supervisão e auditoria de obras estejam cientes dessas limitações e as levem em consideração ao empregar os métodos de avaliação, assegurando, assim, uma apreciação precisa e imparcial da conformidade dos preços contratados com os valores referenciais, bem como a preservação do equilíbrio econômico-financeiro nos contratos públicos.

Quadro 15.2 Limitações das metodologias para aferição de sobrepreço e superfaturamento

Método de aferição	Limitações e/ou inconsistências
Método de limitação dos preços unitários	a) Não pode haver compensação entre os valores que se encontram abaixo do valor paradigma e aqueles com sobrepreço unitário. b) Não se aplica a situações onde todos os preços contratuais estão abaixo do paradigma e há quebra do equilíbrio econômico-financeiro decorrente de aditivos contratuais efetuados com o chamado jogo de planilha. c) Não se aplica em licitações com regime de execução de empreitada por preço global. Isso porque, em virtude de não haver compensação entre os serviços com subpreço e os serviços com sobrepreço, haveria apuração de superfaturamento quanto a itens específicos, reduzindo ainda mais o valor do contrato.
Métodos de limitação do preço global e de limitação do preço global com faixa de tolerância	a) Não se aplica a situações onde há quebra do equilíbrio econômico-financeiro decorrente de aditivos contratuais efetuados com o chamado jogo de planilha. b) Na apuração do sobrepreço final, após aditamentos contratuais, não se aplica quando há desconto inicial no contrato.
Método do balanço	a) O método não preserva a vantagem obtida pela administração em termos percentuais. b) Determinadas situações fazem com que o desconto percentual obtido pela administração seja reduzido em favor da contratada, sem que tal fato seja caracterizado como superfaturamento pelo método do balanço. Por exemplo, no caso de acréscimos de serviços com desconto inferior ao desconto médio do orçamento, não haverá superfaturamento apurado pelo método do balanço, mas existirá superfaturamento decorrente do método de manutenção do equilíbrio econômico-financeiro.
Método de manutenção do equilíbrio econômico-financeiro	a) O método não preserva a vantagem obtida pela administração pública em termos absolutos, podendo ensejar grandes distorções em casos de rescisão contratual ou grandes supressões de serviços. b) Eventuais modificações qualitativas podem fazer com que a vantagem originalmente obtida pela administração seja reduzida. Nesse caso, o contratado, para manter o valor do desconto original, teria de oferecer um desconto no custo unitário dos itens novos. A depender da magnitude das alterações qualitativas, tal desconto pode ser superior à capacidade operacional da contratada, ensejando alegações de inexequibilidade, com consequências danosas à continuidade do empreendimento. c) Não se aplica quando a planilha contratual apresenta sobrepreço inicial.

Fonte: Ibraop (2012).

15.3 Tipos de superfaturamento

Na OT-IBR nº 05/2012 do Ibraop são delineadas diversas categorias de superfaturamento, caracterizadas por práticas prejudiciais ao erário público:

- *Superfaturamento por quantidade*: ocorre quando são registradas quantidades de bens e serviços superiores às efetivamente executadas ou fornecidas. Em resumo, o contrato indica uma quantidade maior do que o entregue ou realizado, resultando em pagamentos excessivos e, por conseguinte, prejuízo financeiro para o órgão público.
- *Superfaturamento por qualidade*: manifesta-se quando a execução de obras ou serviços de engenharia apresenta deficiências que comprometem a qualidade, vida útil ou segurança do resultado final. Ao entregar um produto inferior, o contratado viola os padrões de qualidade e segurança, potencialmente acarretando riscos ou custos adicionais para a administração pública.
- *Superfaturamento por preços*: acontece quando os valores pagos por obras, bens ou serviços são significativamente superiores aos valores de referência do mercado, conhecidos como preços paradigmas.
- *Superfaturamento por jogo de planilha*: nesse caso, o prejuízo ao erário ocorre devido à quebra do equilíbrio econômico-financeiro inicial do contrato em detrimento da administração pública. Isso se materializa quando quantidades e/ou preços são modificados durante a execução do contrato, resultando em custos adicionais para a administração.
- *Superfaturamento por alteração de cláusulas financeiras*: está relacionado a mudanças nas cláusulas financeiras contratuais, como o recebimento antecipado de valores, distorções no cronograma físico-financeiro, prorrogações injustificadas de prazos contratuais com custos adicionais para a administração ou reajustes irregulares de preços.
- *Superfaturamento por superdimensionamento*: é quando projetos especificam dimensões, quantidades ou qualidades de materiais ou serviços que excedem as necessidades reais, de acordo com as práticas e normas de engenharia vigentes à época do projeto. Essa conduta resulta em gastos desnecessários e desperdício de recursos públicos.

15.3.1 Superfaturamento por quantidade

O fenômeno do superfaturamento por quantidade caracteriza-se pelo registro de uma quantidade de serviços medida ou paga em um contrato que excede a quantidade efetivamente executada. Trata-se de uma irregularidade observada em obras públicas que pode resultar em desperdício de recursos públicos, impactando adversamente as finanças da administração.

Para avaliar o superfaturamento por quantidade, a OT-IBR nº 05/2012 do Ibraop indica uma equação que possibilita a quantificação do desvio:

$$SFQT = \sum (\Delta Q \cdot P_M)$$
ou
$$SFQT = \sum \left[(Q_M - Q_P) \cdot P_M\right]$$

em que:
SFQT = superfaturamento devido à quantidade;
Q_M = quantidade de serviços medidos ou pagos no contrato;
Q_P = quantidade de serviços efetivamente executados;
P_M = preço unitário dos serviços medidos ou pagos.

Essa fórmula envolve a diferença entre a quantidade de serviços medida ou paga (Q_M) e a quantidade efetivamente executada (Q_P), multiplicada pelo preço unitário dos serviços medidos ou pagos (P_M) para cada item ou serviço no contrato. A soma dessas diferenças para todos os itens ou serviços resulta no valor total do superfaturamento por quantidade.

15.3.2 Superfaturamento por qualidade

O superfaturamento por qualidade manifesta-se quando a qualidade dos serviços realizados em uma obra pública não atende aos padrões estabelecidos no contrato, acarretando danos ao erário.

Assim, esse método se aplica quando há evidência de substituição de serviços por outros de qualidade inferior. Nesse contexto, os serviços substituídos não são considerados como executados, enquanto os serviços de qualidade inferior têm seus quantitativos efetivamente executados contabilizados, desde que essa redução na qualidade não comprometa a durabilidade, finalidade ou viabilidade do empreendimento. A fórmula para calcular esse tipo de superfaturamento é expressa da seguinte maneira, segundo a OT-IBR nº 05/2012 do Ibraop:

$$SFQL = \sum \left[(Q_O \cdot P_O) - (Q_S \cdot P_S)\right]$$

em que:
SFQL = superfaturamento devido à qualidade;

Q_O = quantidade de serviços originais;
Q_S = quantidade de serviços substitutos efetivamente executados;
P_O = preço unitário dos serviços originais;
P_S = preço unitário do serviço com qualidade alterada que foi efetivamente executado.

Se o novo serviço com qualidade alterada estiver previsto em contrato, será adotado o preço unitário da planilha contratual; caso contrário, será utilizado um preço paradigma.

Custo de reparo ou reedição dos serviços defeituosos
Quando a conversão do superfaturamento de qualidade em superfaturamento de quantidade não é suficiente para mensurar todos os prejuízos à administração pública, esse método entra em cena. Aqui, o superfaturamento de qualidade representa os custos diretos e indiretos de todos os serviços associados ao reparo, reedição ou correção dos serviços defeituosos.

Valor presente líquido da perda de receita decorrente da menor qualidade
Esse método é adotado em empreendimentos que geram receita e precisam interromper suas atividades para reparar serviços ou instalações não conformes. A quantificação do prejuízo ao erário baseia-se nos lucros cessantes, acrescidos dos custos com reparo ou refazimento dos serviços defeituosos.

Perda econômica decorrente da redução da vida útil
Quando o prejuízo causado pela execução de serviços com qualidade deficiente não pode ser adequadamente quantificado pelos métodos anteriores, aplica-se esse método. Nesse contexto, são estabelecidos parâmetros econômicos objetivos relacionando a perda da vida útil do bem produzido com a não conformidade observada na execução do serviço.

15.3.3 Superfaturamento por preços
A avaliação do superfaturamento por preço envolve a análise de dois fatores: o sobrepreço original, que ocorre antes da celebração dos contratos; e o sobrepreço final, que pode ser verificado em fases posteriores à celebração dos contratos. A OT-IBR nº 05/2012 do Ibraop estabelece alguns modelos que permitem quantificar o dano ao erário, detalhados a seguir.

Método de limitação dos preços unitários

Esse método é aplicado em análises de sobrepreço original, antes da celebração dos contratos. A avaliação é feita comparando-se os preços unitários contratados com os preços unitários paradigmas, com o objetivo de verificar se há um aumento injustificado (Tab. 15.1). O método não permite compensações entre serviços com preços inferiores aos preços paradigmas e sobrepreços unitários verificados em outros serviços.

A fórmula para calcular esse tipo de superfaturamento é a seguinte:

$$Se(p_i > pp_i), \text{ então } d_i = (q_i) \cdot (p_i - pp_i)$$
$$Se \text{ não, } d_i = 0 \text{ e } SF = \sum d_i$$

em que:

SF = sobrepreço global do contrato;
pp_i = preço unitário paradigma do serviço i;
p_i = preço unitário orçado para o serviço i;
q_i = quantidade do item i;
d_i = sobrepreço do item de serviço i.

Tab. 15.1 Método de limitação dos preços unitários

Item	Quantitativo inicial (1)	Situação original				Sobrepreço	
		Planilha contratual		Orçamento paradigma			
		Preço unitário (R$) (2)	Preço total (R$) (3 = 1 × 2)	Preço unitário (R$) (4)	Preço total (R$) (5 = 1 × 4)	Diferença dos custos unitários (6 = 2 − 4)	Diferença dos custos totais (7 = 3 − 5)
1	1.000,00	R$ 60,00	R$ 60.000,00	R$ 40,00	R$ 40.000,00	R$ 20,00	R$ 20.000,00
2	800,00	R$ 80,00	R$ 64.000,00	R$ 60,00	R$ 48.000,00	R$ 20,00	R$ 16.000,00
3	600,00	R$ 100,00	R$ 60.000,00	R$ 110,00	R$ 66.000,00	−R$ 10,00	
4	400,00	R$ 20,00	R$ 8.000,00	R$ 40,00	R$ 16.000,00	−R$ 20,00	
5	200,00	R$ 40,00	R$ 8.000,00	R$ 40,00	R$ 8.000,00	R$ 0,00	R$ 0,00
Total			R$ 200.000,00	Somatório do preço total paradigma (8)	R$ 178.000,00	Somatório das diferenças de custos totais (9)	R$ 36.000,00
Sobrepreço (10 = 9 ÷ 8)							20,22%

Fonte: baseado em Ibraop (2012).

No exemplo da Tab. 15.1:

- O preço unitário contratado do item 1 é de R$ 60,00, enquanto o preço paradigma é de R$ 40,00. Portanto, há um sobrepreço de R$ 20,00 por unidade.
- O preço unitário contratado do item 2 é de R$ 80,00, e o preço paradigma é de R$ 60,00, constituindo um sobrepreço de R$ 20,00 por unidade.
- O preço unitário contratado do item 3 é de R$ 100,00, enquanto o preço paradigma é de R$ 110,00. Nesse caso, o preço contratado está abaixo do preço paradigma em R$ 10,00 por unidade.
- O preço unitário contratado do item 4 é de R$ 20,00, enquanto o preço paradigma é de R$ 40,00. Aqui, há uma economia de R$ 20,00 por unidade.
- O preço unitário contratado do item 5 é de R$ 40,00, igual ao preço paradigma, portanto, não há sobrepreço.

O total do sobrepreço é calculado como a soma das diferenças entre os preços unitários contratados e os preços paradigmas multiplicadas pelas quantidades de cada item. No exemplo, o total do sobrepreço é de R$ 36.000,00, o que representa um aumento de 20,22% sobre o valor total do contrato.

Método de limitação do preço global

Esse método é aplicado em análises de sobrepreço original em fases posteriores à celebração dos contratos ou em análises de sobrepreço final quando já existia sobrepreço original. A avaliação é feita comparando-se o preço global da obra com o valor global do orçamento paradigma (Tab. 15.2), de forma a verificar se há aumento injustificado. O método permite a compensação entre os valores medidos ou pagos que estão inferiores ao valor paradigma. Calcula-se da seguinte forma:

$$d_i = \left(q_i^{final}\right) \cdot \left(p_i - pp_i\right)$$
$$SF = \sum d_i$$

em que:
SF = sobrepreço ou superfaturamento global do contrato;
p_i = preço unitário contratual do item i;
pp_i = preço unitário paradigma do item i;
d_i = sobrepreço de um item de serviço;
q_i^{final} = quantidade final do item i.

Tab. 15.2 Método de limitação do preço global

Item	Quantitativo inicial (1)	Situação original				Sobrepreço	
		Planilha contratual		Orçamento paradigma			
		Preço unitário (R$) (2)	Preço total (R$) (3 = 1 × 2)	Preço unitário (R$) (4)	Preço total (R$) (5 = 1 × 4)	Diferença de custos unitários (6 = 2 − 4)	Diferença dos custos totais (7 = 3 − 5)
1	1.000,00	R$ 60,00	R$ 60.000,00	R$ 40,00	R$ 40.000,00	R$ 20,00	R$ 20.000,00
2	800,00	R$ 80,00	R$ 64.000,00	R$ 60,00	R$ 48.000,00	R$ 20,00	R$ 16.000,00
3	600,00	R$ 100,00	R$ 60.000,00	R$ 110,00	R$ 66.000,00	−R$ 10,00	−R$ 6.000,00
4	400,00	R$ 20,00	R$ 8.000,00	R$ 40,00	R$ 16.000,00	−R$ 20,00	−R$ 8.000,00
5	200,00	R$ 40,00	R$ 8.000,00	R$ 40,00	R$ 8.000,00	R$ 0,00	R$ 0,00
Total			R$ 200.000,00	Somatório do preço total paradigma (8)	R$ 178.000,00	Somatório das diferenças de custos totais (9)	R$ 22.000,00
Sobrepreço (10 = 9 ÷ 8)							12,36%

Fonte: baseado em Ibraop (2012).

No exemplo da Tab. 15.2, o preço global do contrato é de R$ 200.000,00, enquanto o valor global do orçamento paradigma é de R$ 178.000,00. Portanto, o sobrepreço é calculado como a diferença entre esses dois valores: R$ 22.000,00, o que representa um aumento de 12,36% sobre o valor do orçamento paradigma.

Método de limitação do preço global com faixa de tolerância

O método de limitação do preço global com faixa de tolerância é uma ferramenta complementar ao método de limitação do preço global simples, sendo utilizado quando a análise pelos critérios tradicionais de preço global não é conclusiva e leva a valores que se encontram dentro de uma margem de tolerância preestabelecida. Tal método permite uma análise mais flexível, que leva em consideração a possibilidade de variação nos preços sem comprometer a efetividade da fiscalização. Assim, além da comparação do preço global com o valor do orçamento paradigma, é estabelecida uma faixa de tolerância – se o preço global do contrato estiver dentro dessa faixa, não é considerado superfaturamento (Tab. 15.3).

Para calcular o superfaturamento com a aplicação desse método, baseado na OT-IBR n° 05/2012 do Ibraop, utiliza-se a seguinte equação:

$$d_i = \left(q_i^{final}\right) \cdot \left(p_i - pp_i\right)$$
$$SF = \sum d_i$$

em que:
SF = sobrepreço ou superfaturamento global do contrato;
p_i = preço unitário contratual do item i;
pp_i = preço unitário paradigma do item i;
d_i = sobrepreço de um item de serviço percentualmente superior ao limite extremo estabelecido (por exemplo, 30%);
q_i^{final} = quantidade final do item i.

No exemplo da Tab. 15.3, o preço global do contrato é de R$ 210.000,00, enquanto o valor global do orçamento paradigma é de R$ 152.000,00. O sobrepreço foi calculado pela diferença entre os custos totais nos itens configurados como acima da

Tab. 15.3 Método de limitação do preço global com faixa de tolerância

Item	Situação original					Verificações			Sobrepreço com 30% de tolerância nos preços unitários (R$)	
	Quantitativo inicial (1)	Planilha contratual		Orçamento paradigma						
		Preço unitário (R$) (2)	Preço total (R$) (3 = 1 x 2)	Preço unitário (R$) (4)	Preço total (R$) (5 = 1 x 4)	Tolerância 30% (6 = 4 x 30%)	Considerado sobrepreço? (7 = se 6 > 2)	Diferença de custos unitários (8 = 2 – 4)	Diferença dos custos totais (9 = 3 – 5)	
1	1.000,00	R$ 70,00	R$ 70.000,00	R$ 40,00	R$ 40.000,00	R$ 52,00	Sim	R$ 30,00	R$ 30.000,00	
2	800,00	R$ 75,00	R$ 60.000,00	R$ 60,00	R$ 48.000,00	R$ 78,00	Não	R$ 15,00	–	
3	600,00	R$ 100,00	R$ 60.000,00	R$ 80,00	R$ 48.000,00	R$ 104,00	Não	R$ 20,00	–	
4	400,00	R$ 25,00	R$ 10.000,00	R$ 20,00	R$ 8.000,00	R$ 26,00	Não	R$ 5,00	–	
5	200,00	R$ 50,00	R$ 10.000,00	R$ 40,00	R$ 8.000,00	R$ 52,00	Não	R$ 10,00	–	
Total			R$ 210.000,00	Somatório do custo total paradigma (10)	R$ 152.000,00			Somatório dos sobrepreços (11)	R$ 30.000,00	
Sobrepreço (12 = 11 ÷ 10)									19,74%	

Nota: nesse método são considerados sobrepreço apenas os valores de custos unitários superiores à faixa de tolerância, que, no caso, foi definida em 30%.
Fonte: baseado em Ibraop (2012).

faixa de tolerância, aqui estipulada em 30%. Portanto, o sobrepreço pelo método do preço global com as tolerâncias ficou equivalente a R$ 30.000,00, o que representou um percentual de 19,74%.

Uma característica importante desse método é que, caso o cálculo do superfaturamento resulte em dois valores, um deles sendo o resultado do método simples e o outro do método com faixa de tolerância, a recomendação é adotar o menor dos dois valores como o montante do superfaturamento, para garantir uma abordagem mais conservadora na análise.

15.3.4 Superfaturamento por jogo de planilha
Método de manutenção do equilíbrio econômico-financeiro

Esse método é aplicável somente a contratos públicos que passaram por aditamentos contratuais ou tiveram alterações nos quantitativos de serviços, desde que existisse subpreço ou desconto original no contrato. Em outras palavras, parte-se do pressuposto de que o contrato original tinha um desconto, e a análise visa identificar se o desequilíbrio econômico-financeiro resultou em superfaturamento após as modificações realizadas por meio de aditivos.

A fórmula para calcular o superfaturamento por esse método é a seguinte:

$$SF = \sum \left[p_i \cdot q_i^{final} \left(1 - \frac{(1-D_0)}{(1-D_1)} \right) \right]$$

em que:
SF = valor do superfaturamento;
p_i = preço unitário contratual do item i;
q_i^{final} = quantitativo final do item i;
D_0 = desconto percentual total original (deve ser maior ou igual a zero);
D_1 = desconto percentual total ou sobrepreço percentual total obtido após as alterações no contrato.

A Tab. 15.4 apresenta um exemplo da aplicação desse método.

Na situação original, isto é, antes dos aditivos, têm-se as quantidades iniciais de serviços, os preços unitários contratados e os preços totais correspondentes de cada item no contrato. Além disso, há os valores de referência do orçamento paradigma, que são os preços unitários e totais que seriam considerados adequados para essas quantidades de serviços, conforme as práticas de mercado.

Tab. 15.4 Método de manutenção do equilíbrio econômico-financeiro

Item	Situação original					Situação após aditivos		
	Quantidade inicial	Planilha contratual		Orçamento paradigma		Quantidade final (3)	Planilha contratual	Orçamento paradigma
		Preço unitário (1)	Preço total	Preço unitário (2)	Preço total		Preço total contratado pós-aditivo (4 = 1 x 3)	Preço total do orçamento paradigma pós-aditivo (5 = 2 x 3)
1	100,00	R$ 60,00	R$ 6.000,00	R$ 50,00	R$ 5.000,00	125,00	R$ 7.500,00	R$ 6.250,00
2	120,00	R$ 80,00	R$ 9.600,00	R$ 70,00	R$ 8.400,00	150,00	R$ 12.000,00	R$ 10.500,00
3	80,00	R$ 100,00	R$ 8.000,00	R$ 80,00	R$ 6.400,00	120,00	R$ 12.000,00	R$ 9.600,00
4	400,00	R$ 10,00	R$ 4.000,00	R$ 25,00	R$ 10.000,00	200,00	R$ 2.000,00	R$ 5.000,00
5	50,00	R$ 40,00	R$ 2.000,00	R$ 40,00	R$ 2.000,00	50,00	R$ 2.000,00	R$ 2.000,00
	Preço total do contrato inicial (7)		R$ 29.600,00	Preço total do orçamento paradigma no contrato inicial (8)	R$ 31.800,00		R$ 35.500,00	R$ 33.350,00
	Desconto original (9 = 1 − (7 ÷ 8))				6,92%	Sobrepreço após aditivos (6 = (4 ÷ 5) − 1)		6,45%

Fonte: baseado em Ibraop (2012).

Após os aditivos, as quantidades de serviços podem ter sido alteradas, e novos preços unitários contratados podem ter sido estabelecidos. A nova situação pós-aditivo também apresenta valores de referência do orçamento paradigma.

Para determinar o superfaturamento, primeiro, deve-se calcular o desconto original, que é a diferença percentual entre os preços totais do contrato original (situação original) e os preços totais do orçamento paradigma. Em seguida, calcula-se o sobrepreço após aditivos, que é a diferença percentual entre os preços totais do contrato após os aditivos (situação após aditivo) e os preços totais do orçamento paradigma para essa nova situação.

O método do desconto (Tab. 15.5) é usado para ajustar o orçamento paradigma final de acordo com o desconto original, aplicando-se um desconto ao orçamento paradigma original, reduzindo o valor de referência.

Assim, o valor do contrato após os aditivos (Tab. 15.5) é comparado ao orçamento paradigma final, que já foi ajustado pelo método do desconto. A diferença entre esses dois valores representa o superfaturamento apurado pelo método de manutenção do equilíbrio econômico-financeiro.

Tab. 15.5 Método do desconto

Orçamento paradigma final (5)	R$ 33.350,00
Desconto original (6,92%) sobre o orçamento paradigma (10 = 5 × 9)	R$ 2.307,23
Valor final paradigma do contrato com desconto (11 = 5 – 10)	R$ 31.042,77
Valor do contrato após aditivos com alterações dos preços unitários (4)	R$ 35.500,00
Valor final paradigma do contrato com desconto (11)	R$ 31.042,77
Superfaturamento apurado pelo método de manutenção do equilíbrio econômico-financeiro (12 = 11 – 4)	R$ 4.457,23

Fonte: baseado em Ibraop (2012).

Método do balanço

O método do balanço, conforme descrito na OT-IBR n° 05/2012, é utilizado para avaliar se um contrato público sofreu algum tipo de superfaturamento devido a aditivos contratuais que alteraram as quantidades de serviços originalmente previstas e os preços unitários desses serviços. Ele calcula o superfaturamento ou desconto no contrato com base nas consequências financeiras das modificações na planilha contratual. Recomenda-se a aplicação desse método nas ocasiões em que a planilha original já apresentava sobrepreço antes dos aditivos ou modificações no contrato.

A fórmula para calcular o desequilíbrio do contrato (D) é a seguinte:

$$D = \sum\left[(pc_i - pp_i)\left(q_i^{final} - q_i^{inicial}\right)\right]$$

em que:
D = valor correspondente ao desequilíbrio do contrato, que pode ser a favor ou contra a administração pública, dependendo do sinal;
pc_i = preço unitário contratado para dado serviço i;
pp_i = preço unitário paradigma para dado serviço i;
q_i^{final} = quantitativo final do serviço i;
$q_i^{inicial}$ = quantitativo inicialmente previsto ou contratado para o serviço i.

As Tabs. 15.6 e 15.7 apresentam um exemplo de estimativa de superfaturamento por esse método.

Na situação original, antes dos aditivos, têm-se as quantidades iniciais de serviços, os preços unitários contratados e os preços totais correspondentes de cada item no contrato. Além disso, há os valores de referência do orçamento paradigma, que são os preços unitários e totais que seriam considerados adequados para essas quantidades de serviços, conforme as práticas de mercado.

Tab. 15.6 Método do balanço

Item	Situação original					Situação após aditivo		
	Quantidade inicial (1)	Planilha contratual		Orçamento paradigma		Quantidade final (4)	Planilha contratual	Orçamento paradigma
		Preço unitário (2)	Preço total	Preço unitário (3)	Preço total		Preço total	Preço total
1	200,00	R$ 30,00	R$ 6.000,00	R$ 20,00	R$ 4.000,00	500,00	R$ 15.000,00	R$ 10.000,00
2	420,00	R$ 40,00	R$ 16.800,00	R$ 30,00	R$ 12.600,00	400,00	R$ 16.000,00	R$ 12.000,00
3	300,00	R$ 50,00	R$ 15.000,00	R$ 55,00	R$ 16.500,00	300,00	R$ 15.000,00	R$ 16.500,00
4	800,00	R$ 10,00	R$ 8.000,00	R$ 20,00	R$ 16.000,00	200,00	R$ 2.000,00	R$ 4.000,00
5	100,00	R$ 20,00	R$ 2.000,00	R$ 20,00	R$ 2.000,00	100,00	R$ 2.000,00	R$ 2.000,00
	Somatório do contrato inicial (5)		R$ 47.800,00	Somatório do orçamento paradigma (6)	R$ 51.100,00	Valor total pós-aditivo contratado (7)	R$ 50.000,00	R$ 44.500,00
Desconto original (8 = 1 − (5 ÷ 6))					6,46%			

Fonte: baseado em Ibraop (2012).

Tab. 15.7 Aplicação do método do balanço

Diferença nos preços unitários (9 = 2 − 3)	Diferença nos quantitativos (10 = 4 − 1)	Débito ou crédito (11 = 9 × 10)
R$ 10,00	300,00	R$ 3.000,00
R$ 10,00	−20,00	−R$ 200,00
−R$ 5,00	0,00	R$ 0,00
−R$ 10,00	−600,00	R$ 6.000,00
R$ 0,00	0,00	R$ 0,00
Somatório do balanço (12)		R$ 8.800,00
Valor final do contrato após o método do balanço (13 = 7 − 12)		R$ 41.200,00
Desconto total percentual pelo método do balanço (14 = 1 − (12 ÷ 7))		17,60%

Fonte: baseado em Ibraop (2012).

Após os aditivos, as quantidades de serviços podem ter sido alteradas, e novos preços unitários contratados podem ter sido estabelecidos. Também são reunidos os valores de referência do orçamento paradigma para essa nova situação pós-aditivo.

O método do balanço é usado para calcular a diferença entre os preços totais do contrato após os aditivos e os preços totais do orçamento paradigma para essa nova situação. Primeiro, calcula-se a diferença dos preços unitários contratados após o aditivo e os do orçamento paradigma (Tab. 15.7). Em seguida, determina-se a diferença entre as quantidades finais de serviços após o aditivo e as quantidades iniciais. Por fim, o débito ou crédito é calculado como o produto da diferença nos preços unitários pela diferença nos quantitativos.

O valor final do contrato após o método do balanço é determinado somando-se o valor do contrato após aditivos e o débito ou crédito calculado pelo método do balanço. No exemplo da Tab. 15.7, o débito calculado pelo método do balanço é de R$ 8.800,00, o que indica que, após os aditivos, o contrato possui um débito adicional em relação ao orçamento paradigma, ou seja, há um superfaturamento de R$ 8.800,00. Portanto, esse é o montante pelo qual o contrato excede os valores considerados adequados pelo orçamento paradigma, com base nessa metodologia, para a nova situação após os aditivos.

Recomendações sobre os métodos

A OT-IBR n° 05/2012 do Ibraop inclui algumas diretrizes sobre os métodos de aferição de sobrepreço/superfaturamento na fiscalização de obras públicas, as quais visam assegurar a integridade, a eficiência e a transparência na utilização dos recursos públicos, promovendo uma gestão responsável e ética dos contratos de obras. As recomendações são (Quadro 15.3):

- *Método de limitação dos preços unitários*: esse método é preferencial para a análise de planilhas orçamentárias de licitações destinadas à execução de obras sob o regime de empreitada por preço unitário, sobretudo quando o objeto da obra ainda não foi contratado. Assim, o método é mais adequado para a fase de planejamento e licitação, com o objetivo de garantir que os preços unitários propostos estejam em conformidade com os valores de referência do mercado.
- *Método de limitação do preço global*: nas situações em que o contrato já foi celebrado ou quando se trata de licitações para obras sob o regime de empreitada por preço global, esse é o método preferencial, visto que o enfoque muda para o controle do preço global do contrato, garantindo que ele permaneça dentro dos limites aceitáveis.

- *Método de manutenção do equilíbrio econômico-financeiro*: esse método é recomendado quando há aditamentos contratuais que modificam a planilha orçamentária, independentemente do regime de execução do contrato de obras. Ele é particularmente útil quando o contrato original foi celebrado com subpreço inicial. A ideia é manter o equilíbrio econômico-financeiro do contrato, considerando as alterações introduzidas pelos aditamentos.
- *Método do balanço*: trata-se de uma alternativa aplicável em situações específicas, por exemplo, quando há aditamentos que alteram a planilha orçamentária, e o contrato original foi celebrado com desconto inicial. Esse método é valioso para calcular o desequilíbrio do contrato com base nas consequências financeiras das modificações introduzidas.

QUADRO 15.3 Recomendações sobre os métodos de aferição de superfaturamento

Método	Aplicação
Método de limitação dos preços unitários	Empreitadas por preço unitário
	Certames licitatórios ainda não concluídos (não adjudicados e contratados)
Métodos de limitação do preço global com e sem faixas de tolerância	Empreitadas por preço global
	Situações jurídicas constituídas (contrato celebrado), usando os sobrepreços apurados para compensar os serviços com subpreços
Método de manutenção do equilíbrio econômico-financeiro	Contratos com aditivos que alterem a planilha orçamentária
	Quando não há sobrepreço inicial
Método do balanço	Contratos com aditivos que alterem a planilha orçamentária
	Quando há sobrepreço inicial

Fonte: Ibraop (2012).

15.3.5 Superfaturamento por adiantamento de pagamentos

O superfaturamento por adiantamento de pagamentos envolve o desembolso de recursos antes da efetiva prestação dos serviços contratados, sem a devida previsão no edital ou sem a contrapartida adequada por parte do contratado. Essa prática representa não apenas um desequilíbrio financeiro, mas também uma potencial perda monetária para a administração pública.

Para calcular adequadamente a parcela de superfaturamento relacionada aos adiantamentos de pagamento, é necessário seguir um procedimento rigoroso. Em primeiro lugar, deve-se determinar o intervalo de tempo entre a data em que o pagamento foi antecipado de forma irregular e a data efetiva em que os serviços foram prestados de acordo com o contrato. Esse período de tempo é fundamental para a análise, pois afeta diretamente o cálculo do superfaturamento.

Uma vez que o período foi estabelecido, a próxima etapa envolve o cálculo dos valores adiantados, descontados pela taxa referencial, a qual pode ser estimada pela tabela Selic. A taxa Selic é a taxa básica de juros da economia brasileira, usada como referência para calcular os custos financeiros envolvidos nas transações. Portanto, os valores adiantados devem ser corrigidos retroativamente pela taxa Selic a partir da data em que os serviços foram efetivamente prestados até a data do adiantamento de pagamento ilegal.

A equação para o cálculo do valor descontado pela taxa, com base na OT-IBR nº 05/2012, está disposta a seguir:

$$P = \frac{F}{(1+i)^n}$$

em que:
P = valor presente que se deseja encontrar;
F = valor futuro;
i = taxa de rendimento por período (geralmente expressa como uma taxa decimal);
n = número de períodos (nesse caso, meses).

Essa fórmula permite calcular o valor presente de um montante futuro levando em consideração a taxa de rendimento e o número de períodos, assumindo que os juros são compostos, ou seja, os juros ganhos em cada período são adicionados ao valor principal para calcular os juros do próximo período.

Veja um exemplo de detalhamento do cálculo na Tab. 15.8, em que:
- *Data*: mostra a data em que ocorreram os pagamentos antecipados.
- *Quantidade*: representa a quantidade de serviços contratados.
- *Preço unitário*: indica o preço unitário estabelecido para cada serviço.
- *Preço total (A)*: é o resultado da multiplicação da quantidade pelo preço unitário, representando o valor total dos serviços contratados.
- *# Meses antecipado*: mostra quantos meses antes da efetiva realização dos serviços ocorreu o pagamento antecipado. Na primeira linha, o pagamento foi feito no mesmo mês em que os serviços foram realizados, então o valor é zero. Nas demais linhas, os pagamentos foram feitos com antecedência de seis, sete e oito meses, respectivamente.

- *Efetiva realização dos serviços*: representa o mês em que os serviços foram efetivamente realizados.
- *Preço total (B)*: é o valor presente dos pagamentos antecipados descontados pela taxa Selic até o mês da efetiva realização dos serviços.
- *Superfaturamento por pagamentos antecipados (A – B)*: consiste na diferença entre o total pago nominalmente e o total descontado pela taxa referencial. Esse valor representa o superfaturamento devido aos pagamentos antecipados não compensados.

Tab. 15.8 Exemplo esquemático de possível antecipação de pagamentos

	Pagamentos antecipados (valor nominal)			Efetiva realização dos serviços				Valor descontado
Data	Quantidade	Preço unitário	Preço total (A)	# Meses antecipado	Quantidade	Preço unitário	Preço total	Preço total (B)
1º/1/2023	1.200,00	R$ 750,00	R$ 900.000,00	0,0	1.200,00	R$ 750,00	R$ 900.000,00	R$ 0,00
1º/7/2023				6,0	600,00	R$ 750,00	R$ 450.000,00	R$ 423.920,36
1º/8/2023				7,0	400,00	R$ 750,00	R$ 300.000,00	R$ 279.815,42
1º/9/2023				8,0	200,00	R$ 750,00	R$ 150.000,00	R$ 138.522,48
Total			R$ 900.000,00					R$ 842.258,26
Superfaturamento por pagamento antecipados (A – B)								R$ 57.741,74

Nota: a data-base estabelecida foi o dia 1º/1/2023, e a taxa referencial utilizada para desenvolver a simulação de investimento foi de 1% a.m.
Fonte: baseado em Ibraop (2012).

15.3.6 Superfaturamento por distorção do cronograma físico-financeiro

Conforme descrito na OT-IBR nº 05/2012 do Ibraop, o superfaturamento por distorção do cronograma físico-financeiro envolve propostas de contratos com preços unitários inicialmente superiores aos praticados pelo mercado nos serviços a serem executados, mas que são compensados por reduções significativas nos preços dos serviços a serem realizados no final do contrato. Isso é feito de forma a manter o valor global do contrato dentro dos valores de mercado.

Esse tipo de superfaturamento é prejudicial à administração pública por criar uma distorção no cronograma físico-financeiro do contrato, beneficiando o contratado ao permitir que ele receba mais no início, quando os preços estão acima do mercado, e menos no final, quando os preços são reduzidos. Essa prática pode resultar em um desequilíbrio contratual e prejuízo aos cofres públicos.

Para calcular a eventual parcela de superfaturamento por distorção do cronograma físico-financeiro, é necessário realizar um balanço de diferenças entre o valor devido ao contratado e o valor efetivamente pago ao longo do contrato. Qualquer diferença que beneficie excessivamente o contratado, seja na fase inicial ou final do contrato, pode ser considerada superfaturamento e, portanto, deve ser apurada e corrigida. Esse procedimento é análogo ao utilizado para calcular o superfaturamento por adiantamento de pagamentos.

15.3.7 Superfaturamento por reajustamento irregular de preços

Para a OT-IBR nº 05/2012 do Ibraop, superfaturamento por reajustamentos irregulares de preços consiste em práticas que envolvem a previsão ou concessão de reajustes em contratos públicos em prazos inferiores a 12 (doze) meses, contados a partir da data prevista para a apresentação da proposta ou do orçamento a que essa proposta se refere. A legislação estabelece claramente que essa prática é proibida – qualquer reajuste pago antes desse prazo é considerado dano ao erário.

Esse tipo de superfaturamento também pode ocorrer devido a erros no cálculo de reajustamento ou pela adoção de critérios de reajuste com índices que não refletem adequadamente a variação dos custos do objeto contratado. É importante verificar se os cálculos realizados estão corretos e se os índices utilizados estão de acordo com o estabelecido no contrato, sobretudo nos contratos de longa duração. Se houver um lapso muito grande entre a licitação e o pagamento dos serviços, os preços devem ser periodicamente analisados para garantir que estejam em consonância com os preços praticados no mercado e, assim, manter o equilíbrio econômico-financeiro inicialmente pactuado.

Dessa forma, para identificar o superfaturamento por reajustamentos irregulares, é preciso realizar análises anuais na data-base do contrato. Isso envolve a comparação dos preços praticados com os índices devidos e a adoção do método de análise de preços mais adequado, conforme descrito na OT-IBR nº 05/2012.

15.3.8 Superfaturamento por prorrogação injustificada do prazo contratual

Esse tipo de superfaturamento, como descrito na OT-IBR nº 05/2012 do Ibraop, é um conceito que envolve o pagamento indevido de valores pela administração pública, relacionado a diversos custos adicionais que surgem devido à extensão injustificada do período de execução de um contrato público, especialmente em contratos de obras.

O objetivo de identificar e combater o superfaturamento por prorrogação injustificada do prazo contratual é garantir que os recursos públicos sejam utilizados de maneira eficiente e responsável. A administração pública deve justificar de forma adequada qualquer extensão de prazo em contratos públicos e evitar custos desnecessários que possam prejudicar o erário público.

15.3.9 Superfaturamento por superdimensionamento

Conforme delineado na OT-IBR nº 05/2012 do Ibraop, essa prática envolve a aquisição de serviços e materiais em quantidades, dimensões ou qualidades superiores ao necessário para a execução de um projeto específico, o que resulta em custos adicionais para a administração pública, uma vez que são adquiridos recursos em excesso, e esses custos adicionais são agravados pela aplicação de uma parcela de lucro sobre a quantidade excedente.

15.4 Passo a passo da quantificação do superfaturamento

A primeira etapa é verificar se os serviços contratados foram executados de acordo com o previsto em termos de qualidade e quantidade, com uma análise detalhada para identificar possíveis superfaturamentos em relação a esses fatores. Caso sejam constatadas irregularidades, as parcelas de superfaturamento devem ser apuradas separadamente.

Com base nessa análise, elabora-se uma nova planilha orçamentária, considerando os quantitativos de serviços corretos, devidamente aferidos e atestados. Nessa etapa, os quantitativos que foram glosados (rejeitados) e que faziam parte do cálculo de superfaturamento de quantidade ou qualidade são excluídos da análise.

A próxima etapa envolve o cálculo do superfaturamento de preços e do superfaturamento decorrente do jogo de planilha, por meio da análise dos preços unitários contratados e sua comparação com os preços paradigmas de mercado, usando um dos métodos recomendados na seção 15.3. O objetivo é calcular o sobrepreço original, que representa o ponto de equilíbrio econômico-financeiro inicial do contrato.

Em seguida, o procedimento é repetido para a planilha contratual final, considerando quaisquer acréscimos ou supressões resultantes de aditivos contratuais. Quando os quantitativos são alterados sem formalização de um aditivo, é importante que a análise compreenda todos os serviços efetivamente realizados, inclusive serviços extracontratuais, se aplicável.

A partir disso, o ponto de equilíbrio econômico-financeiro final do contrato é determinado, e calcula-se a diferença em relação ao ponto de equilíbrio inicial. Se essa diferença for desfavorável à administração (ou seja, um aumento de custos não justificado), ela representa o dano resultante do rompimento do equilíbrio econômico-financeiro do contrato.

Na etapa seguinte, são examinadas outras modalidades de superfaturamento que podem ter ocorrido devido a pagamentos antecipados, distorção do cronograma físico-financeiro, prorrogação injustificada do prazo contratual com custos adicionais para a administração pública ou reajustamentos irregulares. Só então a análise de superfaturamento é finalizada, e os resultados são consolidados. Qualquer dano ao erário é quantificado com base nas irregularidades identificadas ao longo do processo.

Esse processo de quantificação de superfaturamento deve ser realizado com rigor técnico e consistência. Isso envolve confrontar os quantitativos do orçamento com os projetos, medir os serviços na obra, garantir a conformidade com critérios de medições estabelecidos e, quando necessário, recorrer a critérios reconhecidos pelo mercado.

15.5 Entendimento jurídico sobre superfaturamento de contratos públicos

15.5.1 Superfaturamento por preço excessivo

O parâmetro para cálculo de eventual superfaturamento em contratos de obras públicas é o preço de mercado, não as propostas apresentadas por outros licitantes. É admitida a utilização de valores obtidos em notas fiscais de fornecedores das contratadas como parâmetro de mercado, quando não existirem preços registrados nos sistemas referenciais. O resultado deve refletir que o preço pago pela administração estava em patamar superior ao valor de mercado.

Além disso, o cálculo do percentual de superfaturamento apurado a partir de amostra de itens de contrato deve ter como referência o preço total da amostra, considerados os preços unitários de mercado, não o preço global do contrato. Evitar a presença na planilha contratual de serviços específicos com preços unitários acima dos referenciais de mercado, especialmente se concentrados na parcela de maior materialidade da obra.

A compensação de itens pagos com valores acima dos de referência da contratação com outros pagos com valores inferiores, para apuração de superfaturamento, é aplicável a obras e serviços, não sendo válida para compras. Constatado superfaturamento, é legítima a compensação de débitos e créditos existentes entre a administração pública e a empresa contratada, com base na aplicação supletiva de normas do direito privado aos contratos administrativos.

Acórdãos TCU

Acórdão 378/2023, Acórdão 3.193/2023 – Segunda Câmara, Acórdão 1.142/2022, Acórdão 2.535/2022, Acórdão 1.957/2022, Acórdão 1.574/2022, Acórdão 992/2022, Acórdão 1.377/2021, Acórdão 1.361/2021, Acórdão 1.093/2021, Acórdão 10.397/2021 – Segunda Câmara, Acórdão 4.040/2020, Acórdão 1.890/2020, Acórdão 304/2020, Acórdão 2.621/2019, Acórdão 1.372/2019, Acórdão 1.267/2019, Acórdão 1.194/2018, Acórdão 1.511/2018, Acórdão 201/2018, Acórdão 7.934/2018 – Segunda Câmara, Acórdão 4.349/2018 – Segunda Câmara, Acórdão 9.296/2017 – Primeira Câmara, Acórdão 2.307/2017, Acórdão 1.127/2017, Acórdão 844/2017, Acórdão 557/2017, Acórdão 296/2017, Acórdão 167/2017, Acórdão 9.083/2017 – Primeira Câmara, Acórdão 3.524/2017 – Primeira Câmara, Acórdão 2.601/2016, Acórdão 2.109/2016, Acórdão 1.923/2016, Acórdão 1.894/2016, Acórdão 1.637/2016, Acórdão 1.583/2016, Acórdão 854/2016, Acórdão 648/2016, Acórdão 9.385/2016 – Segunda Câmara, Acórdão 332/2015, Acórdão 3.295/2015, Acórdão 3.021/2015, Acórdão 2.419/2015, Acórdão 2.132/2015, Acórdão 1.992/2015, Acórdão 1.855/2015, Acórdão 1.498/2015, Acórdão 1.495/2015, Acórdão 1.302/2015, Acórdão 911/2015, Acórdão 6.439/2015 – Primeira Câmara, Acórdão 2.654/2015 – Segunda Câmara, Acórdão 2.541/2015, Acórdão 2.312/2014, Acórdão 2.223/2014, Acórdão 1.884/2014, Acórdão 1.860/2014, Acórdão 1.010/2014, Acórdão 910/2014, Acórdão 193/2014, Acórdão 2.438/2013, Acórdão 2.233/2013, Acórdão 835/2014, Acórdão 3.631/2013, Acórdão 2.796/2013, Acórdão 733/2013, Acórdão 335/2013, Acórdão 3.241/2012, Acórdão 1.791/2012, Acórdão 791/2012, Acórdão 731/2012, Acórdão 102/2012, Acórdão 3.138/2011, Acórdão 2.636/2011, Acórdão 2.450/2011, Acórdão 2.339/2011, Acórdão 1.657/2011, Acórdão 1.206/2011, Acórdão 983/2011 – Primeira Câmara, Acórdão 3.031/2010, Acórdão 2.780/2010 – Segunda Câmara, Acórdão 2.477/2010, Acórdão 2.213/2010, Acórdão 1.925/2010, Acórdão 2.339/2009, Acórdão 1.777/2009, Acórdão 593/2009, Acórdão 511/2009, Acórdão 2.885/2008, Acórdão 2.482/2008, Acórdão 2.046/2008, Acórdão 1.767/2008, Acórdão 396/2008, Acórdão 278/2008, Acórdão 2.635/2007, Acórdão 2.261/2006, Acórdão 2.127/2006 e Acórdão 1.595/2006.

15.5.2 Superfaturamento de quantidade

O pagamento de serviços em quantitativos maiores do que os realizados caracteriza dano ao erário. É cabível a glosa do valor correspondente em situações de pagamentos por serviços não executados.

Pagamentos por itens ou serviços em quantitativo superior ao previsto no projeto básico evidenciam deficiências no projeto de engenharia. A deficiência no projeto não configura prejuízo à administração em empreitadas por preço unitário, a menos que serviços não executados ou desnecessários sejam comprovados.

Nos casos sem projeto básico detalhado ou preços de referência, superfaturamento pode ser caracterizado com base nos elementos disponíveis. Em determinadas situações, não há necessidade de seguir a representatividade amostral usualmente adotada pelo TCU.

Em obras de grande porte, sugere-se adequar a metodologia de curva ABC para aferição de superfaturamento. Deve-se também segregar o montante do prejuízo ao erário em superfaturamento de quantidade e preços excessivos, individualizando as condutas dos responsáveis em relação a cada parcela de superfaturamento.

A redução da distância média de transporte de insumos (DMT) durante a execução da obra requer ajuste nos preços. Além disso, a superestimativa de quantidade na execução de obra rodoviária não permite ponderação no preço global do contrato. A rescisão amigável não é adequada; sugere-se a anulação do contrato ou termo de aditamento para corrigir a irregularidade.

Débito decorrente da execução de camadas de pavimento em espessura inferior deve considerar a redução da vida útil do pavimento – essa quantificação deve ser baseada no prejuízo real à administração, não apenas no valor do material ou serviço não aplicado.

Acórdãos TCU
Acórdão 4.587/2021 – Segunda Câmara, Acórdão 11.179/2020, Acórdão 1.874/2018, Acórdão 845/2017, Acórdão 2.612/2016, Acórdão 3.021/2015, Acórdão 2.419/2015, Acórdão 1.607/2015 e Acórdão 3.240/2011.

15.5.3 Superfaturamento de qualidade

A execução de obra em desconformidade com o projeto é reconhecida como irregular. No entanto, a irregularidade na execução não automaticamente caracteriza dano ao erário – deve haver presença de superfaturamento na obra ou comprometimento na funcionalidade do empreendimento para configurar dano, a depender do contexto. A obtenção dos benefícios esperados pelo convênio é destacada como um ponto relevante.

Acórdãos TCU
Acórdão 5.064/2015 – Segunda Câmara.

15.5.4 Procedimento administrativo recomendado na constatação

Na presença de indícios de superfaturamento, a instituição pública contratante pode dar continuidade aos serviços, desde que haja retenção correspondente ou garantias suficientes para prevenir possíveis danos ao erário. O Tribunal deve cientificar o contratante desses indícios de sobrepreço, alertando sobre o potencial prejuízo ao erário em caso de pagamento futuro. O contratante tem autonomia para adotar outras providências preventivas, como a retenção cautelar de valores ou garantias contratuais.

A confirmação de superfaturamento em montante inferior ao retido cautelarmente enseja a devolução dos valores, com a incidência de correção monetária para preservar o poder aquisitivo da moeda. A incidência de juros de mora é indevida, visto que não se trata de inadimplemento da administração, mas de culpa da contratada por apresentar fatura com valores indevidos.

O débito por superfaturamento decorrente de sobrepreço em licitação com participantes em conluio deve ser imputado apenas ao licitante vencedor (contratado). Os demais competidores podem ser punidos pelas fraudes no processo licitatório, com a aplicação de declarações de inidoneidade.

Em casos de superfaturamento na execução contratual, é possível adotar medida administrativa para elisão do dano. Assim, um acordo para a compensação dos valores superfaturados com obrigações não adimplidas pela administração pode ser formalizado, com a eventual condenação dos responsáveis em caso de insucesso no acordo.

> **Acórdãos TCU**
> Acórdão 659/2023, Acórdão 2.645/2022, Acórdão 1.484/2022, Acórdão 2.654/2015 – Segunda Câmara e Acórdão 1.383/2012.

15.5.5 Superfaturamento por metodologia executiva

O superfaturamento por metodologia executiva é quando a empresa executante adota metodologia de maior produtividade e menor custo que resulta em transferência indevida de custos para a administração.

Não se configura esse tipo de superfaturamento quando o projeto básico prevê a solução mais eficiente e usual de mercado. Também não representa superfaturamento a utilização de patrulha mecânica de menor custo do que o previsto na composição de preços do contrato. Se o preço global contratado para os serviços de terraplenagem for inferior ao preço referencial de mercado calculado com os custos dos equipamentos efetivamente empregados, não há superfaturamento.

Portanto, o executor pode usar técnicas ou equipamentos inovadores que aumentem a produtividade, desde que o projeto básico não tenha previsto uma metodologia antieconômica. O contratado tem liberdade para executar o serviço com metodologia distinta da prevista no Sicro, e também pode usar equipamentos ou arranjos produtivos mais convenientes, desde que não transfira para a administração os custos de uma metodologia mais onerosa que a de referência.

> **Acórdãos TCU**
> Acórdão 910/2017, Acórdão 2.986/2016 e Acórdão 800/2016.

15.5.6 Responsabilidade da administração

Quando o sobrepreço está no orçamento estimativo e os preços contratados são iguais ou inferiores, a responsabilidade pelo dano recai sobre os autores do orçamento defeituoso, não atingindo os gestores que acreditaram legitimamente nele.

Quando os preços de sistemas oficiais de referência não se aplicam ao caso ou necessitam de adequação, compete aos responsáveis comprovar tal premissa com elementos fáticos. Esses sistemas gozam de presunção de veracidade e legitimidade.

Por sua vez, o gestor responde pelo superfaturamento decorrente de cotação de preços feita com empresas fora do ramo objeto do certame. Além disso, o superfaturamento contratual devido a aditivos que causam desequilíbrio econômico-financeiro enseja responsabilização solidária dos gestores e da empresa contratada. É indevido o pagamento por reajustes excessivos, sendo responsabilidade dos gestores e da empresa indevidamente beneficiada recolher tais valores aos cofres públicos.

Mesmo afastada a existência de sobrepreço ou superfaturamento, a falta de pesquisa de mercado em contratação direta representa irregularidade grave, sujeita à aplicação de multa pelo TCU.

Acórdãos TCU
Acórdão 13.435/2019 – Primeira Câmara, Acórdão 4.984/2018 – Primeira Câmara, Acórdão 4.696/2018 – Segunda Câmara, Acórdão 1.000/2017, Acórdão 4.711/2014 – Primeira Câmara, Acórdão 2.736/2014, Acórdão 1.180/2012, Acórdão 6.440/2011 e Acórdão 1.757/2008.

15.5.7 Responsabilidade da comissão de licitação

A comissão permanente de licitação (CPL) não pode ser responsabilizada por superfaturamento decorrente de projeto básico mal elaborado ou outras irregularidades não relacionadas às suas atribuições legais. Isso é especialmente válido se a atuação se limitou a verificar a conformidade das propostas com os requisitos do edital e as estimativas prévias.

Portanto, os membros da comissão de licitação não devem ser responsabilizados por sobrepreço ou superfaturamento decorrente de orçamento estimativo com preços acima de mercado, a menos que haja prova de participação na elaboração do orçamento.

Também não é cabível imputar débito ao gestor que homologou o processo de compra quando o superfaturamento não era facilmente perceptível ao homem médio. Se a pesquisa de preço foi elaborada pelo setor competente do órgão contratante, a responsabilidade do gestor só ocorre se houver indícios de que ele poderia questionar a pesquisa realizada.

Acórdãos TCU
Acórdão 378/2023, Acórdão 1.844/2019 e Acórdão 8.017/2016.

15.5.8 Responsabilidade dos licitantes

Empresas contratantes devem oferecer preços compatíveis com os do mercado, mesmo quando os valores fixados pela administração no orçamento-base do certame ultrapassam esse patamar. Ao apresentar propostas com valores acima dos praticados no mercado, aproveitando-se de orçamentos superestimados pelos órgãos públicos, as empresas contribuem para o superfaturamento e ficam sujeitas à responsabilização solidária pelo dano.

A falta de cumprimento do dever da administração de verificar a economicidade dos preços não isenta a empresa contratada de responsabilidade por eventual sobrepreço. A responsabilidade solidária se aplica tanto à administração quanto aos colaboradores privados.

Acórdãos TCU
Acórdão 992/2022, Acórdão 8.497/2022 – Segunda Câmara, Acórdão 1.427/2021, Acórdão 7.074/2020 – Primeira Câmara, Acórdão 1.229/2020 – Primeira Câmara, Acórdão 7.053/2019, Acórdão 183/2019, Acórdão 27/2018, Acórdão 1.392/2016, Acórdão 2.262/2015 e Acórdão 454/2014.

15.5.9 Responsabilidade do fiscal

O fiscal da obra possui o dever de acompanhar a execução dos serviços, atestar a sua realização e garantir que estejam em conformidade com os padrões de qualidade estabelecidos nos projetos e normas técnicas; sua atuação proativa é peça-chave para evitar superfaturamento.

Por tal motivo, em situações de superfaturamento ou pagamento por serviços não executados, a responsabilidade pelo débito não deve recair sobre os responsáveis pelo pagamento das despesas, mas sim sobre o fiscal da obra, sobretudo nos casos de serviços em quantidades superiores às efetivamente realizadas e que não atendem aos padrões de qualidade especificados nos projetos e normas técnicas.

Acórdãos TCU
Acórdão 4.711/2014 – Primeira Câmara.

15.5.10 Aspectos legais

Nas situações em que o superfaturamento tem origem na fixação de preços contratuais superiores aos praticados no mercado, o prazo de prescrição da pretensão punitiva do TCU inicia-se a partir da data do último pagamento decorrente do contrato.

Licitantes, sujeitos ao risco de responsabilização por superfaturamento em solidariedade com os agentes públicos, têm a obrigação de oferecer preços que reflitam os paradigmas de mercado. Isso se aplica mesmo quando os valores fixados pela administração no orçamento-base do certame estão além desse patamar.

Verifica-se sobrepreço e/ou superfaturamento em obras rodoviárias quando há pagamento por serviços em valores superiores aos custos previstos no Sicro. O TCU destaca a importância de observar esses custos como referência para avaliação de irregularidades.

Acórdãos TCU
Acórdão 2.861/2018, Acórdão 1.455/2018, Acórdão 1.959/2017 e Acórdão 3.631/2013.

PASSO A PASSO DA AUDITORIA DE OBRAS PÚBLICAS   16

16.1 Etapa I: análise preliminar

16.1.1 Digitalização de propostas

Em primeiro lugar, é essencial digitalizar a proposta global do edital da licitação com os dados referentes às obras públicas, confirmando somatórios e multiplicações adotadas. Concluído esse processo, deve-se analisar as planilhas de custos e composições unitárias incluídas nos autos.

Recomenda-se realizar uma revisão minuciosa das fórmulas utilizadas, a fim de identificar possíveis ajustes numéricos forçados e erros programados em somatórios e multiplicações dos dados. Esses erros podem gerar prejuízos ao erário, prejudicando a execução adequada da obra e comprometendo a qualidade dos serviços prestados.

Sugere-se ainda coletar os dados nos portais de transparência dos Tribunais de Contas Estaduais, quando disponíveis. Isso pode reduzir significativamente o trabalho de transcrição das informações em PDF geralmente disponibilizadas nos autos. Essa medida não só otimiza o tempo de avaliação das informações, mas também aumenta a precisão dos dados coletados, permitindo uma análise mais detalhada e eficiente.

16.1.2 Análise de datas e assinaturas

Recomenda-se a análise minuciosa dos documentos que compõem o processo licitatório, conferindo as datas da ocorrência da licitação e da assinatura dos principais arquivos. Isso porque, muitas vezes, pode haver equívocos ou até mesmo fraudes na elaboração desses documentos, o que compromete a transparência e a lisura do processo.

Entre os equívocos mais comuns identificados em perícias de processos forjados estão erros quanto à data da publicação do edital, realização do certame, assinatura de contratos e emissão dos boletins de medição. Em alguns casos, esses erros podem ser intencionais, com o objetivo de camuflar irregularidades ou desvios de recursos públicos. Em obras executadas anteriormente e com ilícitos, é comum encontrar falhas e inconsistências nos documentos relacionados ao processo licitatório, uma vez que a sua elaboração pode ter sido realizada de forma inadequada ou até mesmo falsificada.

Por exemplo, a emissão de recibos pelo próprio órgão licitante pode ocorrer em diferentes tipos de processos licitatórios, como em contratações de serviços, aquisições de produtos e obras públicas. Em geral, essa prática é adotada por empresas que estão envolvidas em fraudes em licitações e precisam comprovar a execução dos serviços ou a entrega dos produtos.

Os recibos emitidos pelo órgão licitante podem conter datas que não correspondem à realidade da execução do serviço ou entrega do produto, o que pode levar a uma inconsistência no processo de contratação. Ademais, é comum que esses recibos não tenham a assinatura das empresas contratadas, o que pode indicar que estas não têm conhecimento da emissão desses documentos.

16.1.3 Análise da planilha de medições

Um dos elementos críticos a serem analisados em auditorias de obras públicas é a validação das datas das medições. Deve-se conferir se o período em que as medições foram emitidas é condizente com o prazo de assinatura do contrato da obra. Em algumas auditorias, foram identificadas situações em que a mobilização da equipe e a emissão das medições ocorreram em um prazo muito curto após a assinatura do contrato, o que levantou suspeitas de irregularidades.

Recomenda-se verificar a consistência das etapas construtivas previstas e a suficiência do efetivo registrado nos relatórios GFIP. Em auditorias já foi encontrada, em um período de dez dias, a ocorrência de assinatura do contrato, mobilização da equipe e emissão referente à execução de 30% da obra, prevista para quatro meses, com consequente processo de liquidação, empenho e pagamento. Nesse exemplo, identificaram-se inconsistência nas etapas construtivas previstas considerando o prazo exigido entre atividades, insuficiência no efetivo registrado nos relatórios GFIP e incompatibilidade do número de profissionais necessários para a execução da obra.

Também é fundamental validar os somatórios das planilhas de medição, sobretudo em casos com acréscimos e supressões. Destaca-se que o limite previsto para aditivos se refere ao valor inicial do contrato, e não se compensa com eventuais supressões de itens de serviços previstos.

16.1.4 Análise técnica dos projetos

Na análise de projetos para a execução de uma obra, é preciso identificar se todos os projetos necessários foram emitidos e destacar possíveis ausências. Essa etapa busca garantir que todos os projetos essenciais estejam disponíveis para a execução da obra, evitando possíveis falhas e retrabalho no futuro.

Além disso, exige-se uma análise técnica detalhada de todos os projetos emitidos, para identificar inconsistências de dimensionamento. É fundamental verificar se o volume de concreto armado das fundações, pilares e vigas é proporcional à edificação executada, se as características das lajes, como altura e cobrimento, são compatíveis com os vãos e outras características específicas de cada projeto.

Outro aspecto importante na análise de projetos é avaliar se existem projetos com detalhamento suficiente para o levantamento dos quantitativos, de modo a mitigar possíveis erros e atrasos na execução. Em atividades periciais e licitações já foram identificados casos em que as estimativas de quantitativos de volume de concreto, fôrma e armação foram baseadas em réplicas de outros projetos, sem a existência de projetos específicos para aquela obra em questão. Essa prática pode trazer sérios riscos ao superfaturamento de contratos públicos.

16.1.5 Revisão de especificações técnicas e memoriais descritivos

A elaboração dos memoriais descritivos e especificações técnicas é uma etapa fundamental na execução de obras, pois estabelece as diretrizes e requisitos técnicos para a realização dos serviços. Esses documentos precisam estar em conformidade com as características previstas nos projetos arquitetônicos e complementares, assegurando a coerência entre todas as etapas do processo construtivo.

No entanto, em muitos municípios menores, é comum identificar a repetição de memoriais descritivos e especificações técnicas padrão para todas as licitações, sem a devida adequação às especificidades de cada obra. Essa prática pode resultar na apresentação de itens de serviços inexistentes, dimensões de revestimentos incompatíveis e inconformidade de diversos itens, o que compromete a qualidade e segurança da obra. Além disso, a habitual ausência de apresentação de requisitos necessários de diversas etapas construtivas pode gerar dúvidas e conflitos entre os envolvidos no processo de execução da obra, gerando atrasos e prejuízos financeiros.

Destaca-se que a elaboração dos memoriais descritivos e especificações técnicas deve ser realizada por profissionais capacitados e experientes, com amplo conhecimento técnico e prático nas diversas áreas envolvidas no processo construtivo. Esses documentos devem ser revisados e atualizados regularmente, para garantir que estejam de acordo com as normas técnicas e legislação vigente.

16.1.6 Resumo dos documentos

Recomenda-se que, ao final da leitura inicial dos autos, seja desenvolvido um resumo detalhado em arquivo editável de todos os principais documentos identificados no processo. Esse resumo deve conter informações como o número de folhas do processo, o volume e uma breve descrição dos elementos mais importantes e, de preferência, algumas imagens de elementos-chave.

Esse procedimento torna-se necessário devido à grande variação de prazo entre a emissão da perícia inicial e o período em que ela retorna para ser complementada ou respondida em processos judiciais. Em alguns casos, a perícia retorna depois de diversos meses e até anos depois de sua emissão.

Além disso, manusear processos de milhares de páginas sem um roteiro de referência é uma atividade extremamente complexa. O resumo detalhado é útil para identificar inconsistências iniciais e levantar planilhas e dados, facilitando a análise da perícia e tornando-a mais eficiente. Ao desenvolver o resumo de forma detalhada, é possível simplificar o manuseio de processos compostos por 2.000 a 4.000 laudas para uma análise sintética de 20 a 30 páginas que guiará os próximos passos.

O material também será um referencial teórico extremamente valioso para identificação de documentos necessários ao longo de processos densos de múltiplos volumes de arquivos, norteando todos os passos ao longo das demais etapas da perícia.

16.1.7 Linha do tempo

A elaboração de uma linha do tempo pode ser uma ferramenta valiosa para identificar a sequência cronológica dos documentos e eventos do processo, permitindo uma compreensão mais profunda do caso em análise.

Destaca-se que existem diversas opções para criar uma linha do tempo, como o site <https://www.timetoast.com>, opção gratuita que oferece um mapeamento completo do processo a partir da adição dos dados. No entanto, recomenda-se avaliar outras ferramentas disponíveis no mercado, considerando as necessidades específicas do caso em análise.

Ressalta-se que a linha do tempo não deve ser vista como uma etapa isolada, e sim como uma ferramenta que auxilia na análise geral do processo, complementando o resumo já elaborado.

16.2 Etapa II: verificação das principais inconsistências
16.2.1 Análise de encargos sociais

Como mencionado anteriormente, a apresentação do detalhamento da composição de encargos pelas empresas participantes de uma licitação é uma obrigação legal que permite verificar se os encargos previstos para o pagamento de pessoal estão de acordo com as práticas de mercado e as obrigações previstas na legislação vigente. Essa medida busca a transparência, equidade e legalidade do processo de contratação, e pode reprimir possíveis irregularidades e prejuízos ao erário público.

A análise do detalhamento da composição de encargos fornece informações substanciais para a elaboração do laudo pericial, especialmente no que diz respeito aos custos envolvidos na execução do objeto contratado. Em razão disso, caso os peritos responsáveis pela elaboração do laudo pericial identifiquem ausência desses documentos, recomenda-se notificar as autoridades competentes para que essa informação seja fornecida.

16.2.2 Análise da matrícula CEI/CNO e relatório do GFIP

A matrícula CEI (antiga nomenclatura) ou CNO (nova nomenclatura) corresponde aos dados referenciais do imóvel para registro junto à Receita Federal dos encargos trabalhistas pagos pela empresa. Em termos simples, a matrícula CEI/CNO é como o CPF de uma obra, um código referencial que a identifica no sistema.

O registro da matrícula CEI/CNO é uma obrigação legal, e sua ausência indica fortes indícios de que os encargos trabalhistas devidos pela obra não foram recolhidos, sugerindo uma situação de superfaturamento. Isso ocorre quando a administração pública repassa os valores previstos, mas a empresa, ao sonegar tributos, reverte parte desses recursos como lucro.

A prática de sonegação dos encargos trabalhistas para vantagem do licitante é uma das principais formas de superfaturamento em obras públicas. Em municípios menores é comum que a empresa vencedora do contrato administrativo contrate uma equipe local diretamente sob a forma de "empreitada", estipulando um valor fixo para uma equipe terceirizada e pagando com base nas medições, sem cumprir as obrigações trabalhistas e tributárias. Além disso, não fornecem os equipamentos (EPI) e ferramentas obrigatórias para a execução das obras.

Essas práticas têm consequências diretas, como a qualidade inferior das obras e a exposição da administração a riscos, uma vez que ela responde solidariamente por acidentes de trabalho ou ações trabalhistas. Em muitos casos, empresas de fachada encerram suas atividades e declaram falência, não arcando com suas responsabilidades, e a administração pública, devido à responsabilidade solidária, é obrigada a assumir os custos indenizatórios, o que transforma uma possível sonegação trabalhista e tributária em vantagem pessoal.

Além dessa responsabilidade da administração de arcar com encargos trabalhistas em casos de ações, outro fator de risco diz respeito ao ônus relacionado aos impostos necessários para obter a Certidão Negativa de Débitos (CND) junto à Receita Federal, obrigatória para qualquer obra e pré-requisito para a obtenção do registro de inteiro teor do empreendimento junto ao cartório responsável. Uma parte significativa ou mesmo a totalidade desses tributos poderia ser eliminada por meio do correto recolhimento trabalhista dos profissionais alocados no empreendimento.

O relatório GFIP, por sua vez, representa o extrato mensal dos valores efetivamente pagos referentes aos encargos trabalhistas dos trabalhadores. Esse relatório destaca a obra com base no seu CEI/CNO, detalha o tomador da obra (órgão contratante), o nome do profissional contratado, sua profissão registrada em carteira de trabalho, o salário previsto, encargos pagos, mês de admissão ou rescisão, sendo um destaque mensal.

Na auditoria de contratos, o relatório GFIP permite identificar o valor efetivamente recolhido com encargos sociais e compará-lo diretamente com o valor previsto na licitação, com base nas composições de custos unitários. Esse processo possibilita evidenciar outro elemento de superfaturamento em relação aos encargos trabalhistas, sobretudo quando a estimativa de alocação de pessoal é desenvolvida pela própria empresa licitante. Já foram identificados casos de registro de apenas um pedreiro e servente para uma obra que envolvia dezenas de profissionais, revelando um potencial superfaturamento.

Para analisar o relatório GFIP, a partir das composições unitárias digitalizadas, soma-se o valor total previsto em encargos sociais e salários para todos os insumos de mão de obra e compara-o com os valores efetivamente pagos pela GFIP. Uma eventual diferença é o primeiro forte indício de superfaturamento.

Outra abordagem adotada é realizar um filtro das composições de custos unitários, segmentando o que se refere a mão de obra, e classificar de forma geral o valor total de horas previstas para cada um dos insumos de pedreiro, eletricista, gesseiro, ferreiro, carpinteiro, encanador, servente, entre todos os outros profissionais previstos nas composições da empresa vencedora. A partir do filtro, identifica-se o total de horas mínimas estimadas de cada um dos insumos, e divide-o pelo número de horas diárias previstas segundo o detalhamento de encargos sociais da Caixa Econômica Federal (CEF). Com isso, é determinada a quantidade de diárias mínimas de certos funcionários em uma obra; uma análise geral pode ser realizada para confirmar se os dias previstos e as quantidades de profissionais alocados são compatíveis com o registro no relatório GFIP.

Nesse ponto, destaca-se que fatores específicos devem ser observados em obras com subcontratação de serviços, quando esta for permitida em editais; parte da comprovação pode ser requerida para a empresa subcontratada, que também deve realizar o destaque do relatório GFIP em função do tomador da obra (órgão licitante) junto à matrícula CEI/CNO.

Outro formato utilizado por empresas licitantes para camuflar o ato do superfaturamento de obras em função da negligência de encargos trabalhistas é constatado quando empresas que apresentam múltiplas obras em andamento, tanto na iniciativa pública como privada, lançam funcionários de uma forma geral no relatório GFIP, sem o destaque específico por obra, para não evidenciar o desvio dos tributos referente aos encargos.

Supondo-se que uma determinada empresa seja detentora de três contratos com municípios distintos, com uma obra em cada cidade e demandando dez profissionais das mais variadas especialidades em cada obra. Ou seja, a empresa teoricamente deveria ter 30 profissionais registrados: dez em cada município, para cada matrícula CEI específica.

Nesse caso hipotético, a empresa apresenta um relatório GFIP genérico, com 15 funcionários que atuam no seu CNPJ e sem tomador de obra associado. A metodologia adotada pela empresa para "driblar" a fiscalização consiste no envio, para cada um dos três municípios, da relação geral desses 15 profissionais, mesmo que eles não atuem em nenhuma das três obras simuladas. Dessa forma, a empresa consegue fazer a prática de obras de "empreitada" com valores fixos sem realizar o recolhimento trabalhista necessário, e apresenta o relatório mensalmente para os órgãos que solicitarem os documentos. Para desmascarar o sistema, bastaria o fiscal da obra conferir se os profissionais registrados são os mesmos que estão executando a obra que fiscalizam. Porém, na prática, essa validação é muito improvável de acontecer.

16.2.3 Análise de jogo de planilha

As obras públicas devem estabelecer limites para os custos unitários, incorporando critérios de aceitabilidade conforme indicado nos acórdãos mencionados ao longo deste livro. Essa medida visa mitigar a ocorrência de práticas ilegais, como o jogo de planilha, no qual empresas, cientes antecipadamente da necessidade de aditivos de quantitativos, inflacionam alguns itens acima da realidade do mercado, enquanto subestimam outros com valores inexequíveis. Dessa forma, ao iniciar o contrato, aditivos são realizados de maneira a gerar ganhos ilícitos. Veja um caso hipotético na Tab. 16.1.

Tab. 16.1 Simulação hipotética de uma situação de jogo de planilha

Item	Situação original					Situação após aditivo			
	Quantidade inicial	Planilha contratual		Orçamento paradigma		Quantidade final	Planilha contratual		Orçamento paradigma
		Preço unitário	Preço total	Preço unitário	Preço total		Preço unitário	Preço total	
1	200,00	R$ 30,00	R$ 6.000,00	R$ 20,00	R$ 4.000,00	500,00	R$ 15.000,00	R$ 10.000,00	
2	420,00	R$ 40,00	R$ 16.800,00	R$ 30,00	R$ 12.600,00	400,00	R$ 16.000,00	R$ 12.000,00	
3	300,00	R$ 50,00	R$ 15.000,00	R$ 55,00	R$ 16.500,00	300,00	R$ 15.000,00	R$ 16.500,00	
4	800,00	R$ 10,00	R$ 8.000,00	R$ 20,00	R$ 16.000,00	200,00	R$ 2.000,00	R$ 4.000,00	
5	100,00	R$ 20,00	R$ 2.000,00	R$ 20,00	R$ 2.000,00	100,00	R$ 2.000,00	R$ 2.000,00	
Total			R$ 47.800,00		R$ 51.100,00		R$ 50.000,00	R$ 44.500,00	
Desconto original					6,46%				

Nesse exemplo, a empresa vencedora da licitação inicial concedeu um desconto de 6,45% para o erário em relação ao orçamento paradigma. Contudo, ao efetuar um aditivo, a administração viu seus custos aumentarem para 12,36% acima do valor originalmente estabelecido como paradigma. Esse ajuste não apenas descaracteriza a ordem de classificação da licitação inicial, mas também resulta em um superfaturamento de custos no contrato.

Tal prática prejudica a administração pública e, consequentemente, a população, gerando prejuízos financeiros e atrasos nas obras. Portanto, é crucial que os órgãos responsáveis pela fiscalização e execução das obras estejam vigilantes e adotem medidas para coibir esses atos ilegais.

16.2.4 Detalhamento do BDI

O Acórdão 2.622/2013 do TCU estipula um limite máximo para a taxa de benefício e despesas indiretas (BDI) aplicado por empresas contratadas para a execução de obras públicas, como mostrado no Cap. 7. Esse limite visa prevenir o superfaturamento de obras, uma prática ilegal caracterizada pela cobrança de preços acima dos valores de mercado. No entanto, conforme destacado ao longo deste livro, a análise individual dos valores do BDI não é suficiente para identificar casos de superfaturamento. A avaliação adequada envolve a comparação do preço final com o orçamento paradigma, que representa o mercado, em relação aos custos globais contratados pela administração pública. Um exemplo está exposto na Tab. 16.2.

Tab. 16.2 Valores referenciais médios de BDI

Tipo de obra	1º quartil	Médio	3º quartil
Construção de edifícios	20,34%	22,12%	25,00%
Construção de rodovias e ferrovias	19,60%	20,97%	24,23%
Construção de redes de abastecimento de água, coleta de esgoto e construção correlatas	20,76%	24,18%	26,44%
Construção e manutenção de estações e redes de distribuição de energia elétrica	24,00%	25,84%	27,86%
Obras portuárias, marítimas e fluviais	22,80%	27,84%	30,95%
BDI para itens de mero fornecimento de materiais e equipamentos	11,10%	14,02%	16,80%

Fonte: Brasil (2013e).

16.2.5 Aceitabilidade dos custos unitários

A execução de obras públicas é um processo complexo que envolve a participação de diversas empresas, órgãos governamentais e profissionais especializados. Nesse sentido, é fundamental que sejam estabelecidos valores-limites de custos unitários para as diferentes etapas da obra, de modo a evitar práticas ilegais que possam comprometer a transparência e a efetividade do processo.

Uma das principais práticas ilegais é o jogo de planilha, em que empresas contratadas para executar a obra utilizam-se de estratégias para aumentar os valores dos itens previstos em contrato, muitas vezes com o objetivo de obter lucros indevidos. Essas estratégias podem incluir a supressão de itens que deveriam estar inclusos na planilha de custos e a majoração de outros itens acima da realidade do mercado.

Para evitar esse tipo de situação, recomenda-se estabelecer valores-limites de custos unitários para cada item da obra. Portanto, deve-se sempre verificar se o edital apresentou critérios de aceitabilidade de preços unitários e globais. Além disso, faz-se necessária a adoção de mecanismos de controle e fiscalização efetivos, que permitam a identificação de possíveis práticas ilegais e a aplicação das penalidades cabíveis.

16.2.6 Validação das planilhas de medição

Ao digitalizar as planilhas de medições pagas na obra, é preciso verificar os somatórios e se os volumes totais executados em cada etapa estão de acordo com a planilha de licitação e a sequência prevista em obras.

Situações relacionadas a superfaturamento devido à antecipação de custos podem ser identificadas por meio da análise das medições. A parcela do BDI, que inclui a despesa financeira, conforme já discutido, torna-se especialmente relevante nesse contexto: à medida que a administração antecipa parcelas da execução antes de sua efetivação, não apenas incorre em riscos de prejuízos ainda maiores no caso de desistência da empresa licitante, mas também gera um adiantamento de capital de giro para um item que já estava contemplado no BDI, configurando, assim, uma situação de superfaturamento.

Dessa forma, recomenda-se uma apuração minuciosa de todos os somatórios e da compatibilização de custos unitários e quantitativos em relação ao previsto no edital, a fim de garantir a transparência e a conformidade dos custos com as diretrizes estabelecidas.

16.2.7 Análise de notas fiscais

É necessário digitalizar e validar as notas fiscais e os documentos comprobatórios do recolhimento do Imposto Sobre Serviço (ISS), aferindo a compatibilidade com os valores pagos e as medições.

O recolhimento do ISS é uma obrigação tributária das empresas que prestam serviços, inclusive das que realizam obras públicas. A alíquota varia de acordo com a legislação tributária municipal, podendo ser fixada em percentuais entre 2% e 5% do valor do serviço prestado.

A auditoria de notas fiscais verifica se o recolhimento do ISS está sendo feito de forma correta. Por meio da análise das notas fiscais emitidas pelas empresas contratadas para realizar as obras públicas, é possível apurar se o valor do ISS foi devidamente recolhido e se está de acordo com a legislação tributária municipal.

Em alguns casos, pode-se constatar notas fiscais sem o devido recolhimento do ISS ou mesmo emitidas em outros municípios, sem o respectivo repasse previsto. Essas situações podem indicar irregularidades tributárias, como sonegação de impostos ou mesmo fraude fiscal.

16.2.8 Validação de composições de custos unitários

Essa etapa consiste em digitalizar e validar as composições unitárias de custos das empresas participantes do processo licitatório.

Em licitações públicas, uma das estratégias para manipular o processo seletivo é direcionar contratos a uma empresa previamente escolhida. A tática mais simples envolve ajustes diretos nas planilhas de custos globais – por exemplo, numa licitação em que três empresas participam, uma delas é pré-selecionada para vencer a licitação com valor o mais próximo possível do estabelecido no edital. Com frequência se observa o truncamento de valores em planilhas para ajustar propostas de empresas direcionadas, seja para vencer o certame ou simplesmente para apresentar propostas superiores, dando uma ideia de competitividade, isto é, ajustes para quantias fixas nas planilhas de custos sintéticos, sem correlação com as composições de custos unitários.

No entanto, as manipulações comuns em geral são orquestradas por grupos específicos que coordenam diversas propostas. Para contornar auditorias, o mesmo grupo teria de criar composições unitárias para várias empresas a partir de diferentes bancos de dados, tornando o processo ainda mais complexo, dado que o ajuste no valor de um insumo, seja material ou mão de obra, impacta diretamente as dezenas ou até centenas de outros itens de serviços e subcomposições. Outro método utilizado envolve a aplicação de um percentual fixo, ou conjunto de percentuais, em relação aos diversos custos unitários ou coeficientes de insumos para os vários itens na planilha, de forma a tentar distorcer a repetição de valores. Todavia, ao comparar diferentes propostas, através de uma auditoria dos contratos, esses padrões de custos tornam-se facilmente discerníveis e rastreáveis por meio de análises combinatórias.

Dessa forma, manipular os dados sem deixar falhas claras no conjunto torna-se praticamente impossível. Embora seja desafiador identificar irregularidades apenas nas planilhas de custos sintéticos globais, uma análise detalhada das composições de custos unitários, fundamentadas em itens de serviço e milhares de insumos, pode revelar inconsistências de maneira mais evidente.

Tome-se como exemplo uma licitação composta por cem itens de serviços, cada um contendo aproximadamente cinco insumos (uma estimativa bastante conservadora), o que resulta diretamente em 500 elementos que compõem os custos unitários dessa proposta. Só que muitos desses insumos, sejam de mão de obra ou materiais, estão correlacionados a dezenas de serviços semelhantes, criando uma rede complexa de conexões difícil de ser dissociada. Em situações como essa, os mecanismos disponíveis para "burlar" o sistema sem deixar rastros representam um caminho de difícil execução. A complexidade reside no fato de que as composições são muito semelhantes entre as diversas empresas participantes, e qualquer ajuste percentual ou em valores absolutos desencadeia uma série de interações que não podem ser alteradas apenas modificando seu custo presente na planilha de custos globais. Nessas circunstâncias, por meio de rotinas de análise combinatória, todas as vinculações diretas das empresas podem ser identificadas, o que reforça a grande importância da validação das composições de custos unitários.

16.2.9 Validação das anotações de responsabilidade técnica (ART)

A elaboração de um projeto e a execução de uma obra envolvem uma série de atividades técnicas que devem ser realizadas por profissionais habilitados e registrados no Conselho Regional de Engenharia (CREA). As anotações de responsabilidade técnica (ARTs) são documentos que comprovam a responsabilidade técnica desses profissionais.

No caso de obras públicas, todas as atividades técnicas devem estar devidamente registradas, a fim de garantir a qualidade do projeto e da execução da obra. Além disso, a emissão das ARTs é uma obrigação legal, prevista na legislação de cada Estado, que deve ser cumprida pelos profissionais responsáveis.

As ARTs devem ser emitidas pelos profissionais responsáveis pelas atividades técnicas desenvolvidas em cada etapa do empreendimento, incluindo os profissionais que elaboram o orçamento, os projetistas de engenharia (como os encarregados da parte estrutural, geotécnica, de instalações e de sistemas de combate a incêndio), os responsáveis pela execução da obra e pela fiscalização.

A não emissão de ART pode acarretar graves consequências tanto para os profissionais envolvidos quanto para a administração pública. Isso porque a falta de comprovação da responsabilidade técnica pode levar à má qualidade do projeto e da execução da obra, comprometendo a segurança e a durabilidade da construção. A ausência de ART também pode ser interpretada como uma tentativa de burlar a legislação, o que pode levar à aplicação de sanções administrativas e civis.

16.2.10 Recebimento provisório e definitivo das obras

O recebimento de uma obra pública visa garantir que o produto final esteja em conformidade com o projeto e escopo da licitação adotada. Essa validação deve ser realizada por uma comissão formada por profissionais legalmente habilitados, com *expertise* na área de engenharia, arquitetura e construção civil.

O objetivo da comissão de recebimento provisório e definitivo da obra pública é verificar se os trabalhos realizados estão de acordo com as especificações e os requisitos previstos no edital. É importante ressaltar que existem prazos legais para a emissão desses termos e que a parcela final da obra só poderá ser liberada após a aprovação da respectiva comissão.

No entanto, em municípios de menor poder aquisitivo, são comuns as comissões de recebimento compostas por funcionários sem a formação técnica adequada. A falta de profissionais habilitados para realizar essa tarefa essencial pode resultar na validação de produtos de engenharia inadequados, com vícios construtivos, que poderiam ser evitados a partir de uma análise técnica adequada.

Destaca-se que a validação da obra pública é apenas uma das fases do processo de construção civil e engenharia. Desde o planejamento até a execução e entrega da obra, devem estar presentes profissionais habilitados em todas as etapas, a fim de garantir a segurança, qualidade e conformidade do projeto com as normas técnicas vigentes. A contratação de profissionais qualificados é fundamental para evitar problemas futuros e assegurar a satisfação e segurança da sociedade como um todo.

16.2.11 Comparativo de custos unitários

As obras de engenharia devem apresentar os custos referenciais de acordo com a tabela Sinapi (preferencialmente), conforme o Decreto nº 7.983, de 8 de abril de 2013. Os custos referenciais do Sinapi são parâmetros para a grande maioria dos serviços de engenharia referentes a edificações. Os valores unitários dos serviços são publicados mensalmente e de forma gratuita no portal da CEF.

A partir de 2018, os serviços passaram por uma ampla e profunda revisão promovida por uma parceria de desenvolvimento tecnológico da CEF com a USP, abrangendo milhares de composições de serviços. Já os valores dos insumos são coletados em todas as capitais do Brasil pelo IBGE – esses valores, em conjunto com as composições, são parâmetros para as contratações de obras públicas no País. No portal da CEF é possível verificar metodologias aplicadas nas composições, determinação de coeficientes e detalhamento das etapas de cada serviço, além dos diversos critérios utilizados.

Apesar de ser ampla a base de dados, o Sinapi não abrange todos os itens da construção civil, por exemplo, as obras de infraestrutura e pavimentação. Para a estimativa referencial de dados desse tipo de obra, utiliza-se o Sicro, um sistema de composição de custos de serviços voltados a pavimentação e infraestrutura alimentado pelo Departamento Nacional de Infraestrutura de Transportes (DNIT).

16.3 Etapa III: análise avançada

16.3.1 Verificação de equipamentos

Caso existam equipamentos nas planilhas de licitação, eles devem ser analisados separadamente com pesquisas no Banco de Preços (www.bancodeprecos.com.br).

Como destacado ao longo do livro, os limites de valores relacionados ao BDI (última linha da Tab. 16.3), estipulados pelo TCU, variam entre a construção de obras de engenharia e a aquisição de material ou equipamento, devido aos distintos custos indiretos associados a cada uma dessas fases. É comum observar, no entanto, licitações que englobam tanto a contratação de obras de engenharia quanto a de equipamentos e materiais. Devido aos diferentes percentuais referenciais de BDI aplicáveis a cada categoria, essa prática pode configurar uma forma de superfaturamento nos custos dos materiais e equipamentos, acarretando prejuízos ao erário público.

Nessas situações, recomenda-se que a contratação de equipamentos, como ar-condicionado, de combate a incêndio, mobiliário, plataformas, entre outros, seja realizada em licitações separadas. Isso se justifica não apenas pela diferenciação nos custos indiretos, mas também pela oportunidade de permitir que a administração pública contrate empresas especializadas em cada categoria, promovendo economia aos cofres públicos, estimulando a competitividade e, em consequência, elevando a qualidade final das obras contratadas.

Tab. 16.3 Valores referenciais médios de BDI

Tipo de obra	1º quartil	Médio	3º quartil
Construção de edifícios	20,34%	22,12%	25,00%
Construção de rodovias e ferrovias	19,60%	20,97%	24,23%
Construção de redes de abastecimento de água, coleta de esgoto e construção correlatas	20,76%	24,18%	26,44%
Construção e manutenção de estações e redes de distribuição de energia elétrica	24,00%	25,84%	27,86%
Obras portuárias, marítimas e fluviais	22,80%	27,84%	30,95%
BDI para itens de mero fornecimento de materiais e equipamentos	11,10%	14,02%	16,80%

Fonte: Brasil (2013e).

16.3.2 Análise de quantitativos

Nessa etapa, devem ser validados os quantitativos previstos nos diversos itens da planilha de custos unitários a partir dos projetos desenvolvidos: arquitetônico, estrutural das fundações, estrutural da superestrutura, de instalações elétricas, de instalações hidrossanitárias, além dos projetos complementares.

Recomenda-se atentar para as diretrizes propostas na seção 5.7.1, a fim de mitigar o risco de superfaturamento decorrente de quantitativos. Em situações de licitações com centenas ou até milhares de itens, nas quais a validação de todos os elementos da planilha se torna inviável por restrições de tempo, sugere-se a elaboração de uma curva ABC. Essa abordagem permite identificar os itens que representam 80% do custo da licitação (grupo A) e concentrar a análise de quantitativos nesses elementos.

Outro aspecto a ser perscrutado é o risco de superdimensionamento de itens de serviço, o que pode inflacionar os custos da obra, prejudicando os recursos públicos. Essa prática é observada em elementos estruturais excessivamente robustos, com dimensões além da tipologia da obra, bem como na adoção de fundações profundas quando soluções mais simples e superficiais poderiam atender às necessidades do projeto. Especificações exageradas em diversos itens podem agregar custos à licitação sem proporcionar benefícios correspondentes ao empreendimento final.

16.3.3 Avaliação dos custos globais

O custo global, obtido pela soma do produto dos custos unitários pelos respectivos quantitativos, deve ser majorado pelo BDI, como detalhado em capítulos anteriores. Esse valor deve representar o custo paradigma do empreendimento, e as obras contratadas não podem exceder seus elementos referenciais, à exceção de casos excepcionais. Nessas situações, é necessário apresentar um estudo técnico aprofundado que justifique tal exceção devido a peculiaridades específicas do empreendimento, como a obtenção de determinado insumo, distância de jazidas, entre outros fatores.

Na prática, a ocorrência de superfaturamento exclusivo de custos foi drasticamente reduzida com a ampla adoção dos custos unitários provenientes do Sinapi e Sicro. Os casos identificados em geral estão relacionados a erros nas unidades de medida nos elementos referenciais, por exemplo, equívocos na escolha de itens com referência em m^3 nos custos quando o projeto especifica a unidade em m^2, metro linear *versus* m^2, e outras correlações.

16.3.4 Análise de aditivos

Todos os aditivos contratuais de prazo e de custo precisam seguir rigorosamente o rito legal, com uma justificativa técnica adequada, e atenção especial deve ser dada aos casos em que os aditivos de prazo resultam no reequilíbrio financeiro do contrato. A menos que o contrato tenha uma natureza contínua, como serviços de limpeza pública com vários anos já previstos no contrato inicial, qualquer aumento de custos devido a falhas técnicas da empresa executora, seja por questões logísticas, baixo efetivo ou qualquer problema específico da empresa, não se justifica tecnicamente, sobretudo se acarretar acréscimo de custos ao erário.

As alterações de prazo inicial devem ser cuidadosamente motivadas e apresentadas junto a uma justificativa técnica plausível e demonstração de fatores específicos não previstos inicialmente no contrato. Em licitações que incluem custos da administração local previstos em contrato, uma extensão além da previsão contratual inicial, licitada e acordada pela empresa vencedora, implica diretamente um aumento de custos devido aos meses aditivados. A dilatação do prazo só se justifica em casos de fatores imprevisíveis inicialmente ou por responsabilidade da administração.

Aditivos de custos devem ser examinados com cautela, permitindo acréscimos apenas em situações devidamente justificadas, como falhas no projeto de sondagem contratado pelo ente público que resultem em reforço das fundações, ou situações imprevistas durante a movimentação de terra, como solo mais rígido de terceira categoria que demande o uso de explosivos, ou fenômenos naturais específicos que evidenciem imprevisibilidade antes do início da obra. Outros exemplos são calamidades públicas e precipitações superiores à média histórica. Não é permitido aditivo baseado no simples desejo do órgão contratante.

Diretamente relacionada a aditivos de custos e prazos está a prática do jogo de planilha, a qual consiste em lançar na proposta custos elevados em itens específicos do contrato sabendo que serão majorados. Em alguns casos, para compensar, a empresa reduz o custo em itens previamente combinados para vencer o certame, o que resulta na redução de seus quantitativos.

Por exemplo, a administração licitar uma obra sem a existência de um projeto estrutural, embora seja uma prática proibida por lei, é comum. Lançam-se quantitativos baixos para toda a estrutura e, após a vitória da empresa, ela alega que o projeto é inexequível e solicita a elaboração do projeto estrutural. Em algumas situações, a própria licitante desenvolve o projeto com novos quantitativos que aumentam significativamente os valores previstos no início do processo. No entanto, como a empresa apresentou valores com uma margem muito grande, ela consegue elevar substancialmente sua margem de contrato, causando prejuízo ao erário.

16.3.5 Análise percentual dos aditivos de custos

O gerenciamento de aditivos contratuais é um dos elementos básicos para assegurar a transparência e eficiência nas obras públicas, e exige que o gestor esteja atento a algumas possíveis falhas nesse processo.

Os acórdãos do TCU apresentam jurisprudência no sentido de que não pode haver compensação entre adição e supressão de itens em obras de engenharia. Quando itens são removidos do projeto, não é possível compensar essa redução em um "balanço" para ultrapassar os limites estabelecidos para aditivos de custos em novas obras (25%) e reformas (50%) – o valor final máximo a ser aditivado deve ser deduzido do somatório dos valores dos itens suprimidos.

Como exemplo, suponha-se um contrato de valor inicial de R$ 4.575.493,48. O custo adicional permitido em aditivos (25%) resultaria em R$ 1.143.873,37, elevando o valor paradigma total para R$ 5.719.366,85. No entanto, foi identificada uma supressão de itens no contrato equivalente a R$ 355.238,06. Dessa forma, o valor paradigma máximo a ser aditivado, de acordo com a Lei n° 8.666/1993, seria de R$ 4.575.493,48 (valor inicial) menos R$ 355.238,06 (valor suprimido), totalizando R$ 4.220.255,42. Esse montante seria então acrescido da margem inicial de 25%, correspondente a R$ 1.143.873,37.

Portanto, a margem máxima a ser aditivada equivale a R$ 1.143.873,37; ao somá-la ao valor do contrato inicial deduzido das supressões, atinge-se a margem final máxima equivalente a R$ 5.364.128,79, conforme Tab. 16.4.

Tab. 16.4 Análise de aditivos contratuais permitidos

	Margem final = contrato inicial + 25% – valores suprimidos	
1	Valor do contrato inicial (para obras)	R$ 4.575.493,48
2	Percentual permitido para acréscimos e supressões (Lei n° 8.666/1993)	25%
3	Valor permitido para acréscimos e supressões (1 × 2)	R$ 1.143.873,37
4	Total suprimido nos aditivos	R$ 355.238,06
5	Valor do contrato com supressões (1 – 4)	R$ 4.220.255,42
6	Margem final para o valor do contrato pós-aditivos (3 + 5)	R$ 5.364.128,79

É preciso observar os limites previstos para aditivos em relação a novas obras e reformas; para novas obras, esse percentual é de 25%, e para reformas é de 50%. Uma inconsistência recorrente são contratos em que uma única planilha de aditivos aglutina serviços que se configuram como novas obras e como reformas, permitindo a majoração dos aditivos até o limite de 50% do contrato, em vez de 25%. Nessas circunstâncias, torna-se essencial segmentar, dentro do certame, o escopo relacionado a obras de reformas, como melhorias de pisos, mudanças de esquadrias, pintura, manutenção etc., e o escopo referente a novas obras, como a construção de um anexo.

16.3.6 Custos iniciais + aditivos

Os custos unitários dos itens adicionados devem respeitar os mesmos valores das planilhas iniciais do contrato celebrado, exceto em circunstâncias específicas que demandem o reequilíbrio físico-financeiro. Nas auditorias de contrato, atenção especial deve ser despendida para identificar casos de disparidade entre o custo unitário de um item específico na planilha de custos globais e os valores propostos no aditivo de custos em uma licitação que não passou por reequilíbrio físico-financeiro. Tais valores não podem ser alterados, a menos que haja justificativa para um reequilíbrio físico-financeiro.

16.3.7 Custos dos novos serviços

Qualquer novo serviço adicionado ao contrato original deve obedecer aos mesmos critérios dos parâmetros de custos unitários em vigor para os serviços iniciais. Em outras palavras, os custos adicionais devem estar em conformidade com as tabelas atuais do Sinapi ou Sicro. Em situações especiais, é possível utilizar composições de outras bases de dados, contudo, é crucial respeitar os limites de valores estabelecidos nessas tabelas referenciais.

16.3.8 Comparação entre propostas

Na penúltima etapa da auditoria, recomenda-se uma análise detalhada das composições unitárias das empresas licitantes e dos valores referenciais, para detectar potenciais irregularidades nas propostas.

De início, a validação dos custos unitários na planilha sintética de preços visa assegurar que esses valores estejam alinhados com os padrões de mercado e que não haja disparidades significativas entre as empresas licitantes. Posteriormente, a análise se aprofunda nas composições unitárias, buscando identificar semelhanças em termos de insumos, coeficientes e seus respectivos custos unitários.

Às vezes, as uniformidades nos valores apresentados pelas empresas resultam de um conjunto de percentuais que se somam entre as diferentes propostas ou de diferenças numéricas absolutas entre os diversos elementos. No entanto, ao identificar padrões nos valores das empresas, é preciso investigar mais profundamente as razões por trás dessas uniformidades. É possível que as empresas estejam utilizando informações privilegiadas ou agindo em conjunto para fraudar a licitação. Tal uniformização de valores pode comprometer a concorrência e a transparência do processo licitatório.

16.3.9 Análise qualitativa da obra

A etapa final na sequência de atividades propostas para a auditoria de obras públicas é a visita in loco ao empreendimento, com o objetivo de validar todas as premissas do projeto e realizar uma inspeção técnica e qualitativa da obra.

Durante essa etapa, a perícia conduz uma análise detalhada das condições e características da obra, abrangendo aspectos como a qualidade dos materiais utilizados, a conformidade com as especificações técnicas, o cumprimento de prazos e orçamentos, a utilização adequada de equipamentos e mão de obra, entre outros fatores que podem impactar a qualidade da construção. Também é preciso assegurar que ela atenda aos padrões e normas estabelecidas pelos órgãos reguladores e pela administração pública.

Durante a visita ao local da obra, os peritos também têm a oportunidade de entrevistar os responsáveis pela execução, buscando obter informações detalhadas sobre os processos envolvidos na construção. Com base nessas informações e na análise das condições do empreendimento, é possível identificar eventuais desvios e propor soluções adequadas para corrigir esses problemas.

REFERÊNCIAS BIBLIOGRÁFICAS

ABNT – ASSOCIAÇÃO BRASILEIRA DE NORMAS TÉCNICAS. NBR 1367: Áreas de vivência em canteiros de obras. Rio de Janeiro: ABNT, 1991.

ABNT – ASSOCIAÇÃO BRASILEIRA DE NORMAS TÉCNICAS. NBR 5674: Manutenção de edificações. Rio de Janeiro: ABNT, 2012.

ABNT – ASSOCIAÇÃO BRASILEIRA DE NORMAS TÉCNICAS. NBR 6120: Cargas para o cálculo de estruturas de edificações. Rio de Janeiro: ABNT, 2019a.

ABNT – ASSOCIAÇÃO BRASILEIRA DE NORMAS TÉCNICAS. NBR 6122: Projeto e execução de fundações. Rio de Janeiro: ABNT, 2019b.

ABNT – ASSOCIAÇÃO BRASILEIRA DE NORMAS TÉCNICAS. NBR 6123: Forças devidas ao vento. Rio de Janeiro: ABNT, 2023.

ABNT – ASSOCIAÇÃO BRASILEIRA DE NORMAS TÉCNICAS. NBR 8681: Ações de segurança nas estruturas. Rio de Janeiro: ABNT, 2014.

ABNT – ASSOCIAÇÃO BRASILEIRA DE NORMAS TÉCNICAS. NBR 9077: Saídas de emergência em edifícios. Rio de Janeiro: ABNT, 2001.

ABNT – ASSOCIAÇÃO BRASILEIRA DE NORMAS TÉCNICAS. NBR 14037: Diretrizes para elaboração de manuais de uso, operação e manutenção das edificações. Rio de Janeiro: ABNT, 2011.

ABNT – ASSOCIAÇÃO BRASILEIRA DE NORMAS TÉCNICAS. NBR 15575: Norma de desempenho. Rio de Janeiro: ABNT, 2013.

BRASIL. Decreto-Lei nº 4.657, de 4 de setembro de 1942. *Diário Oficial*: Poder Executivo, Rio de Janeiro, RJ, p. 1, 9 set. 1942.

BRASIL. Decreto nº 3.048, de 6 de maio de 1999. *Diário Oficial*: Poder Executivo, Brasília, DF, p. 50, 7 maio 1999a.

BRASIL. Decreto nº 7.892, de 23 de janeiro de 2013. *Diário Oficial da União*: Poder Executivo, Brasília, DF, p. 2, 24 jan. 2013a.

BRASIL. Decreto nº 7.983, de 8 de abril de 2013. *Diário Oficial da União*: Poder Executivo, Brasília, DF, p. 4, 9 abr. 2013b.

BRASIL. Lei nº 4.320, de 17 de março de 1964. *Diário Oficial da União*: Poder Legislativo, Brasília, DF, p. 2745, 23 mar. 1964.

BRASIL. Lei n° 5.194, de 24 de dezembro de1966. *Diário Oficial da União*: Poder Legislativo, Brasília, DF, 27 dez. 1966.

BRASIL. Lei n° 6.496, de 7 de dezembro de 1977. *Diário Oficial da União*: Poder Legislativo, Brasília, DF, 7 dez. 1977.

BRASIL. Lei n° 6.938, de 31 de agosto de 1981. *Diário Oficial da União*: Poder Executivo, Brasília, DF, p. 16.509, 2 set. 1981.

BRASIL. Lei n° 8.212, de 24 de julho de 1991. *Diário Oficial da União*: Poder Executivo, Brasília, DF, p. 14.801, 24 jul. 1991.

BRASIL. Lei n° 8.443, de 16 de julho de 1992. Dispõe sobre a lei orgânica do Tribunal de Contas da União (TCU), e dá outras providências. *Diário Oficial da União*: Poder Judiciário, Brasília, DF, p. 9449, 17 jul. 1992.

BRASIL. Lei n° 8.666, de 22 de junho de 1993. Regulamenta o art. 37, inciso XXI, da constituição federal, institui normas para licitações e contratos da administração pública e dá outras providências. *Diário Oficial da União*: Poder Legislativo, Brasília, DF, p. 8269, 22 jun. 1993.

BRASIL. Lei n° 9.074, de 7 de julho de 1995. *Diário Oficial da União*: Poder Executivo, Brasília, DF, p. 10.125, 8 jul. 1995.

BRASIL. Lei n° 9.528, de 10 de dezembro de 1997. *Diário Oficial da União*: Poder Executivo, Brasília, DF, p. 29.426, 11 dez. 1997a.

BRASIL. Lei n° 10.406, de 10 de janeiro de 2002. Institui o Código Civil. *Diário Oficial da União*: Poder Legislativo, Brasília, DF, p. 1, 11 jan. 2002a.

BRASIL. Lei n° 11.768, de 14 de agosto de 2008. Dispõe sobre as diretrizes para a elaboração e execução da Lei Orçamentária de 2009 e dá outras providências. *Diário Oficial da União*: Poder Executivo, Brasília, DF, p. 1, 15 ago. 2008.

BRASIL. Lei n° 12.309, de 9 de agosto de 2010. *Diário Oficial da União*: Poder Executivo, Brasília, DF, p. 1, 10 ago. 2010.

BRASIL. Lei n° 12.462, de 4 de agosto de 2011. *Diário Oficial da União*: Poder Executivo, Brasília, DF, p. 1, 5 ago. 2011a.

BRASIL. Lei n° 12.546, de 14 de dezembro de 2011. *Diário Oficial da União*: Poder Executivo, Brasília, DF, p. 3, 15 dez. 2011b.

BRASIL. Lei n° 12.708, de 17 de agosto de 2012. *Diário Oficial da União*: Poder Executivo, Brasília, DF, p. 1, 17 ago. 2012.

BRASIL. Lei n° 12.844, de 19 de julho de 2013. *Diário Oficial da União*: Poder Legislativo, Brasília, DF, p. 1, 19 jul. 2013c.

BRASIL. Lei n° 13.161, de 31 de agosto de 2015. *Diário Oficial da União*: Poder Executivo, Brasília, DF, p. 1, 31 ago. 2015.

BRASIL. Lei n° 13.303, de 30 de junho de 2016. *Diário Oficial da União*: Poder Legislativo, Brasília, DF, p. 1, 1° jul. 2016.

BRASIL. Lei nº 14.133, de 1º de abril de 2021. Lei de Licitações e Contratos Administrativos. *Diário Oficial da União*: Poder Legislativo, Brasília, DF, p. 1, 1º abr. 2021.

BRASIL. Ministério da Fazenda. Consultar obra no CNO. *Receita Federal*, 5 jan. 2022. Disponível em: https://www.gov.br/receitafederal/pt-br/assuntos/orientacao-tributaria/cadastros/cno/manual-cno/consultar-obra-no-cno.

BRASIL. Ministério do Planejamento, Orçamento e Gestão. Secretaria de Estado da Administração e Patrimônio. *Manual de obras públicas*: edificações – construção. Secretaria de Logística e Tecnologia da Informação, 1997b.

BRASIL. Portaria MTE nº 644, de 9 de maio de 2013. Altera a Norma Regulamentadora nº 18. *Diário Oficial da União*: seção 1, 10 mai. 2013d.

BRASIL. Resolução Confea nº 425, de 18 de dezembro de 1998. *Diário Oficial da União*, 8 jan. 1999b.

BRASIL. Tribunal de Contas da União. Acórdão 262/2006. Relator: Walton Alencar Rodrigues. *Ata*: 05/2006 – Segunda Câmara. Brasília, 21 fev. 2006a.

BRASIL. Tribunal de Contas da União. Acórdão 644/2007 – Plenário. Relator: Ministro Raimundo Carreiro. *Ata*: 15/2007 – Plenário. Brasília, 18 abr. 2007.

BRASIL. Tribunal de Contas da União. Acórdão 1.192/2009 – Plenário. Relator: Valmir Campelo. Brasília, 2009.

BRASIL. Tribunal de Contas da União. Acórdão 1.544/2006 – Primeira Câmara. Relator: Guilherme Palmeira. Brasília, 13 jun. 2006b.

BRASIL. Tribunal de Contas da União. Acórdão 2.206/2006. Relator: Guilherme Palmeira. *Ata*: 28/2006 – Primeira Câmara. Brasília, 8 ago. 2006c.

BRASIL. Tribunal de Contas da União. Acórdão 2.622/2013 – Plenário. Relator: Marcos Bemquerer. *Ata*: 37/2013 – Plenário. Brasília, 25 set. 2013e.

BRASIL. Tribunal de Contas da União. Decisão 253/2002 – Plenário. Ministro-Relator: Marcos Vinicios Vilaça. Brasília, 2002b.

CONAMA – CONSELHO NACIONAL DO MEIO AMBIENTE. Resolução Conama nº 1, de 23 de janeiro de 1986. *Diário Oficial da União*, Brasília, DF, p. 2.548, 17 fev. 1986.

CONAMA – CONSELHO NACIONAL DO MEIO AMBIENTE. Resolução Conama nº 237, de 19 de dezembro de 1997. *Diário Oficial da União*, Brasília, DF, p. 30.841, 22 dez. 1997.

DNIT – DEPARTAMENTO NACIONAL DE INFRAESTRUTURA DE TRANSPORTES. *Recomendação Técnica* DAF nº 04/2019: Critérios de aceitabilidade de preços global e unitários. Brasília: DNIT, 2019.

IBRAOP – INSTITUTO BRASILEIRO DE AUDITORIA DE OBRAS. *Orientação Técnica nº 01/2006*: Projeto Básico. Ibraop, 2006. Disponível em: https://www.ibraop.org.br/wp-content/uploads/2013/06/orientacao_tecnica.pdf.

IBRAOP – INSTITUTO BRASILEIRO DE AUDITORIA DE OBRAS. *Orientação Técnica nº 05/2012*: Apuração do sobrepreço e superfaturamento em obras públicas. Ibraop,

2012. Disponível em: https://www.ibraop.org.br/wp-content/uploads/2013/04/OT_-_IBR_005-2012.pdf.

IBRAOP – INSTITUTO BRASILEIRO DE AUDITORIA DE OBRAS. *Orientação Técnica nº 06/2016*: Anteprojeto de Engenharia. Ibraop, 2016. Disponível em: https://www.ibraop.org.br/wp-content/uploads/2016/09/OT_-_IBR_006-2016-Vers%C3%A3o-Definitiva-10-05-2017.pdf.

IBRAOP – INSTITUTO BRASILEIRO DE AUDITORIA DE OBRAS. *Orientação Técnica nº 08/2020*: Projeto Executivo. Ibraop, 2020. Disponível em: https://www.ibraop.org.br/wp-content/uploads/2020/11/OT_IBR_008_2020_projeto_executivo.pdf.

RODRIGUES. Acréscimos e supressões em contratos públicos: uma leitura a partir do princípio da proporcionalidade. *Revista do TCU*: Fiscalização a serviço da sociedade, Brasil, ano 43, n. 120, p. 84-97, abr. 2011.

SEAP – SECRETARIA DE ESTADO DA ADMINISTRAÇÃO E PATRIMÔNIO. *Manual de Obras Públicas*: Edificações. Práticas da SEAP. Brasília: SEAP, 2020.

SINAPI – SISTEMA NACIONAL DE PESQUISA DE CUSTOS E ÍNDICES DA CONSTRUÇÃO CIVIL. *Composição de encargos sociais*: São Paulo. CEF, 2022.

SINAPI – SISTEMA NACIONAL DE PESQUISA DE CUSTOS E ÍNDICES DA CONSTRUÇÃO CIVIL. *Encargos sociais*: memória de cálculo. CEF, 2019.

SINAPI – SISTEMA NACIONAL DE PESQUISA DE CUSTOS E ÍNDICES DA CONSTRUÇÃO CIVIL. PCI.818.01 – Custos de composições analíticos. CEF, 2023.

TCU – TRIBUNAL DE CONTAS DA UNIÃO. *Obras públicas*: recomendações básicas para a contratação e fiscalização de obras de edificações públicas. 4 ed. Brasília: TCU, 2014.